复杂山地环境下冻雨形成机理研究及外场观测试验

王　瑾　高守亭　韩永翔　杜小玲　许　丹　邓涤菲
张　智　张　昕　刘朝茹　王柳柳　仲凌志　方莎莎　　编著

内容简介

本书围绕复杂山地环境下冻雨研究面临的科学问题,通过冻雨天气过程野外观测试验、数值模拟和统计分析,开展贵州冻雨形成的关键天气系统——云贵准静止锋的结构特征、冻雨形成的微物理及动力特征、地形对冻雨形成的影响、冻雨的集合动力因子预报方法、交通电力行业冻雨灾害防范措施等冻雨预报与服务关键问题的研究,凝练了贵州冻雨区上空大气的简单概念模型,揭示了贵州冻雨形成的"过冷暖雨"机制及暖层维持的原因,建立了贵州冻雨的集合动力因子预报方法及预报业务系统。相关成果在贵州省、市、县进行了推广应用,并在交通和电力行业冻雨服务中获得了较大的经济和社会效益。

本书可供从事大气科学、环境领域的科技工作者、高等院校相关专业的师生、政府管理部门的有关人员及感兴趣的公众参考。

图书在版编目(CIP)数据

复杂山地环境下冻雨形成机理研究及外场观测试验 /
王瑾等编著. -- 北京:气象出版社,2021.8
 ISBN 978-7-5029-7513-5

Ⅰ. ①复… Ⅱ. ①王… Ⅲ. ①山地—冻雨—研究
Ⅳ. ①P426.63

中国版本图书馆CIP数据核字(2021)第153705号

复杂山地环境下冻雨形成机理研究及外场观测试验
FUZA SHANDI HUANJINGXIA DONGYU XINGCHENG JILI YANJIU JI WAICHANG GUANCE SHIYAN

王 瑾　高守亭　韩永翔　杜小玲　许 丹　邓涤菲
张 智　张 昕　刘朝茹　王柳柳　仲凌志　方莎莎　编著

出版发行:气象出版社	
地　　址:北京市海淀区中关村南大街46号	邮政编码:100081
电　　话:010-68407112(总编室)　010-68408042(发行部)	
网　　址:http://www.qxcbs.com	E-mail:qxcbs@cma.gov.cn
责任编辑:杨泽彬	终　　审:吴晓鹏
责任校对:张硕杰	责任技编:赵相宁
封面设计:博雅锦	
印　　刷:北京中石油彩色印刷有限责任公司	
开　　本:787 mm×1092 mm　1/16	印　　张:11
字　　数:280千字	彩　　插:4
版　　次:2021年8月第1版	印　　次:2021年8月第1次印刷
定　　价:120.00元	

本书如存在文字不清、漏印以及缺页、倒页、脱页等,请与本社发行部联系调换。

前　言

我国低纬高原地区冻雨的形成机理具有其独特性,历史上对其研究相对较少,预报业务开展多局限在本地。2008年持续性低温雨雪冰冻灾害发生以后,中央和地方党委、政府高度重视,投入巨大的物力人力增强社会抗灾、防灾能力,一系列灾害防范应对工程相继实施建设(如电力、交通、通信、设施农业等)。与此同时,也立项了一批冻雨灾害的相关科研项目,并取得了一定的科研成果。这些研究成果主要集中在冻雨天气过程的天气系统分析和预报方法研究、冻雨积冰的观测与分析、冻雨灾害的定性影响分析等几个方面。相对于社会经济发展和工程项目的投入,目前关于冻雨的研究和预报服务仍然相对滞后,无法支撑社会民生和工程项目对防灾、减灾的需求,特别是2011年初再次发生的持续33 d的特重冻雨灾害,进一步凸显了这种差距。目前冻雨相关研究的不足主要体现在以下几个方面:

(1)由于国内外中高纬度地区有关冻雨灾害理论无法全面解释贵州低纬度高海拔冻雨灾害成因,虽然已有的零星观测分析揭示了冻雨灾害的一些特征,但至今仍没有开展冻雨灾害的综合观测试验,对冻雨和过冷云雾所具有不同的积冰微物理过程缺乏系统深入的认识,使得冻雨的预报、预警和应对措施缺乏必要的理论依据。

(2)冻雨天气过程的研究还存在以下必须考虑的科学问题:①对于冻雨天气过程的研究局限于大尺度的环流与天气系统的分析,缺乏对复杂地形条件下云贵静止锋天气系统结构特征的细致和深入的研究(包括对其中尺度结构特征的研究)。②由于对冻雨的生消变化(特别是冻雨的长时间持续)的关键因素未能把握,缺乏对复杂地形条件下静止锋降水相态的云物理过程的剖析和认识。③在贵州冻雨形成过程中,地面冷垫以上是暖湿气流,会出现逆温层,那么,逆温层是否只是抑制了低层的上升运动?在贵州冻雨形成过程中逆温层还起了什么作用?目前,有些人认为高空雪花、冰晶等下落经过逆温层后会融化成水滴,水滴再往下到达近地面的冷垫后成为过冷水,遇到地面、电线、树枝等就冻结形成雨凇。但是,由于受下落速度的影响,雪花、冰晶等在逆温层中是完全融化、部分融化或是来不及融化?冻雨形成究竟对逆温层的要求是什么?这些问题的解决需要进行大量的观测和模拟研究。④贵州省纬度较低,大气的准地转运动在这个纬度带究竟适用到什么程度,目前也是说不清楚的。冻雨发生后一般都能持续至少2～3 d,其中必然存在一种准平衡的大气斜压内动力过程。因此,如何去研究并发现这种准平衡的大气斜压内动力过程,如何根据不同的内动力过程来有针对性地提出不同的冻雨预报因子。

(3)灾害预报、预警方法研究多局限在尺度较大的冻雨天气过程的预报,对于冻雨灾害本身的预报,特别是冻雨强度的预报明显缺乏方法和手段;更谈不上把以站点为基础的预报业务拓展到精细化预报(由于贵州省所处的复杂地形条件,气象站点所得的观测资料和野外实际状况差别非常大)。

本书根据公益性行业专项"复杂山地环境下凝冻(冻雨)形成机理及防范措施研究"(以下简称"项目")的研究成果,对冻雨天气过程进行野外观测试验,获取复杂地形下冻雨形成的高质量资料集;通过诊断和数值模拟,揭示云贵准静止锋的三维垂直结构和冻雨的天气成因;对关键天气系统云贵准静止锋活跃区域及其冻雨天气过程进行微物理观测试验,获取冻雨和过冷云雾不同微物理特征的观测结果,分析过冷云雾、冻雨共同形成积冰的宏、微观物理结构和过程,初步揭示冻雨积冰机理;建立冻雨的动力因子预报模型和精细化数值预报方法。这些研究成果不仅是为了满足贵州减灾防灾的迫切需要,且可为未来提高贵州冬季冻雨天气的预警、预测水平打下良好的科学理论基础,并提供有效的预测方法。同时,该项研究也是全国性冻雨灾害研究的一部分及起点,也是全国性冻雨灾害的一种预研究,并可为下一步展开全国不同地区冻雨的研究提供科学思路和借鉴。本书的部分内容来自于《贵州省预报员手册》(如 4.2 节),部分研究成果已在公开刊物发表。

本书主编为王瑾,负责全书框架设计、审稿和总撰,杜小玲、许丹参与了部分书稿的审稿工作。其中王瑾完成了第 1 章及第 2 章、第 4 章部分章节的撰写工作;高守亭研究员完成了第 5 章的撰写工作,并组织完成了第 3 章绝大部分的研究和总撰;韩永翔教授组织完成了第 4 章冻雨微物理过程部分的研究和总撰;杜小玲完成 3.4.1 节的撰写,归纳整理了贵州冻雨历史个例,并协助完成第 1 章的部分撰写;许丹完成了第 2 章的撰写工作;邓涤菲完成了 3.2 节、3.5 节的撰写工作;张智完成了 4.7 节、4.8 节的撰写工作;张昕完成了 3.3 节的撰写工作;刘朝茹完成了 3.1 节的撰写工作;王柳柳完成了 4.6 节的撰写工作;仲凌志完成了 4.4 节部分编撰工作;方莎莎完成了 4.9 节部分编撰工作。

本书的出版得到国家自然科学基金项目(41965010)、中国气象局气候变化专项(CCSF202027)、贵州省科技支撑计划(黔科合支撑[2021]一般 508)的资助。

由于编著者水平有限,不当之处在所难免,敬请读者指正。

编著者
2021 年 4 月 28 日

目 录

前言

第1章 国内外冻雨研究简述 ·· 1
    1.1 冻雨的气候特征 ·· 1
    1.2 冻雨发生的天气背景 ·· 1
    1.3 冻雨的大气垂直结构特征及形成机理 ··· 2
    1.4 冻雨发生的微物理机制 ··· 3
    1.5 冻雨精细化结构观测 ·· 4
    1.6 冻雨的预测预报方法研究 ·· 4
    1.7 项目研究内容及意义 ·· 5

第2章 贵州冻雨的气候及环流特征 ··· 6
    2.1 冻雨气候特征 ·· 6
    2.2 环流成因分析 ··· 13
    2.3 2008年和2011年1月异常冻雨典型年份环流异常特征 ························ 18
    2.4 小结 ·· 21

第3章 冻雨形成机理研究 ··· 23
    3.1 我国南方冻雨发生机制的统计研究 ··· 23
    3.2 地形对贵州冻雨形成影响的模拟研究 ··· 29
    3.3 冻雨层结结构和云物理特征的数值模拟研究 ······································ 39
    3.4 冻雨天气云贵静止锋结构特征的诊断分析及数值模拟 ························· 48
    3.5 冻雨形成的动力过程研究 ·· 56

第4章 贵州冻雨的外场观测试验及分析 ·· 69
    4.1 资料与方法 ·· 69
    4.2 贵州冻雨过程垂直结构特征的观测分析 ··· 92
    4.3 冻雨与降雪层结特征比较与判别研究 ··· 94
    4.4 贵州冻雨过程云系特征的多源观测资料分析 ··································· 102
    4.5 贵州西部冻雨雨雪过程的毫米波云雷达回波特征分析 ······················ 113
    4.6 贵州西部冻雨雪过程的微物理和动力特征分析 ································ 117
    4.7 威宁冻雨与降雪的微物理观测研究 ·· 125
    4.8 威宁雾凇的微物理特征及成因分析 ·· 137
    4.9 云凝结核对雨、雾滴谱的影响 ··· 147

第 5 章　贵州冻雨的动力因子预报方法研究 ………………………………………… 153
　　5.1　冻雨落区的诊断 ………………………………………………………………… 153
　　5.2　动力因子诊断预报方法 ………………………………………………………… 155
　　5.3　要素判别法 ……………………………………………………………………… 156
　　5.4　小结 ……………………………………………………………………………… 159

参考文献 …………………………………………………………………………………… 161

致谢 ………………………………………………………………………………………… 169

第1章 国内外冻雨研究简述

冻雨,是冬半年发生在低纬度高原地区的一种特殊的积冰气象灾害,冻雨灾害形成包含有多种复杂的天气现象,主要有雨凇、雾凇、混合凇等,其中以雨凇最为常见。冻雨发生主要包括两种物理过程:空中过冷却水滴在低于 0 ℃的地面物体上凝结;空中水汽在低于 0 ℃的地面物体上凝华。冻雨灾害与低纬度高原地区独特的地理位置、复杂的地形条件和特殊的云贵准静止锋天气系统密切相关。冻雨灾害已愈来愈成为当地经济社会可持续发展的重要制约因素,而且对西南交通骨干网、西电东送等国家战略建设项目也造成了严重的影响。

1.1 冻雨的气候特征

国内外学者针对冻雨天气的时、空变化特征进行了一系列研究。王遵娅(2014)定义了一种大范围持续冻雨天气的识别方法,对中国 56 年(1954—2009 年)的气象资料进行了统计分析,发现雾凇主要出现在中国北方地区,雨凇主要出现在长江以南地区,且自 20 世纪 80 年代末期以后,大范围的雨凇、雾凇天气过程均出现了突变性减少,90 年代初至 21 世纪初期几乎未出现冻雨天气过程。研究分析表明,气候变暖可能导致了我国冻雨天气的持续性减弱,影响范围减小,但这种暖气候背景下冻雨天气强度并不比气候未变暖前弱。王海军等(2010)通过定义冻雨日、综合冻雨指数等指标对我国 1951—2008 年南方 7 省冻雨天气进行了研究,同样指出冻雨灾害在 20 世纪 80 年代后与 80 年代前相比明显减小;我国南方地区冻雨天气主要发生在 11 月—次年 4 月,且 1 月最严重,其次为 2 月,冻雨天气最严重的省份依次为贵州、安徽、湖南和湖北。赵珊珊等(2010)对全国雨凇和雾凇天气资料进行了分析,也得到了类似的研究结果。

1.2 冻雨发生的天气背景

Szeto(1999)和 John(2000)分别研究了加拿大东部和北美五大湖的冻雨天气,认为冻雨通常发生在 35°N 以南的地区,且多数情况与温带气旋形成的暖锋有关。周后福等(2004)把江淮地区多年来的冻雨天气形势按"先暖后冷型"和"先冷后暖型"进行分类,认为二者之间的天气形势大致相同,主要差别是 700 hPa 暖层建立的时间不同。赵思雄等(2008)、孙建华等(2008)、陶祖钰等(2008)认为我国 2008 年初南方低温雨雪冰冻灾害主要由大气环流持续异常,中高纬度阻塞高压(简称阻高,下同)在西西伯利亚长期维持,以及副热带高压(简称副高,下同)偏西偏北共同造成。阻高与副高之间有一横槽,使冷空气从北方入侵;西风带南支槽稳定维持且十分活跃,将大量水汽输送至中国大陆尤其是南方地区;北方的干冷空气与南方的暖湿空气交绥,出现了明显的中低纬系统的相互作用;长江流域上空的准静止锋是冻雨天气的重要影响系统。

此外,针对 2008 年初的低温雨雪冰冻灾害还有其他一些研究结果:李崇银等(2008)认为此次冻雨天气与多个大气环流系统的异常有关,其中乌拉尔山的阻塞和贝加尔湖—巴尔喀什湖的横槽有利于冷空气从西路向南爆发,东亚和日本地区的高度正异常导致锋面在我国岭南及其以北地区长时间维持,西太平洋副高偏强和偏西以及印缅槽持续偏强使得暖湿空气向华南地区输送;丁一汇等(2008)、高辉等(2008)、张庆云等(2008)则认为拉尼娜事件是支持这次环流背景的原因,杨贵名等(2008)、王东海等(2008)、陶诗言等(2008)、赵思雄等(2008)等则认为持续充足的降水条件是南支槽增强和副高偏西偏北共同造成的;此外,顾雷等(2008)、刘少锋等(2008)、宗海峰等(2008)认为赤道中东太平洋和北大西洋的海温异常也是其中一个重要原因。王允等(2008)通过中国南方地区风场的季节变化与这次冻雨的关系分析了冻雨天气过程结束的原因:降雪过程主要受偏北风距平气流与偏南风距平气流在25°N形成的辐合带的影响,当天气形势完全被偏北风距平气流控制时,冻雨天气过程结束。

1.3 冻雨的大气垂直结构特征及形成机理

早在1973年,中央气象台就指出冻雨的发生机制:大气垂直结构为冰晶层、暖层、冷层三层,称为"三层模式"。赵彩(1995)利用贵阳56次探空和高空风资料,分析了贵州中部严重积冰过程的云内宏观动热力特征,发现云上部0℃以上暖层的存在,以及云层中部湍流强度等因子对冻雨有重大影响。吕胜辉等(2004)利用气象常规资料,对天津机场地区1979—2002年出现的3次冻雨天气进行对比分析,找出了冻雨发生的天气形势特点和大气垂直结构特征:700~500 hPa有冰晶层,冰晶层内的温度为−14~−10℃,850 hPa附近为暖层,厚度为1.0~2.0 km,暖层内的温度为0~2℃;从地面到1.0~2.0 km的高度存在冷层,冷层内温度为−2~0℃。杜小玲(2007)和杜小玲等(2010a,2010b)对贵州冻雨做了环流分型和冻雨期间的垂直结构特征方面的研究,并利用贵州48年观测资料,揭示了贵州冻雨以27°N为频发地带的分布特征,还利用12次强冻雨天气过程分析了中高纬度阻塞环流背景下贵州强冻雨的天气学特征和概念模型。Deng等(2012)进一步运用常规地面探空资料和再分析资料,研究了2011年1月初贵州等地的冻雨灾害,集中分析了和冻雨密切相关的准静止锋结构和2个有利于冻雨发生的条件。结果表明,由于地转和非绝热强迫的共同作用,700 hPa以下垂直于准静止锋区驱动出了一个正环流圈,这一正环流区有利于近地面冷层和其上暖层的维持。此外,由于强风切变的作用造成中低层云中出现扰动,在中低层云中的冰核含量很少的有利条件下,扰动使得过冷雨滴发生碰并增长,最终跌落于近地面冷层中,使得冻雨形成和维持。Stewart等(1987)指出,发生在加拿大的冻雨往往与冷锋和暖锋有关,垂直方向的温度结构对冻雨的预报非常重要。

地面和近地面温度是冻雨形成的重要要素。John(2000)利用历年探空分析,统计分析了美国五大湖的冻雨事件,发现冻雨时的地面温度有88%的情况是处于−1~3℃;John等(2004)分析了美国和加拿大的冻雨,发现冻雨发生时近地面的温度均低于0℃。Houston等(2007)更精确地统计分析了冻雨发生时的地面温度,发现露点温度为−2.8~0.6℃,近地面温度为−2.2~0℃。国内学者对冻雨的统计结果表明:最有利于冻雨发生的地面温度在−1~3℃。空气湿度和地面风速也是影响冻雨形成的重要条件。Xu等(1995),Xu等(1996)研究了美国东部Appalachian山脉对冷空气的阻挡作用及其引起的美国东部的冻雨问题。Rauber等(2000)利用1970—1994年美国落基山州的972次探空资料,统计出在冻雨形成过程中的暖云和融化过程这两种主要的微物理过程的相对重要性。Bourgouin(2000)利用垂直温度廓线中高于 0 ℃和低于 0 ℃的区域,发展了一套诊断北美降水类型的方法。Houston 等(2007)则利用 1928—2001 年的资料,统计发现冻雨发生时,干球温度一般为－2.2～0 ℃,而露点温度为－2.8～0.6 ℃。

冻雨的产生与发展不仅与天气学有关,同时与局地地形也有重要关系。地形、下垫面特性以及冬季寒流的移动线路都会对冻雨天气的形成和发展有重要作用(Stuart 等,1997;Bernstein,2000;Robbins 等,2002)。地形也对冷锋有阻挡作用,并且在近地面形成稳定的冷堆,在中层形成一个很稳定的逆温层,有利于冻雨的发生;Forbes 等(1987)研究表明,无地形影响时,高于 0 ℃的逆温层比较薄,温度不够高,冻雨不易形成。陈玉瑞(1982)、蒋兴良等(2001)研究发现,高山顶的迎风坡和风口由于风速较大,可使积冰的碰撞增加,有利于冻雨的形成和壮大。

随着数值天气预报模式的发展,越来越多的学者对冻雨进行了模拟研究。孙建华等(2008)、苗春生(2010)和周悦等(2014)使用中尺度模式对 2008 年初一次冻雨天气进行了模拟,模拟结果基本再现了冻雨的大致分布、水汽的传输辐合过程和易出现冻雨的近地面和空中层结条件。高洋(2011)基于 WRF 用了 4 种不同的微物理方案(Morrison、Lin、WSM6 以及 Thompson)对 2008 年初的冻雨过程进行了模拟试验。结果表明,不同的微物理方案均能模拟出大致的雨带分布,但大气的热力结构和近地面温度却有差异,同时对"融化机制"的模拟结果较好,总体来说 Morrison 方案效果更好。陶玥等(2013)利用中尺度云分辨模式对冻雨天气过程进行了数值模拟研究,分析了冻雨形成的云微物理过程及云物理成因。结果表明,逆温层的存在是冻雨发生的必要条件,空中降水粒子的不同会影响地面降水粒子的相态;不同类型的云,对应不同的微物理结构,具有不同的云物理机制;同一类型天气系统中的冻雨区,可以存在不同的温度层结、云的微物理结构和冻雨形成的机制;不同类型天气系统也可以存在特征相同的冻雨区。

1.4　冻雨发生的微物理机制

早期研究(Huffman 等,1988;Bernstein,2000;Rauber 等,2000)将冻雨发生的物理机制概括为融化过程机制和过冷暖雨过程机制。

冻雨发生的融化过程机制是指高空大气层的冰相水凝物在掉落过程中,遇到足够强的暖层,引起冰相水凝物融化,再进入近地面的冷层时,变成过冷状态的水滴,由于温度不够低或者下落时间太短,液滴无法再次冻结,遇低于 0 ℃的物体或地面后冻结成冰。该类型降水通常雨量较大,是典型的冻雨,多发于海拔较低,地势平坦的地区(杨贵名 等,1987)。通常认为融化机制是冻雨的主要形成机制,适用于大部分地区,发生较普遍(Czys 等,1996;Martner 等,1993)。冻雨发生时大气的垂直结构通常分为三层:最高层是冰晶层,位于 700 hPa 层以上,云层由冰晶和雪晶组成;中间是暖层或称融化层,温度高于 0 ℃而低于 4 ℃,位于 800～700 hPa 层,厚度约为 1 km,冰相粒子落入该层融化为液态水或冰水混合物;冷层或过冷却雨层位于 800 hPa 层以下,温度低于 0 ℃(吕胜辉 等,2004;周后福 等,2004;王晓兰 等,2006)。Erwin 等(1991)和 Martner 等(1993)对冻雨形成的相态变化进行了雷达探测,发现融化层中有固态冰粒子向液态水滴转换而产生的 0 ℃层亮带,证明冰粒子融化形成了液态雨滴,然后落入接近地面的冷层中,形成过冷却雨滴,当接触到地面低于 0 ℃的物体时发生冻结。Rauber 等(1994)的研究进一步证实了这一点,并认为云顶温度低于－10 ℃对形成高浓度冰相粒子更有利。

过冷却暖雨机制是指冻雨发生时没有暖层,整层的温度都低于0 ℃,降水中冰相粒子不增加,云中水滴通过碰撞过程形成过冷却雨滴(Bocchieri,1980;Young,1978;Huffman 等,1988)。过冷却雨滴通过凝结增长的方式长至一定尺度(约 40 μm)后开始以碰并增长的方式形成雨滴(Rasmussen 等,2002),下落过程同样因为近地气层温度不够低或者下落时间太短,雨滴始终维持液态,最终落到地面。该机制通常雨量较小,多形成冻毛毛雨,多发于高海拔地区或低海拔的山区,其发生频率占冻雨过程的 30%～40%,相比前者较少,但也有学者(Hobbs 等,1985)指出过冷暖雨所占比例被低估了。

1.5　冻雨精细化结构观测

目前,国内冬季降雨以及冻雨和降雪的垂直结构精细化观测还十分缺乏,限制了对冬季降雨及冻雨形成、发展的微物理和动力特征的理解。近年来,毫米波云雷达快速发展,毫米波云雷达在精细化观测雨、雪方面具有以下几个明显优势(仲凌志,2009;郑佳锋,2016):①毫米波云雷达具有较高灵敏度(如本书观测所用的毫米波云雷达灵敏度在 5 km 还能达到－38 dBz),能够探测到降雨形成和发展过程中微小的液相和冰相粒子;②垂直指向探测时,毫米波云雷达的功率谱数据与云的微物理和动力过程息息相关,十分有利于研究冬季雨、雪的微物理和动力特征;③毫米波云雷达资料具有非常高的时、空分辨率(空间分辨率达到 30 m,时间分辨率达到 3 s,波束宽度仅为 0.3°,在 5 km 高度上的雷达水平展宽仅为 13 m),能够精细探测到雨、雪内部的回波变化和结构特征;④具有丰富的产品,毫米波云雷达除了能够连续观测云的强弱、运动速度、云厚、云高和云量等参数外,利用一定的反演方法还能进一步得到云的粒子半径、粒子浓度、液态水含量、冰水含量、大气垂直速度和粒子下落速度等微观物理和动力参数,为研究雨、雪的微物理和动力特征提供了十分有效的资料。美国等发达国家的毫米波云雷达技术较为成熟,使用毫米波云雷达开展了一系列的云及降水的观测,但国内毫米波云雷达的发展起步晚,仲凌志(2009)利用多普勒、极化功能的 35 GHz 的车载毫米波云雷达在华南观测的数据进行了云降水和产品反演上的研究;郑佳锋(2016)对固态发射机的 Ka 波段毫米波云雷达在华南和青藏高原观测的数据进行了研究。

冻雨微物理特征观测方面。目前国内外对冻雨降水粒子谱分布的观测分析较少,降水滴谱的分布特征能够帮助我们还原降水过程的本质,对准确了解降水物理机制、雨量估算和改进数值模式中微物理方案有重要意义。雨滴谱分布同时还影响着积冰过程,当云中的过冷却水滴与冰晶粒子相互作用发生再次冻结,可能会产生新的降水粒子如冰粒,这一过程与粒子的尺度分布有关(Hobbs 等,1985)。Chen 等(2011)分析了 2008 年安徽潜山雨滴谱观测资料,指出冻雨的雨滴谱分布与层云降水类似,各微物理参量均较小,认为云中较小的冰晶和霰粒子的融化是降水的主要来源,而不是雪花融化造成的。Zhou 等(2013)分析了湖北恩施获取的冻雨期间雨滴谱和雾滴谱的分布特征,得到了类似的结果,发现冻毛毛雨是积冰增长过程的"催化剂",对积冰量有直接或间接的贡献。

1.6　冻雨的预测预报方法研究

陈天锡等(1993)通过对 1991 年 3 月 7—8 日发生在驻马店地区冻雨过程的分析得出该地

区冻雨形成的天气条件及分布规律,并建立了有关冻雨的预报方法。黄继用(1999)在统计方法的基础上,提出了冷舌与冻雨分片预报方法,认为贵州的冻雨分布与 700 hPa 和 850 hPa 等压面上的冷舌分布密切相关,并因此建立了未来 36 h 内贵州的冻雨预报指标及消空指标。许炳南(2001)根据 6 个预测信号建立的两类贵州冻雨短期气候预测模型,是目前贵州省气象台冬季冻雨气候预测的重要方法。可见,目前国内对冻雨的预报还是基于统计分析方法,很少用到数值模拟。

1.7 项目研究内容及意义

围绕复杂山地环境下冻雨研究面临的科学问题,通过冻雨天气过程野外观测试验、数值模拟和统计分析,开展贵州冻雨形成的关键天气系统——云贵准静止锋的结构特征、冻雨形成的微物理及动力特征、地形对冻雨形成的影响、冻雨的集合动力因子预报方法的研究,凝练了贵州冻雨区上空大气的简单概念模型,揭示了贵州冻雨形成的"过冷暖雨"机制及暖层维持的原因,建立了贵州冻雨的集合动力因子预报方法及预报业务系统。

本书研究中在国内首次利用毫米波云雷达、雨滴谱、雾滴谱仪、CCN 等观测资料结合数值模拟揭示贵州冻雨天气系统的结构特征问题,研究了高原山地环境下冻毛毛雨微物理特征,提出了贵州冻雨区上空大气的简单概念模型,并通过对非地转位势引发的垂直环流分析,揭示了暖层维持的原因,这些创新性的工作为贵州冬季冻雨天气的预报、预警及专业服务提供了坚实的理论基础。

第 2 章 贵州冻雨的气候及环流特征

近 40 年来,在全球变暖背景下,虽然冻雨灾害呈下降趋势,但暖背景下的极端冻雨灾害事件影响更为严重。因此,了解贵州冻雨的气候特征、环流成因非常重要。现将贵州冻雨的气候特征、环流成因分述如下。

2.1 冻雨气候特征

2.1.1 资料及方法

(1) 本节冻雨天气现象资料来源于贵州省气象信息中心。

选取贵州 83 个气象观测站 1981 年 1 月—2020 年 12 月逐日冻雨天气观测资料;冬季冻雨特征分析中,选取贵州 83 个气象观测站 1981 年 12 月—2021 年 2 月逐日冻雨日数资料。当某日某站出现冻雨天气现象,则记为 1 个冻雨站次。资料均经过质量检验。

(2) 1981—2020 年北半球 NCEP/NCAR 全球 2.5°×2.5°月平均 500 hPa 高度场再分析资料,气候平均值用 1981—2020 年的要素平均。

(3) 方法。采用合成、相关、经验正交函数(EOF)等统计方法,用合成分析和相关分析等方法对贵州冻雨的环流成因进行分析。

2.1.2 年冻雨气候特征

(1) 空间分布

根据 1981—2020 年各站逐日冻雨天气现象资料,对贵州年冻雨日数进行统计分析。从全省 83 个测站 40 年年平均冻雨日数分布(图 2.1)可以看出,年平均冻雨日数的地区分布特点是西部多、东部少,中部多、南北少,4 个多冻雨中心分别在威宁、大方、开阳、万山,冻雨日数均在 20 d 以上。西北部以威宁、大方为中心,威宁最高达 44.0 d,大方次之(29.1 d),水城、毕节、纳雍在 10 d 以上;中部以开阳的 33.4 d 最多,地势较高的瓮安、修文、白云、丹寨在 10 d 以上,东部的万山为 24.2 d。威宁、大方、开阳和万山 4 个冻雨中心基本上沿 27°N 呈东西带状分布,10 d 以上的站出现在 26.0°—27.5°N,海拔高度 1000 m 以上或相对高度较高的地区,苗岭山脉北侧的站点大都在 5 d 以上,26.0°N 以南和 27.5°N 以北的地区大都在 2 d 以下,北部和南部边缘不足 1 d,赤水、册亨、望谟、罗甸、荔波低热河谷地区近 40 年未出现过冻雨。

冻雨的空间分布特征和贵州地形及冷空气入侵路径密切相关。贵州的地形像一个倒扣的簸箕背,西部高,东部低,中间高南北低,加上北方冷空气多从东北路径入侵贵州,苗岭北侧属于东北风的迎风坡,有利于冻雨天气的发生。西部的高海拔地区冻雨较多,是由于气温是随高度上升而递减的,海拔高温度相对较低,更易达到温度低于 0 ℃ 的冻雨形成条件,因而威宁最早在 10 月就会出现冻雨(如 1981 年 10 月 23 日开始),一直延续到次年 4 月,年冻雨日数高达 44 d,而周边的赫章、织金、黔西不到 10 d,毕节、水城、纳雍虽在 10 d 以上但远低于威宁。东部万山的冻雨中心是因为处在冷空气入侵路径上,且比周围站点高出 400~600 m,相对高度较高,虽海拔高度只有 884 m,但冻雨日数竟达 24.2 d 之多,而它周围站点的冻雨日数仅有 2 d 左右。中部开阳的冻雨中心是由于北邻乌江河谷,地处迎风坡,虽海拔高度为 1350 m,冻雨日数却比海拔 1811 m 的水城还多 6 d。4 个冻雨中心附近冻雨日数的变化梯度都较大。

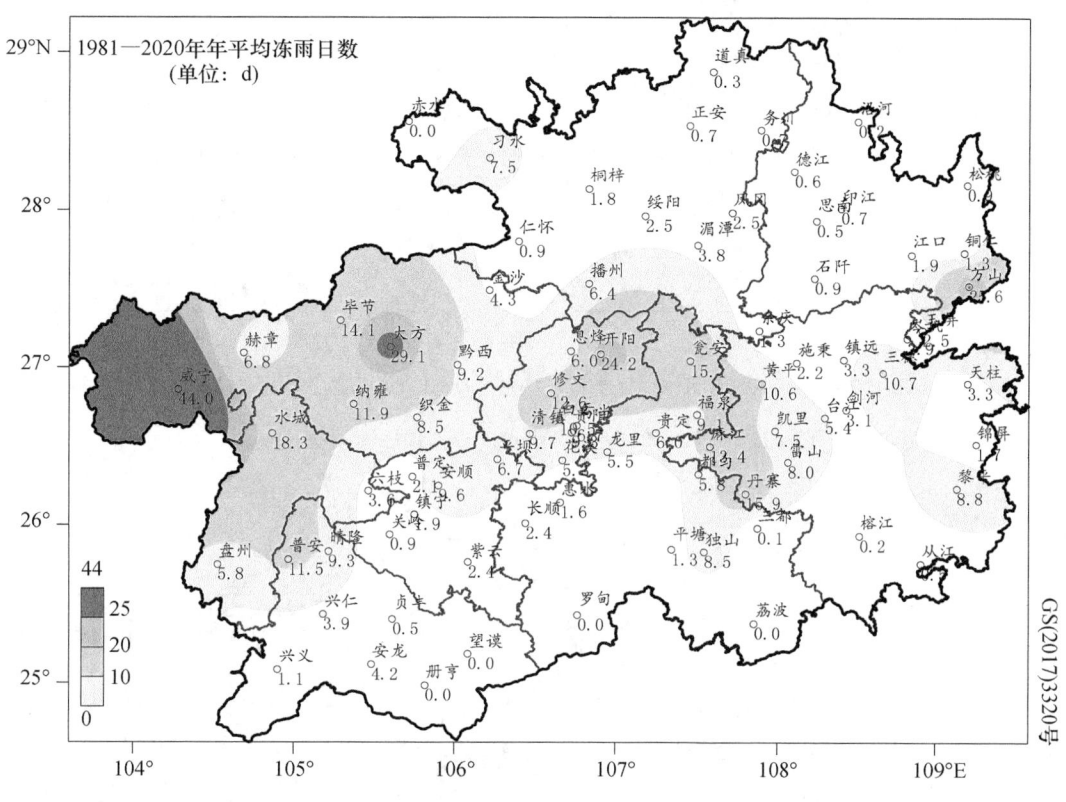

图 2.1　1981—2020 年贵州省年平均冻雨日数分布

(2)月分布

图 2.2 是 1981—2020 年 40 年全省逐月累计冻雨站次及所占比例分布。由图可知,冻雨在 10 月—次年 4 月都有出现,1 月累计最多达 10228 站次,平均每年有 248 站次,占全年的 50.0%,其次是 2 月累计达 5783 站次,平均每年有 145 站次,占全年的 28.3%,再次是 12 月累计达 3341 站次,平均每年有 83.5 站次,占全年的 16.3%,3 月及 11 月累计分别为 891 和 216 站次,平均每年不足 30 站次,10 月和 4 月 40 年累计仅分别为 12 和 2 站次,概率非常低,仅在个别高海拔站(如威宁)出现过。冻雨主要出现在冬季,冬季冻雨站次占全年总站次的 94.5%。

(3)冻雨的最长持续日数

根据 1981—2020 年 40 年各站逐日的气象资料,统计逐年全省 83 个站冻雨持续日数,并制作 40 年贵州省持续最长冻雨日数分布图(图 2.3),由图可见,与贵州年冻雨日数分布很相似,冻雨持续最长日数表现为西部大、东部小,中部大、南北小。持续日数在 20 d 以上的均出现在 25.5°—27.5°N,海拔高度 1000 m 以上或相对高度较高的地区,并有 3 个中心(最长持续冻雨日数在 30 d 以上),分别在大方、纳雍、水城一带,贵阳、开阳一带及万山等地,以大方、开阳的 34 d 为最长。对各地持续最长冻雨日数出现的年份进行分析,发现 68 个站均出现在 2008 年初(即 2007 年冬季),其余站主要出现在 1983 年冬季。

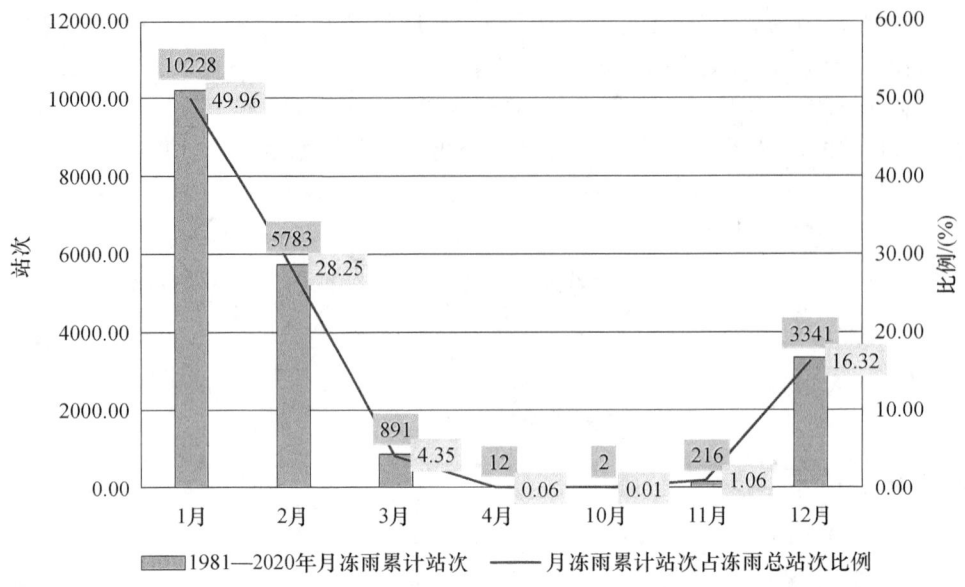

图 2.2　1981—2020 年贵州省逐月累计冻雨站次分布

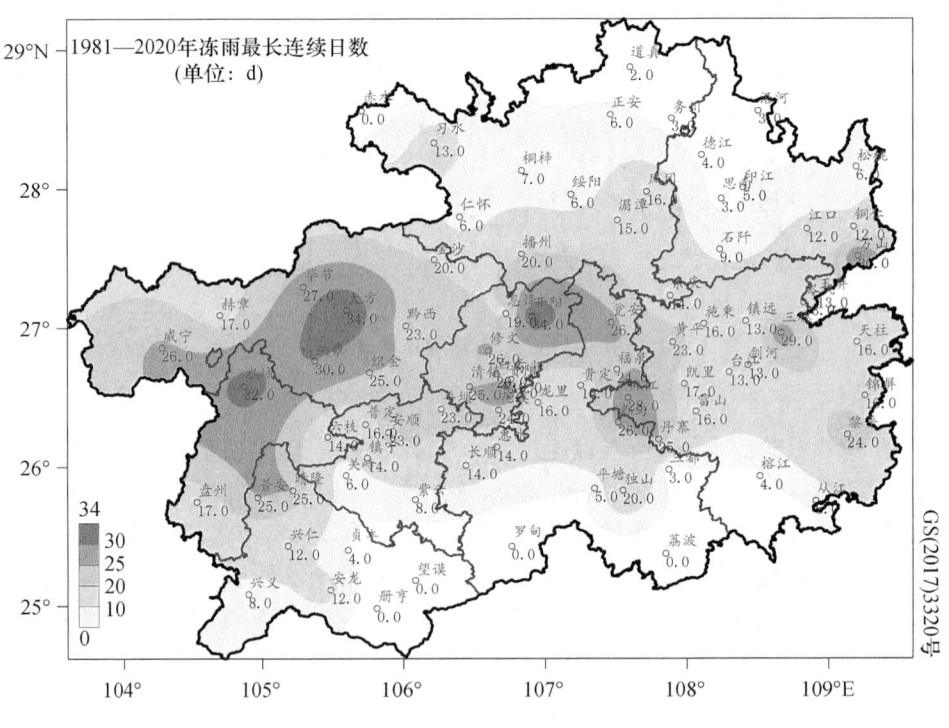

图 2.3　1981—2020 年贵州省持续最长冻雨日数分布

2.1.3　冬季冻雨气候特征

贵州冻雨主要出现在冬季,又以1月最为集中。因此,以下重点对贵州冬季及1月冻雨进行气候特征分析。

(1)空间分布特征

冬季(图2.4)和1月(图2.5)平均冻雨站次与年冻雨站次空间分布相似,表现为西部多、

第 2 章 贵州冻雨的气候及环流特征

东部少、中部多、南北少的分布特征，威宁、大方、开阳和万山 4 个多冻雨中心分别在 20 d 和 10 d 以上，威宁最多，分别为 37.3 d 和 15.6 d。

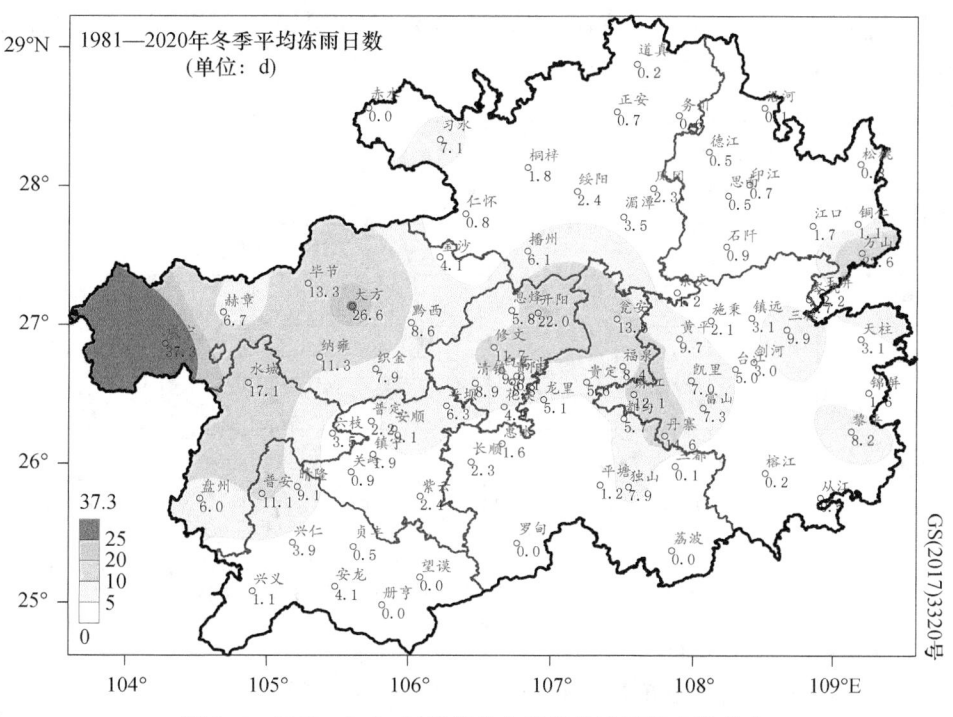

图 2.4　1981—2020 年贵州省冬季平均冻雨站次数分布

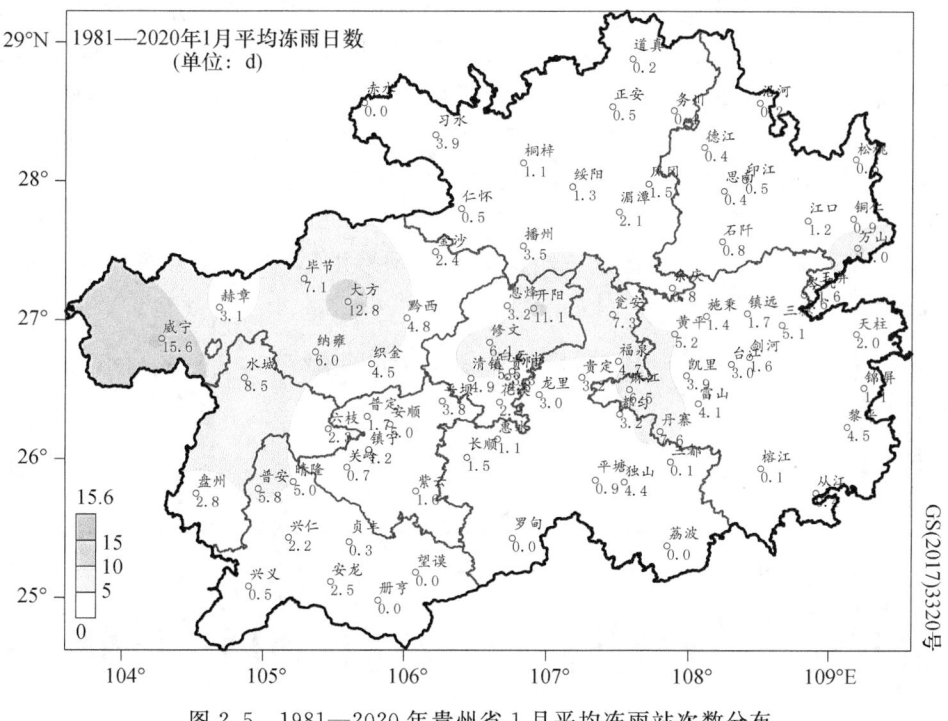

图 2.5　1981—2020 年贵州省 1 月平均冻雨站次数分布

(2) 冬季多年平均逐日冻雨站次特征

根据 1981—2020 年各站冬季逐日气象资料，统计 40 年贵州 83 个站冬季逐日冻雨平均站次。从逐日冻雨平均站次变化(图2.6)可以看出,冻雨站次呈先升后降的单峰型变化,由12月初的2站次以下逐步增加到下旬末的5站次以上,之后继续增加,1月下半月为高峰期基本稳定在8站次左右,以1月20日的12.5站次为最多,该时段也是冻雨最为集中的时段,之后逐步下降,2月上旬后基本在5站次以下。

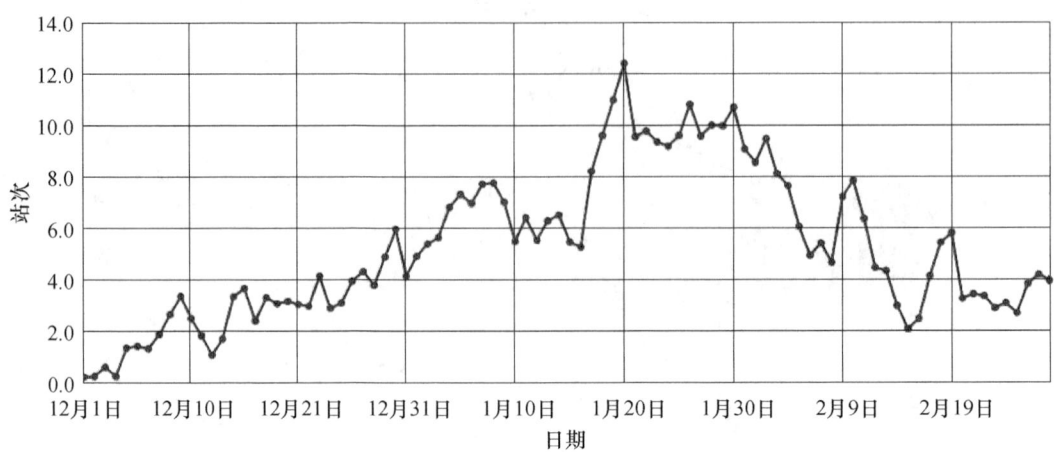

图 2.6　1981—2010年贵州省冬季逐日平均冻雨站次

(3)年际及年代际变化特征

从1981—2020年贵州冬季冻雨累计站次演变(图2.7)得出,40年平均冬季冻雨累计为470站次,标准差为336站次,年际和年代际变化大。2007年最多达1507站次,1983年次之为1476站次,2010年再次之为1247站次,最少的2016年、2019年仅分别为65和41站次。20世纪80年代前期波动较大,1983年冻雨站次数到峰值后逐步下降到1986年的低谷,1987—2006年冻雨相对偏少,20年中仅5年在平均值以上,2007年上升到最高峰又急剧下降到2009年低谷,波动较大,2010年再次上升到最高值1104站次,之后呈逐步下降趋势。以冻雨站次数高于640为偏多年,低于290为偏少年,40年中仅有1983、1984、1988、1995、2004、2007、2010和2011年8年冬季冻雨偏多,1986、1990、1998、2000、2001、2006、2009、2014、2015、2016、2019和2020年12年冬季冻雨偏少。冬季冻雨站次40年来总体呈下降趋势,但未通过显著性水平检验。

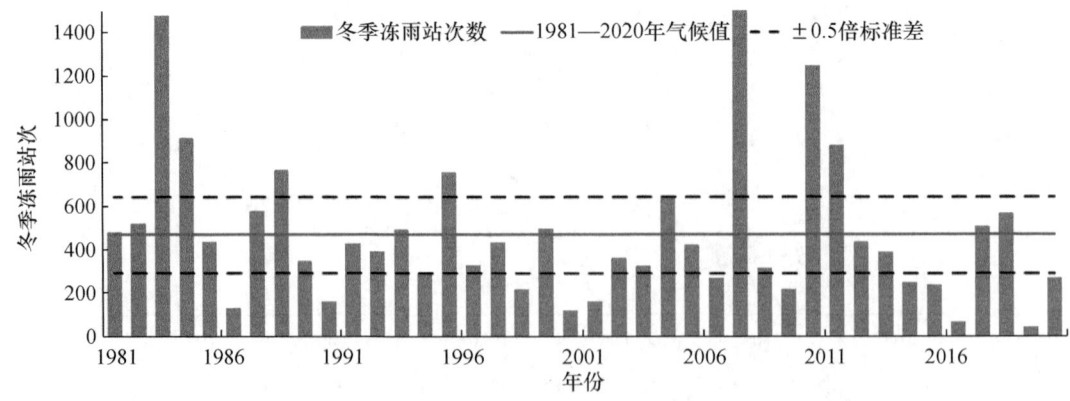

图 2.7　1981—2020年贵州省冬季冻雨站次演变

从贵州冬季冻雨累计站次的年代际变化(图2.8)可知,40年来1981—1990年为正距平,1991—2000年为负距平,2001—2010年为正距平,2011—2020年为负距平,年代际变化特征明显,呈正—负—正—负的距平分布,20世纪80年代最多,距平达108站次,21世纪近10年最少,距平达-107站次。

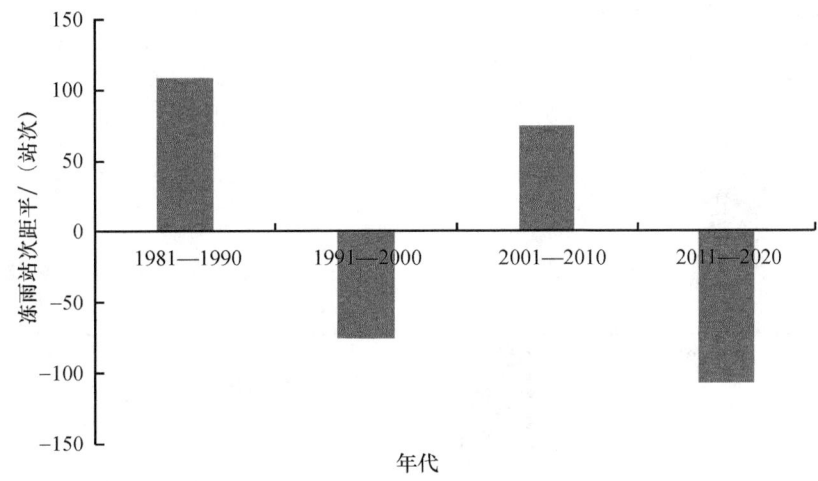

图2.8 1981—2020年贵州省冬季冻雨累计站次年代际变化

从1981—2020年贵州1月冻雨累计站次演变(图2.9)得出,1月冻雨累计站次演变趋势与冬季相似。1月冻雨站次数多年平均为255站次,标准差为249站次,年际变化大,最多的是2011年(1104站次),次多的是2008年(1060站次),两年均在1000站次以上,1984年第三多为879站次,最少的2017年和2020年分别为16和20站次。1月冻雨站次数40年来总体呈下降趋势,但未通过显著性水平检验。

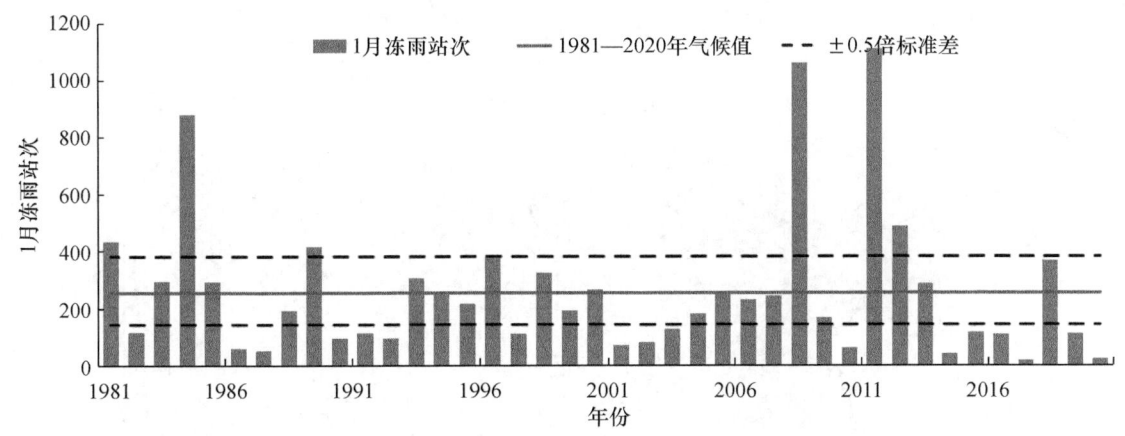

图2.9 1981—2020年贵州省1月冻雨站次演变

从贵州1月冻雨站次的年代际变化(图2.10)可知,40年来1981—1990年为正距平,1991—2000和2001—2010年为负距平,2011—2020年为正距平,年代际变化特征明显,20世纪80年代最多,距平达28站次,20世纪90年代最少,距平达-30站次。

(4)冻雨空间变化趋势

图2.11给出了1981—2020年贵州冬季和1月冻雨日数变化趋势(线性回归系数)的空间

分布。近40年来,冬季冻雨日数除苗岭南侧及北部部分站点呈增加趋势外,其余大部分地区冻雨日数呈减少趋势,减少最显著的地区为4个雨凇中心,减少速率在 2 d/(10 a) 以上。冬季冻雨日数乌蒙山及苗岭北侧的17个站减少趋势通过 $\alpha=0.1$ 的显著性水平检验,其中雷山、赫章、湄潭、麻江、普安和水城通过 $\alpha=0.05$ 的显著性水平检验;1月冻雨日数仅赫章和松桃的减少趋势通过 0.1 的显著性水平检验。

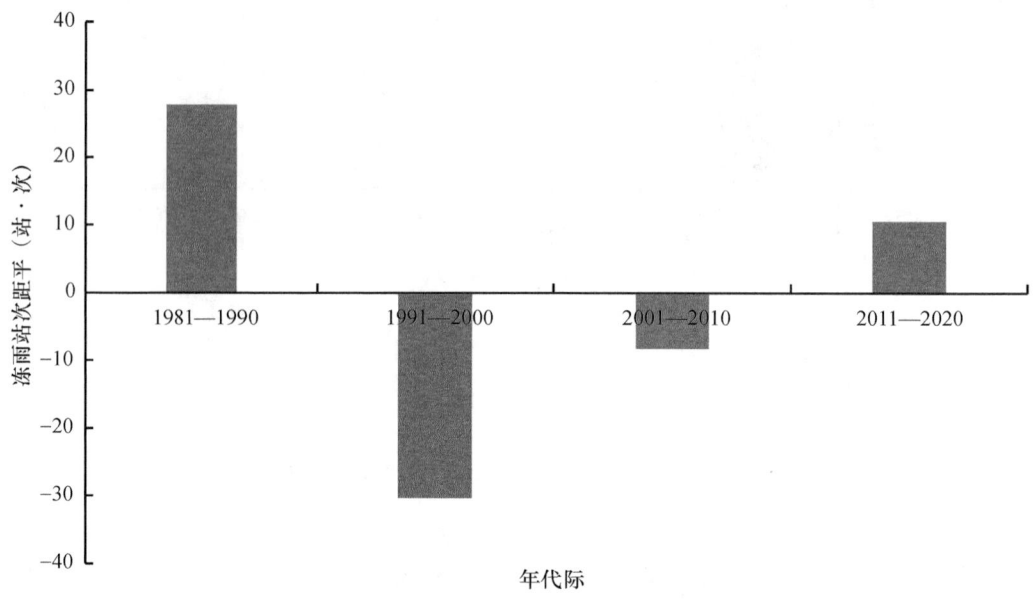

图 2.10　1981—2020 年贵州省 1 月冻雨累计站次的年代际变化

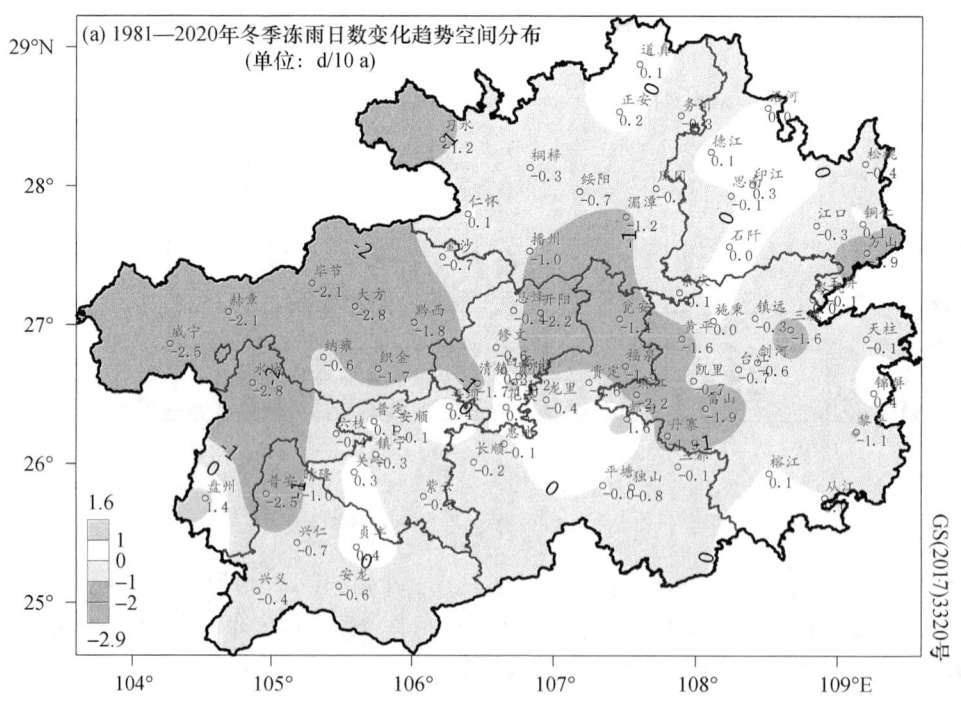

第 2 章 贵州冻雨的气候及环流特征

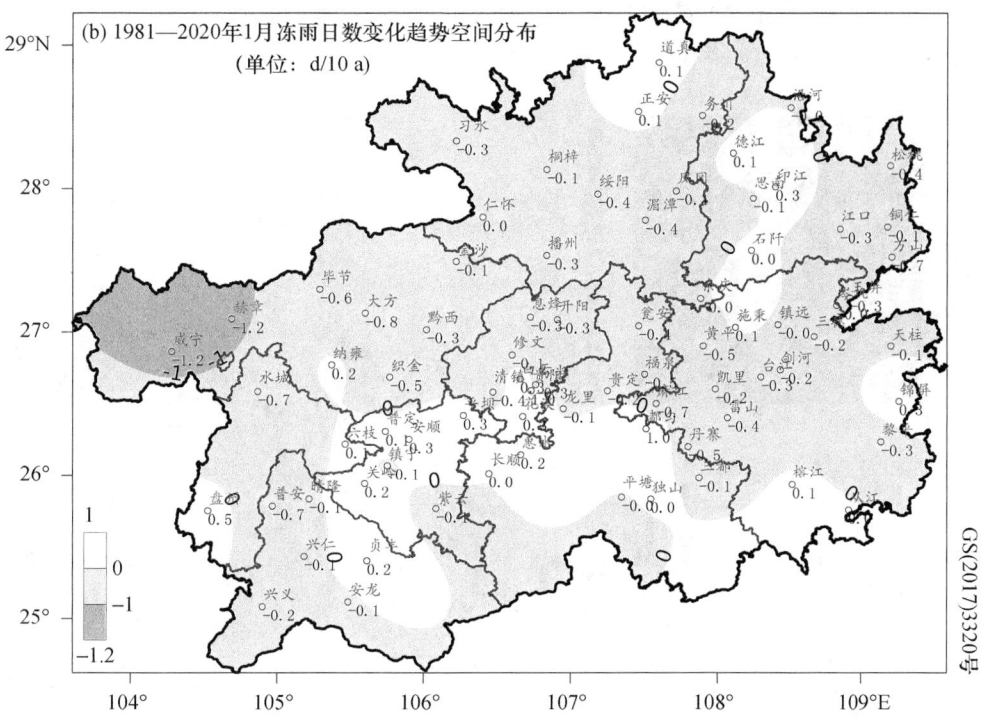

图 2.11 1981—2020 年贵州省冬季(a)和 1 月(b)冻雨日数变化趋势空间分布

2.2 环流成因分析

2.2.1 贵州冬季和 1 月冻雨的 EOF 展开特征

为了便于从空间场上分析冻雨的主要特征,对 78 个测站 1981—2020 年共 40 年的冬季及 1 月标准化后冻雨日数进行 EOF 展开,其前 5 个特征向量场的方差贡献如表 2.1 和表 2.2 所示。

表 2.1 1981—2020 年贵州省冬季标准化冻雨日数场展开前 5 个特征向量场的方差贡献

冬季特征向量场	1	2	3	4	5
方差贡献率/%	68.6	9.5	4.2	3.8	2.7
累积方差率/%	68.6	78.1	82.3	86.1	88.8

由表 2.1 可知:冬季冻雨站次的前 5 个特征向量场的累积方差贡献率已达 88.8%,第一特征向量场(EOF1)占总方差的 68.6%,而且空间分布比较均匀(图 2.12),说明贵州冬季冻雨站次的年际变化具有较好的一致性,为全省偏多(或少),显然,这是受大尺度天气系统影响的缘故,偏多(或少)大值中心并不在 4 个冻雨中心,因冻雨中心日数较多,偏多或偏少程度相应较低。时间系数从数量上刻画了某年特征向量所占权重的大小,时间系数可正可负。当第一特征向量场对应的时间系数为正(负)时,贵州省冻雨偏重(轻),时间系数的变化趋势与贵州冬季冻雨站次平均值(78 个站冬季冻雨站次的平均)的变化趋势基本一致,与各站冬季冻雨站次的相关系数也相当大,绝大部分测站超过 0.85。因此,第一特征向量场对应的时间系

数可以很好地代表贵州省冬季冻雨的变化趋势。由图 2.12b 可知,1983 年、2007 年和 2010 年是典型的全省偏多型,2016 年和 2019 年是典型的全省偏少年。

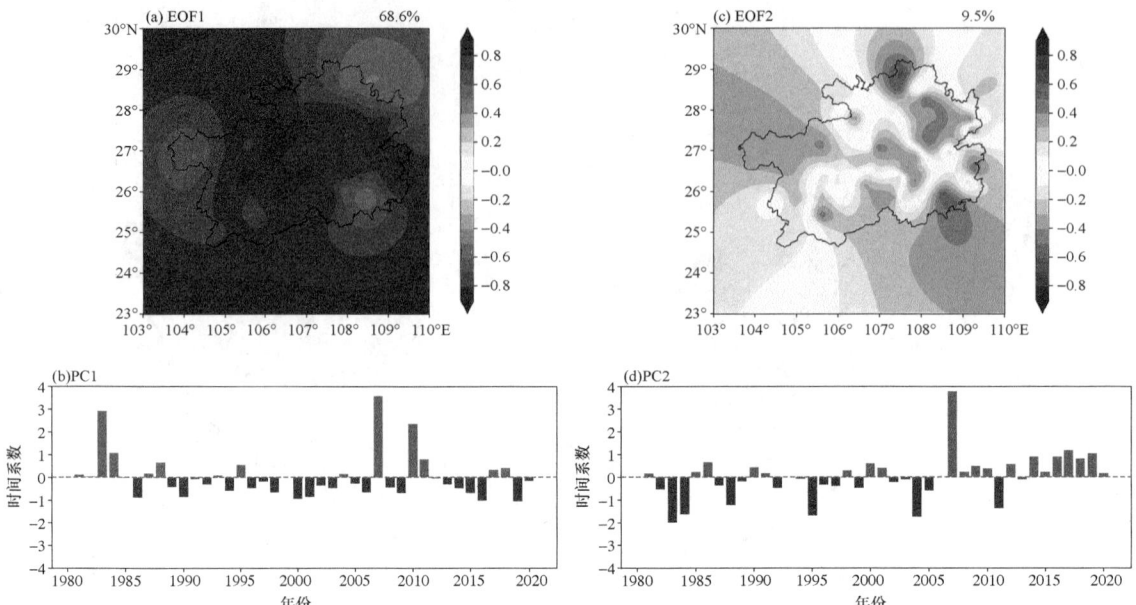

图 2.12　1981—2020 年贵州省冬季冻雨站次特征场分布及时间系数演变
[a. 第 1 特征向量场(EOF1)空间分布,b. 第 1 特征向量场时间系数 PC1,
c. 第 2 特征向量场(EOF2)空间分布,d. 第 2 特征向量场时间系数 PC2]

第二特征向量场(EOF2)占总方差的 9.5%,为东部重(轻)、西部轻(重)型,这和入侵贵州省的冷空气路径有关。时间系数为正(负)时,贵州省东部重(轻)、西部轻(重)。2007 年冬季冻雨场 EOF 展开第二特征向量场时间系数为 3.79,呈典型的东部重、西部轻。1983 年冬季冻雨场 EOF 展开第二特征向量场时间系数为 −1.99,是典型的西部重、东部轻。

贵州省冬季冻雨的分布情况主要集中在第一、第二特征向量,第一、第二特征向量场对应的典型年份共有 36 年,占总年份的 88.8%。第三、四、五特征向量代表冻雨的局地差异,其方差总贡献占总方差的 11.2%。近 40 年来贵州冬季冻雨相对有重有轻,年际及年代际变化大,总体呈下降趋势。20 世纪 80 年代初期波动较大,1983 年时间系数达到峰值(2.93),之后在波动中逐渐下降到 1986 年的低谷,随着 80 年代中后期冬季温度的升高,在 1987—2006 年的 20 年冬季中只有 1988 年时间系数在 0.60 以上,2007 年上升到峰值(3.57)后又急剧下降到 2009 年低谷,2010 年急剧上升到第三高值(2.34),随后呈逐步下降趋势,2016 和 2019 年冬季时间系数降到 −1.0 以下,2019 年最低,为 −1.06。

表 2.2　1981—2020 年贵州省 1 月冻雨日数场展开前 5 个特征向量场的方差贡献

1 月特征向量场	1	2	3	4	5
方差贡献率/%	70.8	9.2	4.2	3.5	2.8
累积方差率/%	70.8	80.0	84.2	87.7	90.5

由表 2.2 可知:1 月冻雨站次的前 5 个特征向量场的累积方差贡献率已达 90.5%,第一特征向量场(EOF1)占总方差的 70.8%。从 1 月第一特征向量场的空间分布(图 2.13)可知,与

冬季相似空间分布比较均匀,说明贵州1月冻雨站次的年际变化具有较好的一致性,为全省偏多(或少),1984、2008和2011年的1月是典型的全省偏多型,2018和2020年的1月是典型的全省偏少年。第二特征向量场(EOF2)占总方差的9.2%,为东部重(轻)、西部轻(重)型,2008、1981和1982年的1月是典型的东部重、西部轻,2011和2012年的1月是典型的西部重、东部轻。与冬季相似,1月冻雨的分布情况主要集中在第一、第二特征向量,其方差总贡献占总方差的80%,第三、四、五特征向量代表冻雨的局地差异,其方差总贡献总方差的10.5%。

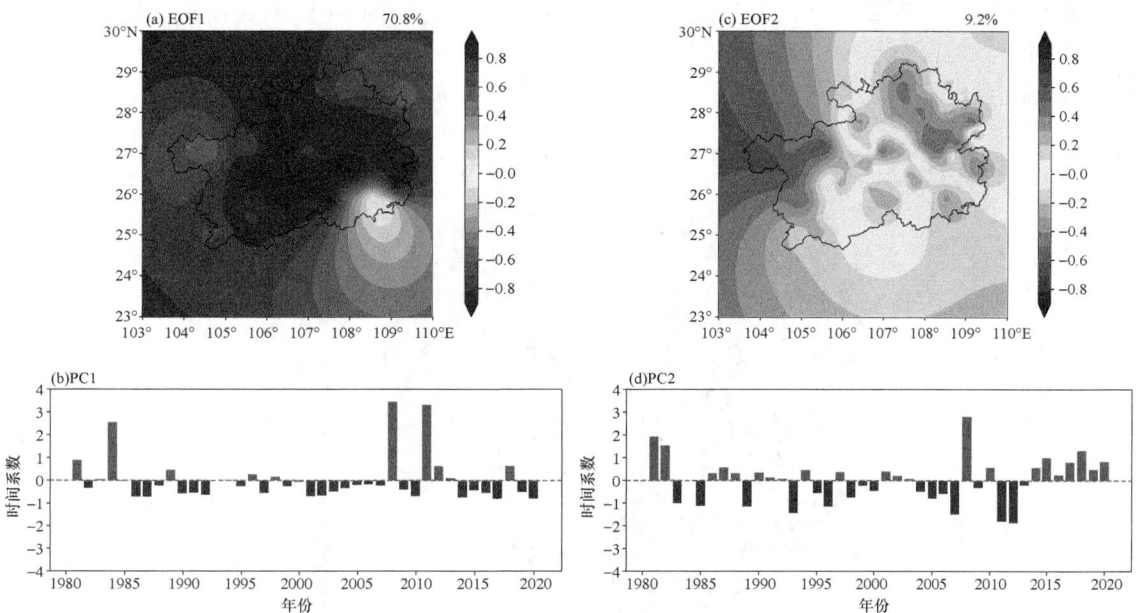

图2.13 1981—2020年贵州省1月冻雨站次特征场分布及时间系数演变
(a. 第1特征向量场(EOF1)空间分布,b. 第1特征向量场时间系数PC1,
c. 第2特征向量场(EOF2)空间分布,d. 第2特征向量场时间系数PC2)

1月第一特征向量场时间系数变化与冬季相似,年际及年代际变化大,总体呈下降趋势,但未通过显著性水平检验。20世纪80年代初期波动较大,1984年时间系数达到峰值(2.57),之后在波动中逐渐下降到1987年的低谷,在1987—2007年的21年中冻雨相对较轻,只有1989时间系数在0.4以上,2008年上升到峰值(3.47)后急剧下降到2009和2010年低谷,又急剧上升到2011年的第二高值(3.32),波动较大,随后呈逐步下降趋势,2017和2020年时间系数为−0.81和−0.80,2017年是最低的一年。这里需要注意的是,因冬季是指当年12月到次年2月,2007年冬季指的是2007年12月—2008年2月,因而冬季和1月在峰值谷值年的描述上有1年的差别。

将1月冻雨日数经EOF分解后的第一主分量对应的时间系数在0.5以上的年份划分为偏多年,在0.5以下的年份划分为偏少年,2008、2011、1984、1981、2018和2012为偏多年,2017、2020、2014、1986、1987、2001、2010、2002、1992、1990、1991、2016、1997和2019年为偏少年。40年中只有6个偏多年,14个偏少年,这和1979年以来全球冬季气温升高有关,贵州变暖虽滞后于全球和全国,但在全球变暖背景下特别是20世纪80年代中后期变暖显著,多冻雨年相对较少,40年中仅有6年偏多,但发生在暖背景下的2008和2011年的1月极端冻雨事件给贵州带来了严重影响。

2.2.2 时间系数与 500 hPa 高度场的相关分析

贵州1月标准化冻雨日数经 EOF 分解后的第一主分量对应的时间系数与同期 500 hPa 高度场的相关分析(图2.14)表明:时间系数与 500 hPa 高度场的高相关区在欧亚大陆有两片,在中高纬度 45°N 以北地区为大范围的正相关区,最大相关系数超过0.5,位置在(60°N,80°E)处,通过0.001的显著性水平检验;在 45°N 以南,30°N 以北的我国大陆地区为负相关区,最大负相关系数超过−0.7,位置在(35°N,90°E)处,通过0.001的显著性水平检验。相关分析表明:当欧亚大陆为"北高南低"的距平分布时,贵州省1月为一致的重冻雨分布;与之相反,当欧亚大陆为"北负南正"的距平分布时,为一致的无冻雨分布。

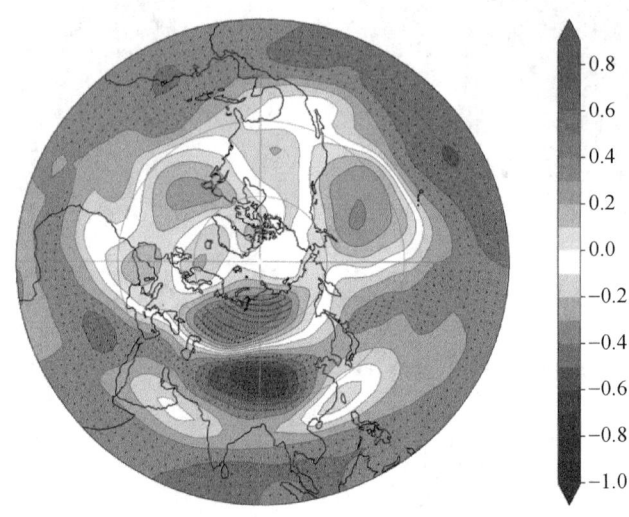

图2.14 1981—2020年贵州省1月冻雨站次特征场第一时间系数与同期
500 hPa 相关系数分布(彩图见书后)
(黑点区域为通过显著性水平检验区域)

2.2.3 合成环流特征分析

由于时间系数的演变反映了特征向量场的年际变化特征,其值的大小(包括正、负)还反映这种空间型在不同年份所占权重的大小,所以时间系数不仅代表1月冻雨的变化趋势,而且其极大(或极小)值对应的年份也表示冻雨异常的年份。选第一特性向量的时间系数最大的5年(2008、2011、1981、1984和2012年)为重冻雨年,最小的5年(2019、2016、2000、1986和2001年)为无冻雨年。用合成分析方法分析重冻雨年和无冻雨年的 500 hPa 高度场的分布特征。重或无冻雨年的合成高度均系用上述典型年份的平均值表示。环流分析系采用 1981—2020年 NCEP/NCAR 2.5°×2.5°月平均 500 hPa 高度场再分析资料。

(1) 重冻雨年1月 500 hPa 合成环流特征

分析贵州1月重冻雨年 500 hPa 高度合成图及 500 hPa 高度合成距平图(图2.15)可知,1月重冻雨年 500 hPa 的平均环流有如下特征:极涡中心为单极型分布,位于西半球北美上空 90°—100°W 附近。东亚大槽北段偏东,南段向西南方延伸,槽底南伸到 30°N 以南,整个槽倾斜度大,类似横槽。乌拉尔山的脊区向东北方向伸展,为大范围正距平区,最大正距平中心在 80 gpm 以上,说明乌拉尔山阻高长时间稳定维持,中低纬度为大范围的负距平区,最大负距平中心在日本海以东洋面,中纬度的负距平说明西风槽活跃,西风槽在东移过程中受青藏高原大地形的阻挡,分裂为北支槽和南支槽,北支槽在东移过程中与中高纬度系统叠加,槽后西北气流引导冷空气南下;南支槽则在东移过程中槽前西南气流将北印度洋和孟加拉湾暖湿气流输送到西南及南方地区。整个亚欧地区50°N以北为大范围的正距平区,50°N以南为负距平区,中高纬度以宽广的正距平占优势,在这种"北高南低"的环流形势背景下,亚洲地区维持稳定的经向环流,有利于高纬度的冷空气不断向中低纬度扩散,冷空气容易南侵影响贵州省,这是贵州省1月冻雨重的一个主要环流形势。

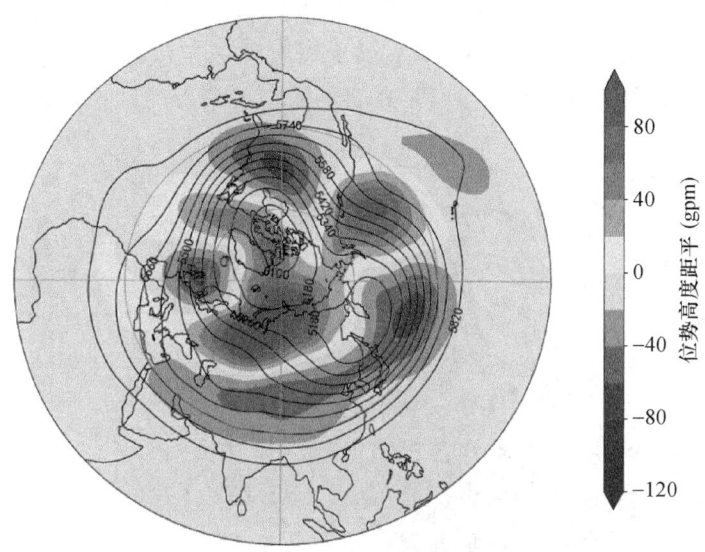

图2.15　1981—2020年贵州省重冻雨年1月500 hPa高度场合成及高度距平场(彩图见书后)

(2)无冻雨年冬季500 hPa合成环流特征

分析贵州1月无冻雨年500 hPa高度合成图及500 hPa高度合成距平图(图2.16)可知,无冻雨年500 hPa的平均环流有如下特征:极涡呈单极型分布,中心偏于西半球,欧亚大陆呈

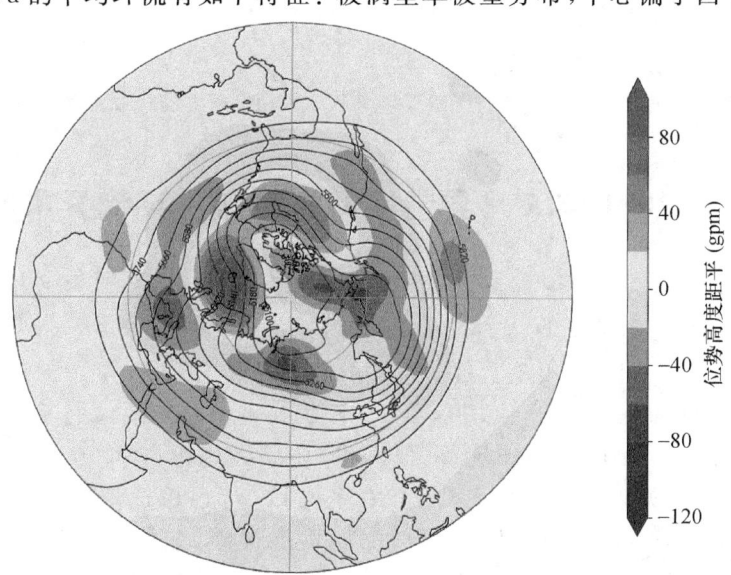

图2.16　1981—2020年贵州省无冻雨年1月500 hPa高度场合成图及高度合成距平场(彩图见书后)

两槽一脊形势,东亚大槽比常年偏弱偏东,贝加尔湖的脊区为负距平,脊是减弱的。从欧亚距平场的分布来看,无冻雨年的距平场分布是北低南高型,即50°N以南欧亚大部分地区为正距平区所控制,暖空气比较活跃,50°N以北为负距平区,冷空气影响比较偏北,因而西风带环流比较平直,呈现出"北低南高"的环流形势,盛行纬向环流。亚洲地区在盛行的偏西气流之下,多短波槽脊移动,不利于强冷空气的活动,中低纬度暖空气活跃,使东亚大槽平坦,强度偏弱偏东,这是造成贵州省1月无冻雨的一个主要环流形势。

(3)重冻雨年和无冻雨年的合成距平差值图分析

从1月500 hPa距平差值(图2.17)的分布来看,重冻雨年与无冻雨年差异最显著的地区在亚欧地区,整个亚欧地区50°N以北的中高纬度以宽广的正值占优势,50°N以南为负值区,结合距平图可知,这与时间系数和500 hPa高度场的相关分析的结论是一致的。

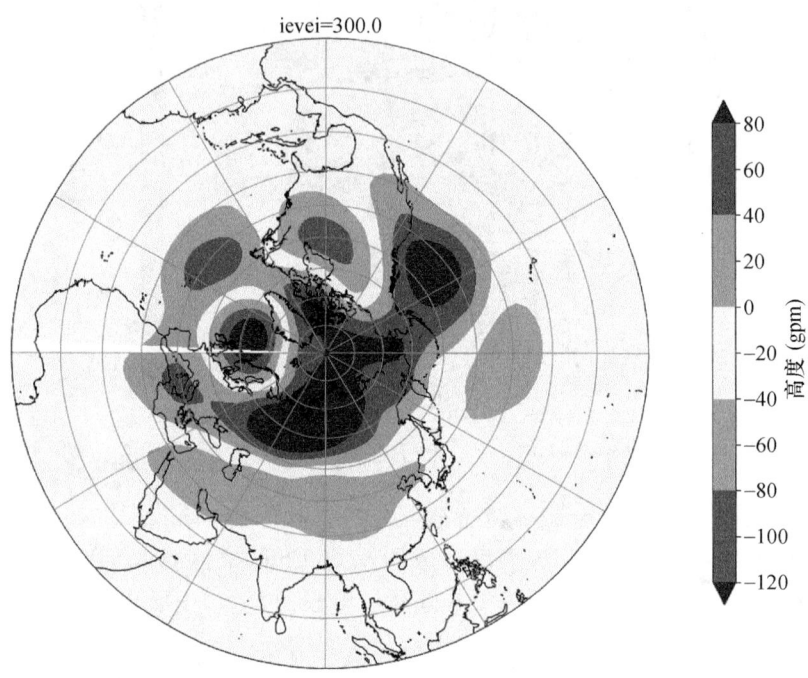

图2.17 1981—2020年贵州省重冻雨年和无冻雨年1月500 hPa高度场合成距平差值分布(彩图见书后)

2.3 2008年和2011年1月异常冻雨典型年份环流异常特征

1月冻雨场EOF展开的第1时间系数2008年最大为3.47,2011年次之为3.32,属极端异常,被选为典型异常冻雨年。

图2.18为2007年、2010年冬季逐日冻雨站次演变。由图可知:2007年冬季冻雨过程从2008年1月12日的6个站开始发展,到15日达到峰值(53站),之后有所缓解,17日降到30站后又再次加强,从1月19日至2月2日冻雨站数均维持在50个站以上,3 d后冻雨日数逐渐减少到20个站,10—11日上升到30个站以上,之后逐渐减弱,14日冻雨过程基本结束,共持续34 d,2008年冻雨持续发展,前期发展缓慢,但中后期强度大,持续时间长。而2011年贵州冻雨过程来势猛、范围广,从1月1日开始就达40个站,2日迅速发展到60个站以上持续3 d,随后维持在40个站左右,12—16日有所缓解,17日至2月1日在35个

站上下波动,共持续32 d,冻雨过程共影响全省78个站,占全省台站的92.9%,但冻雨站次阶段性特征明显。与1981—2020年冬季逐日全省平均冻雨站次演变(图2.6)相比,常年1月下半月为冻雨高发期,超过10站次的仅有几天,由此可知2008和2011年影响范围广、持续时间长、灾害重远高于多年平均状况。2008年过程无间歇,2010年阶段性特征更明显,灾害影响程度不及2008年。

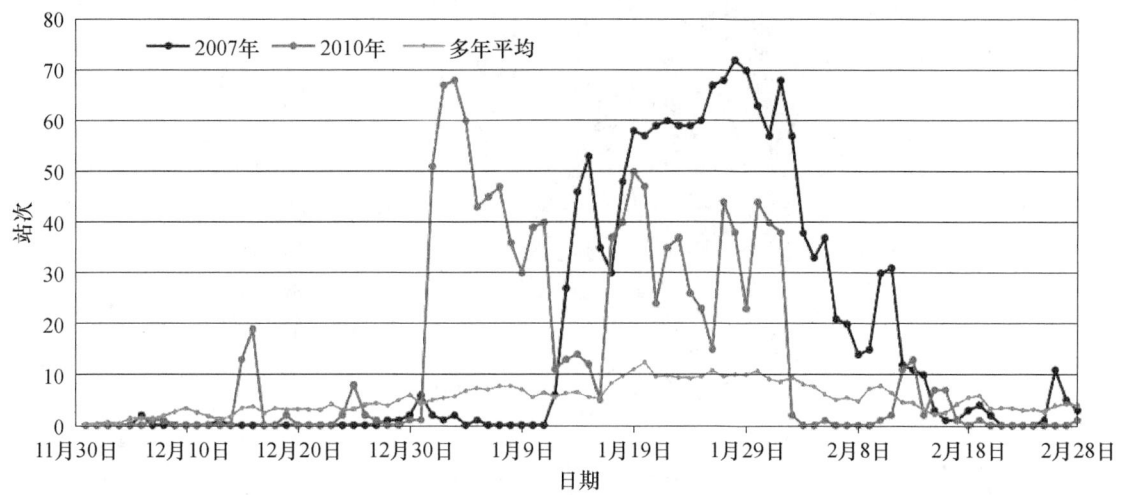

图2.18 2007年、2010年贵州省冬季逐日冻雨站次

2008年和2011年的1月异常典型冻雨年都发生在拉尼娜海温外强迫的大背景下,拉尼娜事件都在重冻雨年上一年的夏季爆发,但比较而言,2010年发展迅速,强度强于2007年。

从2008年1月北半球月平均500 hPa高度距平场(图2.19a)可知,中高纬度欧亚大陆的乌拉尔山地区、东北亚至极区、中亚至青藏高原地区和西太平洋副热带地区有4个较大范围的异常环流。中高纬度呈西高东低的分布,乌拉尔山及其附近地区为高于80 gpm的正高度距平控制,乌拉尔山阻高稳定存在,有利于脊前西北气流不断引导冷空气经西伯利亚南下。东北亚至极区为低于-60 gpm的负高度距平控制,东亚槽偏东偏北。中低纬度的大气环流异常则表现为西风槽和副高异常偏强,分别为低于-60 gpm的负高度距平和高于40 gpm的正高度距平,中纬度西风槽活跃偏强不断引导冷空气东移南下,副高异常偏北偏强。一方面,阻挡了南下的冷空气继续南下,使得冷气团长时间滞留在南方地区,贵州长时间持续低温;另一方面,阻挡了南支槽快速东移,使孟加拉湾北部的水汽持续向贵州及南方地区输送。欧亚地区大气环流异常及乌拉尔山阻高、东亚槽、西太平洋副高、南支槽前暖湿气流输送的环流异常配置,云贵、华南地面静止锋的长期维持是2008年贵州罕见低温雨雪冰冻灾害的主要原因。

从2011年1月北半球月平均500 hPa高度距平场(图2.19b)可知,乌拉尔山阻高向东北方向伸展,对应80 gpm以上的正距平,此距平区与北美西岸的正距平区打通,迫使极区冷空气向南移动,导致中心位于堪察加半岛的冷涡明显加强。亚洲至北太平洋中纬度锋区明显南压,东亚槽偏强。低纬度地区分析不出"588 dagpm"等值线副高主体,西太平洋副高偏弱。欧亚地区呈北高南低的距平分布,50°N以北以正高度距平为主,50°N以南以负高度距平为主。乌拉尔山阻高稳定维持,有利于脊前西北气流不断引导冷空气南下,但因2011年1月副高弱,南支槽、高原槽和北支槽较快东移,且冷空气南下较快,不像2008年那样冷、暖空气长时间在贵州上空维持,阶段性特征更为明显。

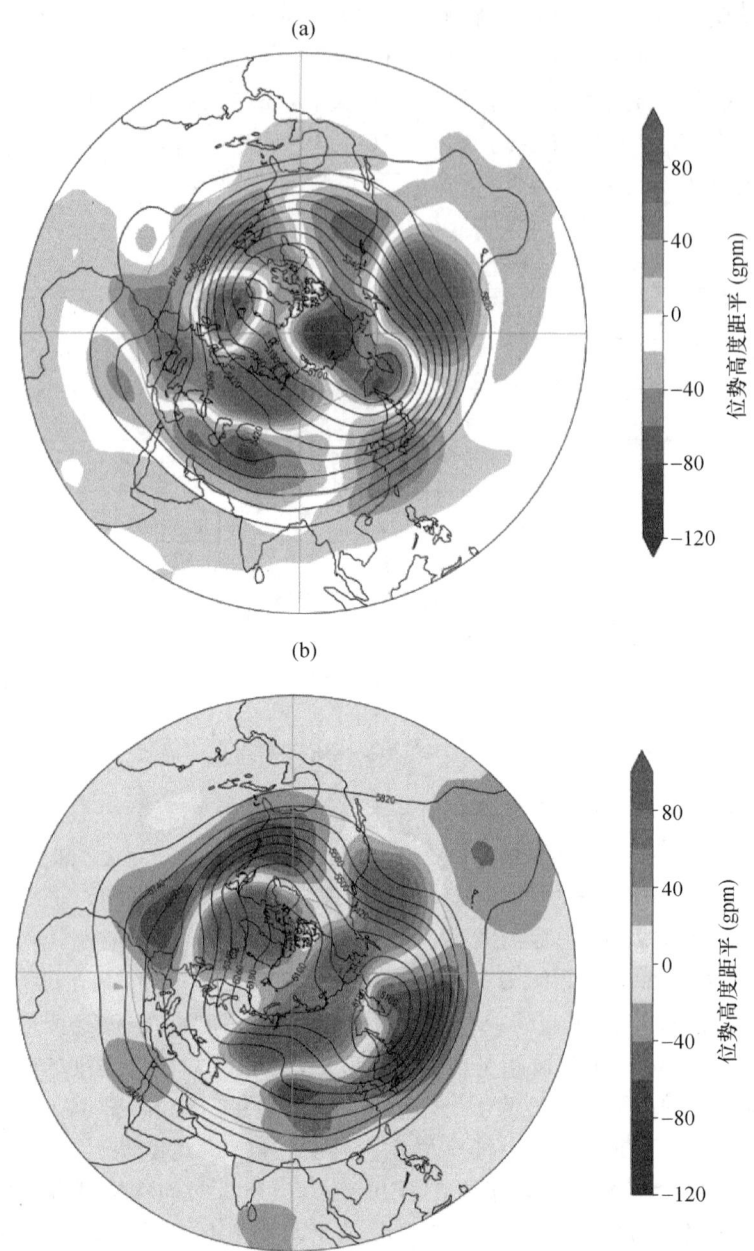

图 2.19 2008 年(a)和 2011 年(b)贵州省 1 月北半球 500 hPa 高度场及距平场分布(彩图见书后)

由第一、第二特征向量时间系数演变(图 2.13b、d)可知,2008 和 2011 年第一特征向量时间系数分别为 3.47 和 3.32,均为典型的一致偏多型,但第二特征向量时间系数明显不同,2008 年为最大值高达 2.82,东重西轻的特征分布明显,与图 2.20a 揭示的 2008 年冻雨日数标准化场分布一致,2011 年为-1.82,西重东轻的特征分布明显,与图 2.20b 揭示的 2011 年冻雨日数标准化场分布一致。1 月冻雨场 EOF 展开第二特征向量时间系数与 1 月 500 hPa 的相关系数(图 2.21)表明,欧亚地区中高纬度为西正东负的相关分布,60°E 以东的东亚地区为北正南负的相关分布,说明当乌拉尔山阻高稳定维持,西太平洋副高偏强时,冻雨东部重、西部轻。对比图 2.19a 和 2.21,2008 年的 500 hPa 高度距平场分布对应冻雨东部重、西部轻的空间分布特征。

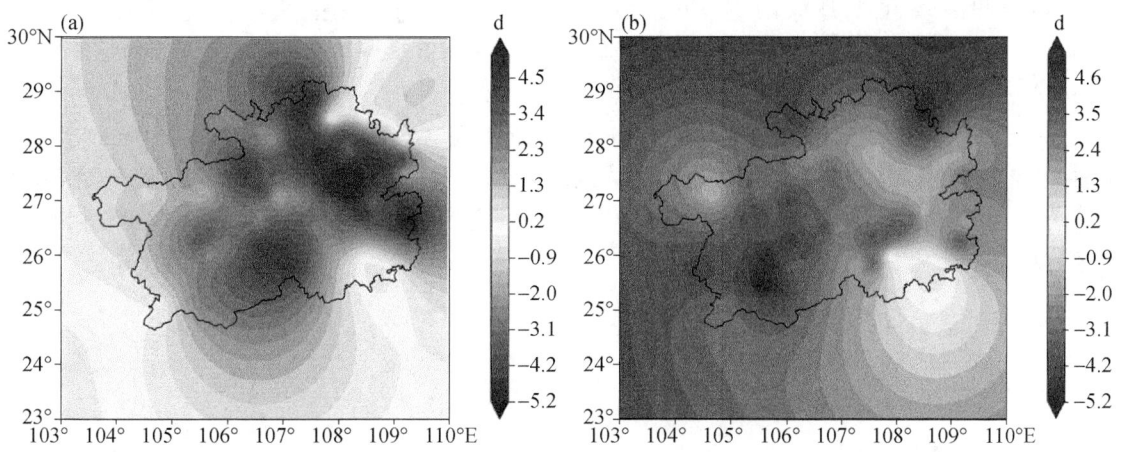

图 2.20 2008 年(a)和 2011 年(b)贵州省 1 月冻雨日数标准化场分布分布

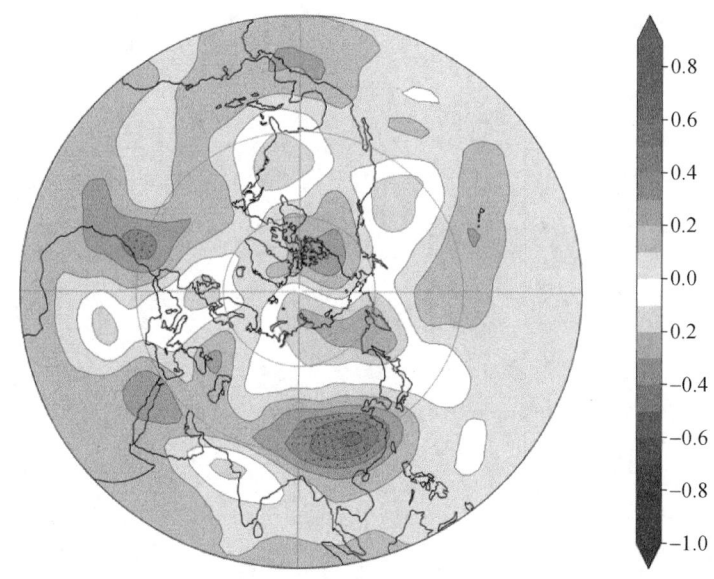

图 2.21 1981—2020 年贵州省 1 月冻雨站次特征场第二时间系数与
同期 500 hPa 相关系数分布(彩图见书后)

(黑点区域为通过显著性水平检验区域)

2.4 小结

(1)贵州年平均冻雨日数的地区分布特点是西部多、东部少,中部多、南北少,4 个多冻雨中心分别在威宁、大方、开阳、万山,冻雨日数均在 20 d 以上,威宁最多达 44 d。

(2)贵州冻雨主要出现在冬季,冬季冻雨站次占全年总站次的 94.5%,又以 1 月最为集中,占全年总站次的 50%。

(3)在全球气候变暖背景下,冬季和 1 月冻雨累计站次均为减少趋势,但未通过显著性水平检验,冻雨偏多年份相对较少,但暖背景下极端冻雨气候事件更要高度重视。1981—2020年除苗岭南侧及北侧部分站外,其余大部分地区冻雨日数呈减少趋势。

(4)贵州冬季和1月冻雨场 EOF 展开前5个特征向量场的累积方差贡献率分别达88.8%和90.5%,其中第一特征向量场分别占总方差的68.6%和70.8%,而且空间分布比较均匀,呈一致的全省偏多(偏少)。

(5)当欧亚大陆为"北负南正"的距平分布时,贵州为一致的重冻雨分布,与之相反,当欧亚大陆为"北负南正"的距平分布时,贵州为一致的无冻雨分布。贵州重冻雨年与无冻雨年差异最显著的地区在亚欧地区,50°N 以北的中高纬度以宽广的正距平占优势,50°N 以南为负距平区。

第3章 冻雨形成机理研究

针对冻雨发生机制,国内外气象学家展开了一系列研究,但仍然存在以下必须考虑的科学问题:①对于冻雨天气过程的研究局限于大尺度的环流与天气系统的分析,缺乏对复杂地形条件下云贵静止锋天气系统结构特征的细致和深入的研究(包括其中的中尺度结构特征的研究)。②由于对冻雨的生消变化(特别是冻雨的长时间持续)的关键因素未能把握,缺乏对复杂地形条件下静止锋降水相态的云物理过程的剖析和认识。③在贵州冻雨形成过程中,地面冷垫以上是暖湿气流,会出现逆温层。有些人认为高空雪花、冰晶等下落经过逆温层后会融化成水滴,水滴再往下到达近地面的冷垫后成为过冷水,遇到地面、电线、树枝等就冻结形成雨凇。但是,由于受下落速度的影响,雪花、冰晶等在逆温层中的状态是完全融化、部分融化或是来不及融化?冻雨形成究竟对逆温层的要求是什么?这些问题需要进行大量的统计和模拟研究来解决。④贵州等南方地区存在"过冷暖雨"与"冰相融化"两种冻雨机制,这两种冻雨机制出现的概率及冻雨的大气层结特征是怎样的?⑤贵州纬度较低,大气的准地转运动在这个纬度带究竟适用到什么程度,目前也是说不清楚的。冻雨从发生起一般都能持续至少2~3 d,其中必然存在一种准平衡的大气斜压内动力过程。因此,如何去研究并发现这种准平衡的大气斜压内动力过程,如何根据不同的内动力过程来有针对性地提取不同的冻雨预报因子。

针对以上科学问题,在3.1节中将通过统计学宏观分析,对贵州等南方地区的"过冷暖雨"与"冰相融化"两种冻雨机制出现的概率以及对有暖层的冻雨进行初步研究,探讨冻雨的大气层结特征和形成的物理机制。3.2节将针对贵州地形设计了两组敏感性试验,研究贵州特殊的斜坡地形在冻雨形成中发挥的作用。3.3节将通过对2008年初贵州地区严重冻雨过程的数值模拟和分析,揭示贵州地区冻雨的层结结构和云物理特征。3.4节将通过2008和2011年的1月共12 d贵州冻雨发生时段的合成天气图的诊断分析和多次冻雨过程的数值模拟,揭示造成贵州冻雨天气的云贵静止锋结构特征。3.5节将利用推导出的带有平流产生非地转位势强迫项$\Phi_{adv,ia}$的广义非地转ω方程及其平衡近似,诊断出在云贵高原地形强迫引起的气流扰动背景下,受快速变化的高、低空锋区与急流系统影响的贵州冻雨发生过程中垂直速度的变化特点,分析暖层得以稳定维持的原因,总结出贵州冻雨的一个简单概念模型。

3.1 我国南方冻雨发生机制的统计研究

Stewart(1985)发现,美国东南部的冻雨和降雪与该地暖锋相关。当暖锋到来时,爬升的暖空气在近地面形成了逆温层,逆温层内温度不断升高,出现高于0 ℃的暖层。随着暖锋不断侵入,暖层增厚,落进暖层的雪花融化,地面冷层不断变薄,使得融化的液滴再次被冻结的概率降低。当变厚的暖层能将雪花完全融化,液滴落到低层冷层中冷却但未被冻结时,很有可能在低于0 ℃的地表上观测到冻雨。这种冻雨的形成理论被普遍接受,常称为融化过程或"冰相融化机制"理论(陶玥 等,2013)(图3.1a)。David等(1993)研究了美国东南部冻雨发生的次数、时间及其探空结构,支持了融化过程理论。Zerr(1977)探讨了暖层和其以下的冻结层的厚度、温度对降落物相态的影响,认为暖层太薄或者温度太低会使冰晶不能完全融化成水滴,另外,冻结层太厚或者温度太低也会使得下落的水滴再次冻结。国内也有大量研究从天气学角度分析了冻雨的形成原因(Zerr,1977;杜小玲 等,2010a,2010b;晏红明 等,2008),认为冻雨主要发生在准静止锋附近(孙建华 等,2008;陶祖钰 等,2008),并将冷、暖锋相交的天气系统与融化过程相对应,较多地强调逆温层中暖层的融化作用对冻雨形成的影响。

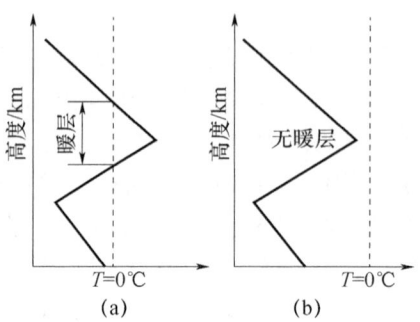

图 3.1 两种不同的冻雨机制
(a. 融化过程,b. 过冷暖雨过程)

然而,也有些冻雨个例研究中没有出现高于 0 ℃ 的融化层,如 Bocchieri(1980)发现,在一些冻毛毛雨天气中整层大气都在 0 ℃ 以下,其比例为 44%,即"过冷暖雨过程"(Huffman 等,1988)(图 3.1b)。在过冷却状态下,液滴会通过碰并过程保持增长并产生冻雨,可用是否存在暖层这一特征来区分过冷暖雨过程和融化过程。我国学者对气象站探空资料进行了统计分析,发现贵州省有大量的冻雨个例不存在暖层,冻雨形成机制更可能是过冷暖雨过程,与低海拔地区的冻雨发生机制有很大不同,如湖南的冻雨常由"冰相融化过程"形成(陶玥 等,2012;李小龙 等,2010)。

在我国冻雨的研究过程中,发现的确存在两种冻雨机制,但这两种机制划分过于简单,即使出现暖层,也有大量的个例属于过冷暖雨过程,说明用有无暖层来划分冻雨发生机制存在非常大的误差。针对该问题,本节利用 2008—2013 年全国常规地面观测资料和探空资料,在冻雨多发地带的长江以南地区,分析冻雨发生时大气层结温度、湿度、暖层厚度和云高等要素,通过统计学宏观分析,对两种冻雨机制出现的概率以及对有暖层的冻雨进行初步研究,探讨冻雨的大气层结特征和形成的物理机制。

3.1.1 资料与方法

选取 2008—2013 年冻雨天气期间的地面气象观测资料和常规探空资料,因 1 月的资料最全且冻雨在 1 月出现的次数最多,所以着重对 1 月冻雨做统计。地面气象观测资料用于确定冻雨天气的出现,探空资料分析冻雨出现时的大气层结特征。1 月年平均冻雨发生次数使用地面气象观测资料,1 d 内多次记录的冻雨天气计为一次。探空资料每日只有两次,分别在 08 和 20 时,通过地面气象观测资料判断这两个时间是否发生冻雨筛选出有冻雨的时次,每次记为一个个例。另外,云高数据根据探空数据中的相对湿度数据取得,以不低于 84% 的相对湿度作为判断云顶的阈值(周毓荃 等,2010)。

融化过程和过冷暖雨过程根据探空图中有无暖层来划分,但是对冰核的观测发现很少有冰核在 >−10 ℃ 时核化,所以当有暖层而云顶温度 >−10 ℃ 时,冻雨发生机制也有可能是过冷暖雨过程。因此,对有暖层的冻雨个例,这里参考 Rauber 等(1994)的冻雨类型并将其简化为四类(表 3.1)。

第3章 冻雨形成机理研究

表3.1 有暖层冻雨的分类

分类	第一类	第二类	第三类	第四类
有无暖层	有	有	有	有
暖层与云的关系	云顶位于暖层下	云顶位于暖层中	云顶位于暖层上	云顶位于暖层上
云顶温(CTT)			$0\ ℃>CTT>-10\ ℃$	$-10\ ℃\geqslant CTT$

暖层强度为暖层厚度(单位:hPa)与暖层最高温度的乘积,其表征了暖层融化冰晶的能力。第一类冻雨的暖层在云顶以上,暖层厚度为 0 hPa;第二类冻雨暖层厚度只取暖层底部到云顶的厚度;第三、四类冻雨暖层厚度取整层。

3.1.2 冻雨日数、暖层出现概率与海拔高度的关系

25°—29°N 的长江以南地区是我国冻雨主要的发生地带,多发区域呈带状分布,大致对应了位于江南地区的准静止锋和昆明准静止锋区(图 3.2)。从图 3.2 可清楚地看到西部冻雨发生较多,而东部较少,同时山地地区如庐山、峨眉山等较周围地区有较多的冻雨发生,这可能同海拔高度有关。

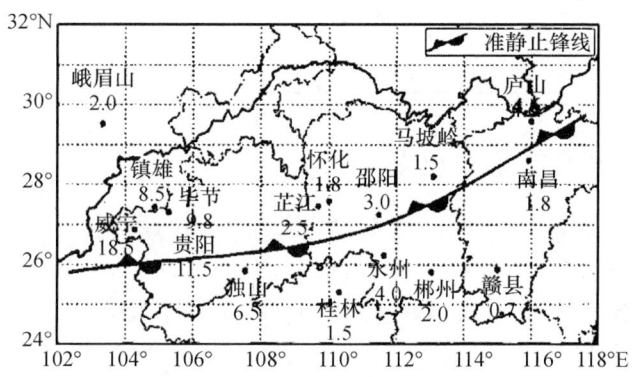

图 3.2 冻雨多发地带 1 月年平均发生冻雨日数
(图中数值为冻雨发生日数,单位:d)

图 3.3a 为海拔高度与 1 月年平均冻雨日数关系,除峨眉山站外,其他各站的海拔高度与 1 月年平均冻雨日数存在正相关(相关系数 $r=0.94$,通过 $\alpha=0.01$ 显著性水平检验),海拔高度越高,1 月年平均冻雨日数越多。

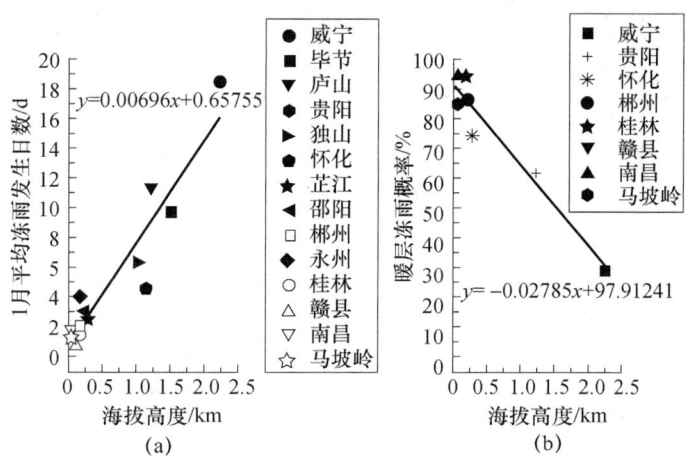

图 3.3 海拔高度与冻雨日数(a)、暖层冻雨概率(b)关系

冻雨有无暖层是判断融化过程还是过冷暖雨过程的重要指标,2008—2013年各个探空站暖层出现的次数占总冻雨次数的52.6%,不存在暖层的冻雨占总冻雨次数的47.4%。暖层出现的概率占了一半以上,其概率与海拔高度呈现显著的负相关,如图3.3b所示(相关系数$r=-0.96$,通过$\alpha=0.01$显著性水平检验),海拔高度较低地区的冻雨天气更容易存在暖层,而海拔高度较高的地区不易出现暖层,表3.2的数据进一步说明了暖层冻雨出现概率和海拔高度的关系。

表3.2 暖层冻雨出现概率与海拔高度关系

站点	有暖层个例所占百分比/%	站点海拔高度/m
威宁	34.3	2237.5
贵阳	67.2	1223.8
怀化	80.0	272.2
郴州	91.7	184.9
桂林	100.0	164.4
赣县	100.0	137.5
南昌	100.0	46.7
马坡岭	90.0	44.9

3.1.3 暖层冻雨分类及其形成机制

剔除个别层结过于稀疏的探空数据,筛选了2008—2013年8个探空站中含有暖层的冻雨个例(124例)并将其分类。第一类探空曲线如图3.4a所示,云顶高度(虚线)在暖层以下且温度高于-10 ℃,暖层不可能加热融化云中形成的冰晶,即降水过程中,从云滴形成到雨水降落地面不会发生相态变化,冻雨发生机制应为过冷暖雨过程;第二类如图3.4b所示,云顶高度处于暖层之中,云滴形成于高于0 ℃的层结中,经过低层冷层冷却,形成过冷却水滴降落地面冻结。在这种情况中,冻雨降水下落过程中不会发生相态转变,冻雨发生机制也为过冷暖雨过程。另外,由于其云滴形成于暖层之中,暖层加热云滴的温度只要能使其不会被低层冷层冻结就可以,不需要融化冰晶,所以需要的平均暖层强度也最低(表3.3);第三

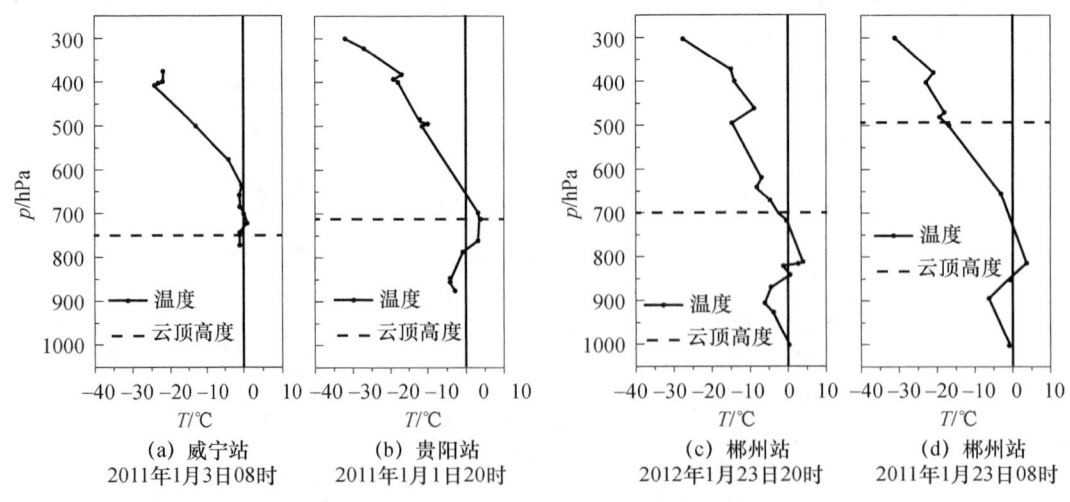

(a) 威宁站 2011年1月3日08时　(b) 贵阳站 2011年1月1日20时　(c) 郴州站 2012年1月23日20时　(d) 郴州站 2011年1月23日08时

图3.4 四类有暖层的冻雨示意图

第3章 冻雨形成机理研究

类如图3.4c所示,云顶高度位于暖层之上,云顶温度为-3℃,因为很少有冰核在>-10℃时核化,云中产生冰晶的可能性较小,其冻雨的发生机制既有可能是过冷暖雨过程,也有可能是融化过程。而其云顶温度较第二类低一些,有可能需要融化云顶形成的冰晶,需要的平均暖层强度大于第二类;第四类如图3.4d所示,云顶高度处于暖层之上,云顶温度为-18℃,这种情况下,云中产生的冰晶在降落地面的过程中,经过暖层加热,融化为水滴,再由低层冷层冷却形成过冷水滴,降落地表冻结,其发生机制为融化过程,因云顶温度较低,也需要更大的平均暖层强度融化冰晶。

表3.3　四类冻雨云顶高度、温度及平均暖层强度

	云顶高度/hPa	云顶温度/℃	平均暖层强度
第一类	698.62	-2.52	/
第二类	720.96	1.94	224.19
第三类	634.75	-4.69	488.83
第四类	507.20	-13.00	647.40

我们计算了各个类型冻雨占含有暖层冻雨总数的比例,发现124个有暖层的冻雨个例中过冷暖雨过程达到了66.94%,如果将第三类也归为过冷暖雨过程时,则过冷暖雨过程占到了95.97%,而融化过程只占4.03%(图3.5)。这一统计结果与前面定义的暖层冻雨发生机制为融化过程相矛盾,由此可见,融化过程这种较为经典、认可度较高的冻雨机制可能并不是绝大部分冻雨发生的原因。

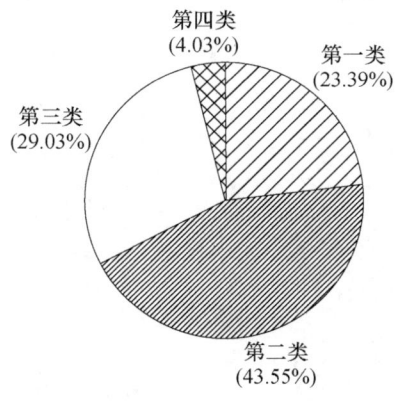

图3.5　各个类型冻雨占含有暖层冻雨总数的比例

为了更进一步了解有暖层冻雨的发生机制,分别对各类型与各站的关系进行讨论。

各个站点与冻雨类型关系如图3.6所示,图3.6中第一类冻雨(图3.6a,过冷暖雨过程)主要出现在海拔最高的威宁站,贵阳和马坡岭有很少的个例,其他站未发生此类冻雨;第二类冻雨(图3.6b,过冷暖雨过程)多在海拔高度中等地区发生,大部分站点均有发生,其中贵阳站比例最大;第三类冻雨(图3.6c)各个气象站均占有一定比例,它们既有可能是过冷暖雨过程,也有可能是融化过程,发生此类冻雨的气象站分布较为广泛;第四类冻雨(图3.6d,融化过程)全部发生在低海拔地区,说明低海拔地区更容易发生融化过程冻雨。

选择威宁代表高海拔地区、南昌代表低海拔地区与含有暖层冻雨类型进行分析,结果表明威宁过冷暖雨过程出现的概率为97%,只有不到3%为第三类冻雨,它既有可能是过冷暖雨过

程,也有可能是融化过程(图 3.6e);南昌过冷暖雨过程出现的概率为 20%,融化过程出现的概率也为 20%,60% 为第三类冻雨(图 3.6f)。

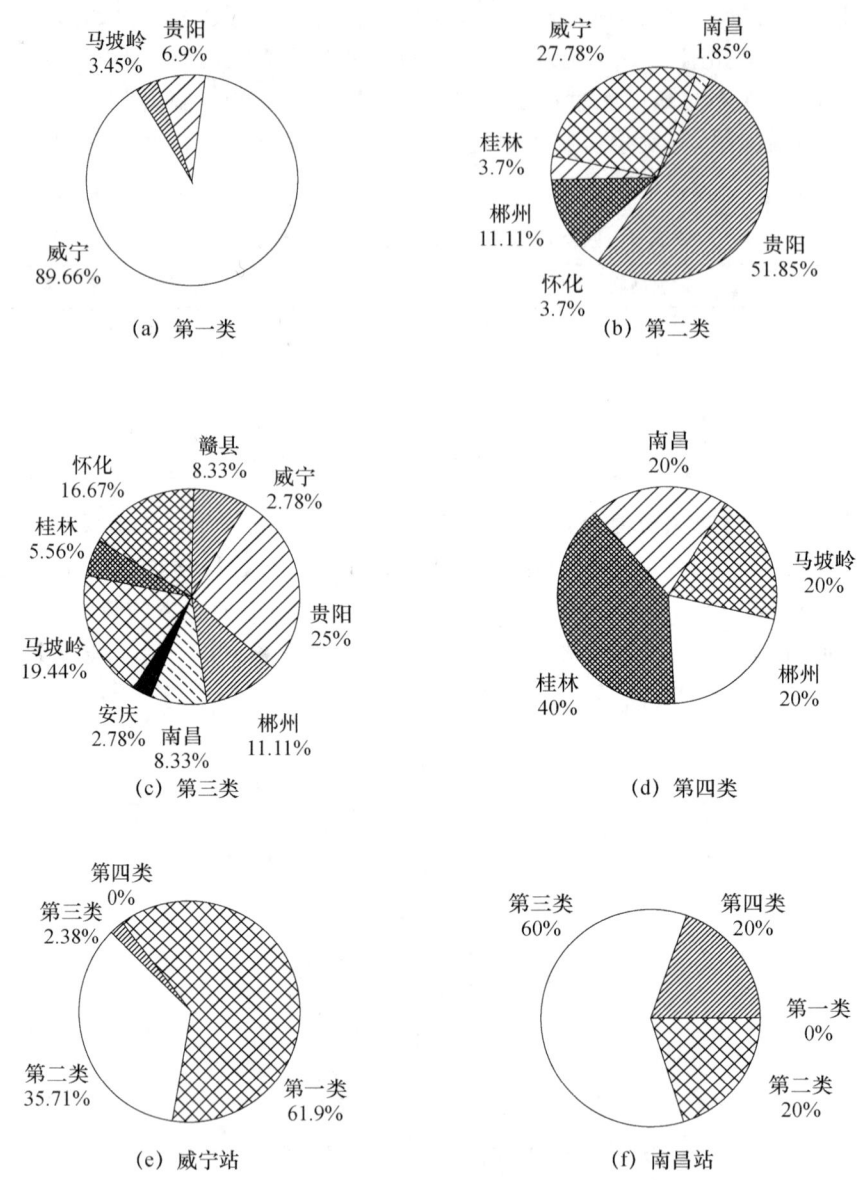

图 3.6　各个站点与含有暖层冻雨类型关系
(未标出比例的站点为此站没有发生这一类冻雨)

综上所述,用有、无暖层来划分是融化过程或是过冷暖雨过程误判的概率极大,即使有暖层出现,大部分个例仍不是融化过程。高海拔地区误判的概率最大,如威宁为 97%,即使更容易发生融化过程的低海拔地区,如南昌误判率也在 20% 以上。

3.1.4　小结

利用 2008—2013 年冬季低温期间地面观测站资料和探空资料对我国冻雨进行统计分析,得到如下结论。

(1) 我国冻雨多发地带呈带状分布，位于25°—29°N，对应了准静止锋的位置。西部冻雨较多，东部冻雨较少，山地地区较平原地区更容易发生冻雨。海拔高度与1月年平均冻雨日数成正比，与探空站出现暖层冻雨概率成反比。

(2) 含有暖层冻雨个例中过冷暖雨过程超过了67%，高海拔地区易发生过冷暖雨过程冻雨，而低海拔地区易发生融化过程冻雨。

(3) 用有、无暖层来划分是融化过程或是过冷暖雨过程误判的概率极大，高海拔地区误判的概率最大，如威宁为97%，低海拔地区，如南昌误判率也在20%以上。

3.2 地形对贵州冻雨形成影响的模拟研究

国内外与冻雨相关的地理学研究表明，冻雨通常会集中发生于某些特定地区。美国出现的冻雨有相当高的频率发生在以下四个区域：东北部的卡茨基尔和阿勒格尼山区、阿巴拉契亚山的北卡罗来纳和弗吉尼亚山麓地区、密苏里西南部到宾夕法尼亚的美国中部地区、太平洋西北部地区。这些区域大部分都有着复杂的大尺度和中尺度地形（Robbins等，2002）。贵州是中国冻雨发生频次最高的省份，冻雨日数达到全国总量的近84%，其次是湖南和江西省（Li等，2009），这些地区都是中国南部山地地形。根据Bernstein等（2000）的研究，除了局地强风暴系统易于发生，冻雨的出现原因与该种地形特征也有着密切的联系。

贵州省位于云贵高原东部倾斜下坡地带，是我国冻雨出现最多的地区，其北侧是四川的低洼盆地，西北侧又是青藏高原海拔高于3000 m的大地形（图3.7）。

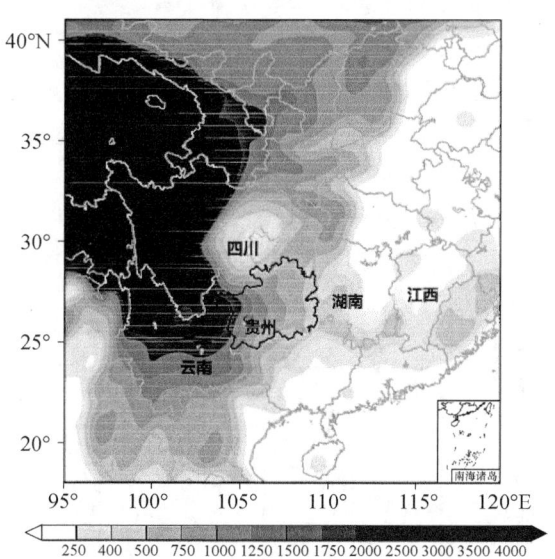

图3.7 模拟区域海拔高度（阴影区域，单位：m）

高守亭等（2014）指出，由于东北冷空气和西南暖湿气流沿着云贵高原的东部斜坡爬升容易到达贵州地区，贵州经常处于冷、暖空气交汇区，冬天会长期受云贵准静止锋控制，这为贵州出现局地冻雨天气提供了有利的环境（杨贵名 等，2009；Sun 等，2010）。在贵州省境内，西部和中部等海拔较高的地区又是冻雨发生更为频繁的区域，从图3.8上看到，冬季贵州省本身的地形高度与冻雨发生的频次分布非常相似，有着很好的相关。这些显著的关联促使我们问这样一个问题:贵州的地形是怎样影响冻雨分布的呢?

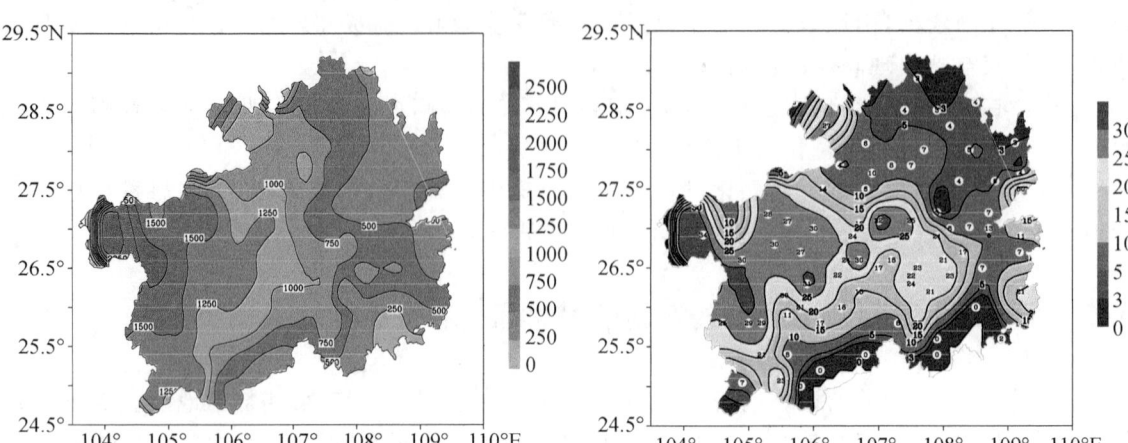

图3.8 (a)贵州海拔高度(单位:m),(b)2011年1月贵州冻雨天气天数(单位:d)

为进一步了解贵州特殊的斜坡地形对冻雨形成的影响,本节针对贵州地形设计了两组敏感性试验,研究贵州特殊的斜坡地形对冻雨形成和发展的作用。

3.2.1 数值模拟与模式验证

(1)模式设置与地形影响试验设计

本节使用WRF模式(Skamarock等,2008)模拟了2010年12月31日12:00到2011年1月1日12:00(世界时,下同)期间发生的冻雨过程。模式采用三重嵌套网格(图3.9),从外到内的分辨率分别为45,15和5 km,内层网格涵盖了贵州区域。模式采用σ坐标,共35层,模式顶为50 hPa。地面冷层分为8层,暖层大约为6层。初始时刻为2010年12月31日00:00,积分了12 h,同化地面和探空资料又积分了24 h。

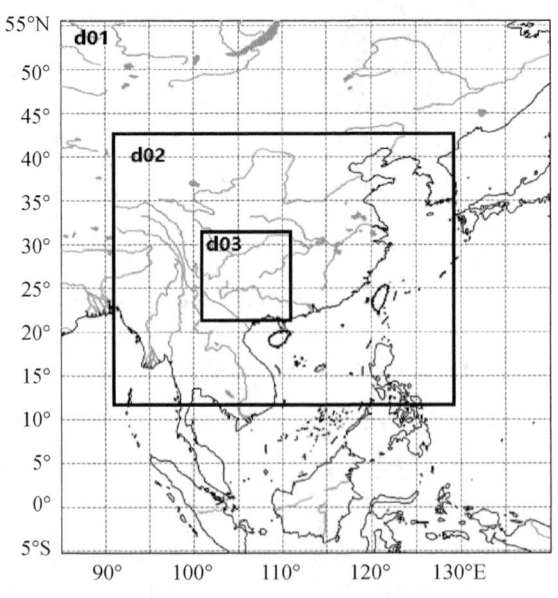

图3.9 三重嵌套WRF模拟区域

对照试验(CTL)中使用的参数化方案包括带暖云和过冷水过程的 WRF 双参数五类云微观物理方案(Lim 等,2010)、Kain-Fritsch 积云参数化方案、PBL 方案,内层未使用积云参数化方案。使用 NCEP 及 GFS 的 0.5°的分析场作为模式的初始场及边界条件。

(2)地形对比试验

针对贵州地形设计了两组敏感性试验,第一组试验是降低地形试验(LTE),将贵州阶梯状的地形(25°—28°N,104°—110°E)降低到与贵州东部地形一样的 500 m(图 3.10 方框),第二组试验则是升高地形试验(HTE),将地形按比例增高至 1.5 倍。试图回答如下问题:①是否海拔越高冻雨就越容易形成?②冻雨形成的最理想海拔高度是多少?③地形和地形分布(西部高,东部平坦且中部较高)在冻雨形成过程中扮演了什么角色?

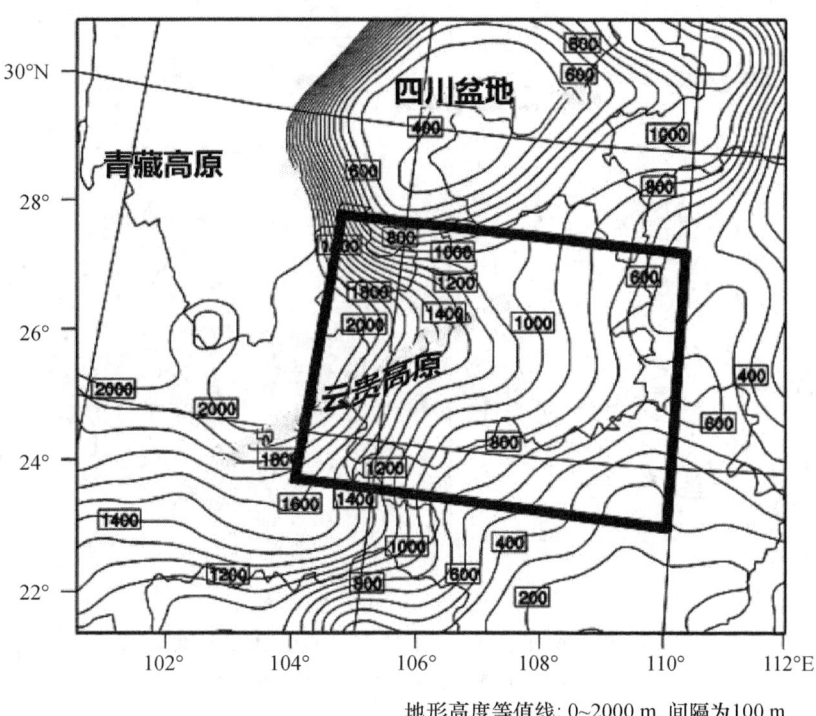

地形高度等值线:0~2000 m,间隔为100 m

图 3.10　LTE 和 HTE 地形对比试验区域(单位:m)

3.2.2　地形对温度和低层风场的影响

(1)地面场

图 3.11 为地面温度场与风场的模拟结果。可以看到在 LTE 和 HTE 试验中,改变贵州地形的海拔高度后,地面冷垫的位置偏离了 27°N 的带状中心。LTE 试验中,低于 0 ℃ 的冷空气被限制在 27°N 以北,因此贵州其余地区的温度均高于 0 ℃(图 3.11a),与对照试验对比,整个贵州省的地面温度均显著升高(图 3.11c)。因此,可以推断:在降低海拔高度之后,东侧冷空气的冷却效应影响没有暖气团的升温效应影响显著。

在 HTE 试验(图 3.11b)中,西北冷空气与对照试验相比变化不大,但是东北冷空气延伸到了整个南部,导致贵州省东南偏东部的气温降到了冰点以下,贵州省西部温度升高,东部的温度均降低。

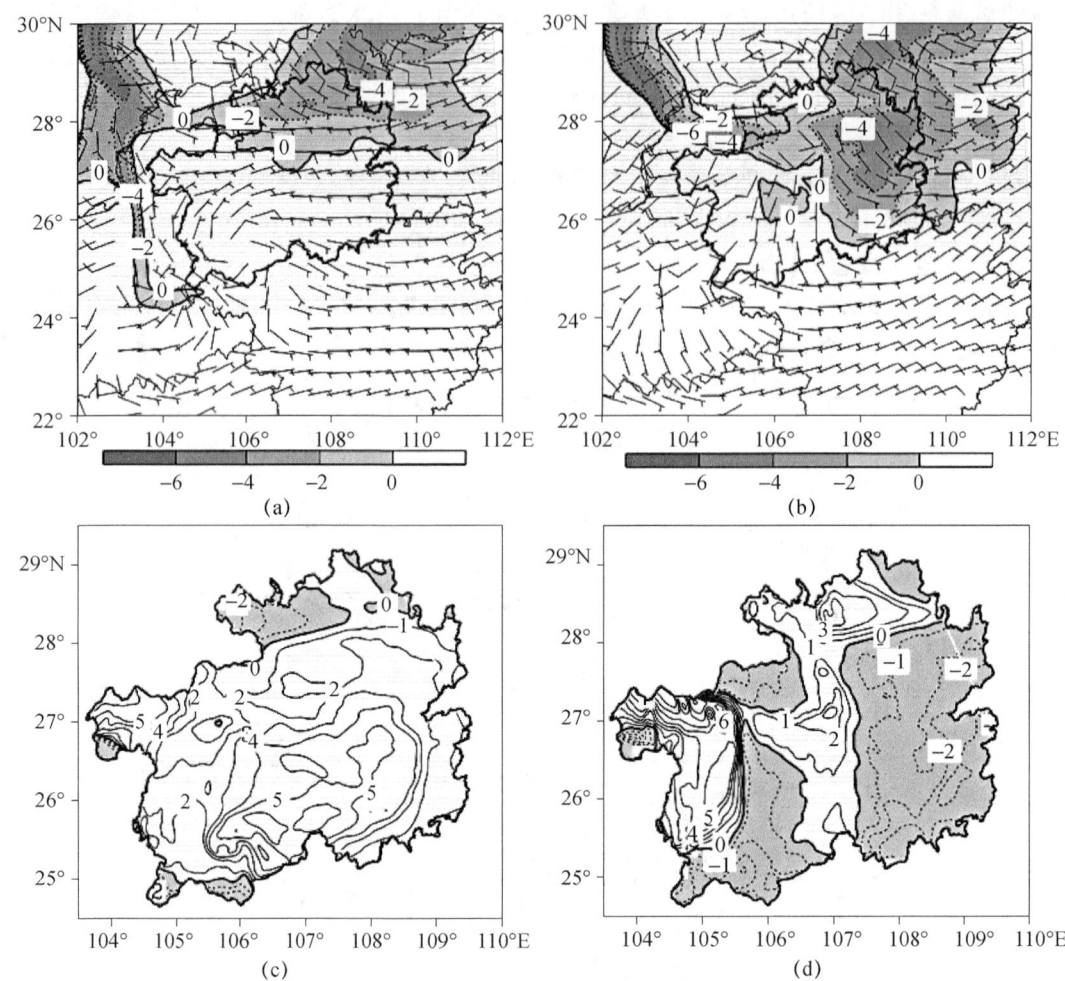

图 3.11 2011 年 1 月 1 日 00 时 LTE(a)和 HTE(b)试验地表温度场(单位:℃)和风场及 LTE(c)和 HTE(d)与 CTL 之间的差值

(阴影区域表示温度低于 0℃)

(2) 850 hPa 场

与对照试验相比(图略),去掉地形后,地面和 850 hPa 上(图 3.12)0 ℃等值线在贵州表现出西部南凹和中东部北凸的特征,冷、暖空气有反向运动的趋势。具体看,原在青藏高原东麓的偏北冷空气在除去云贵高原地形的阻挡后继续南扩,北方冷空气沿高原东侧斜坡向南直到 105°E 以西(图 3.12a),使得贵州西侧狭窄的长条区域内温度降低;而南方的偏南暖湿气流在贵州地形降低后进一步北上,850 hPa 上偏南风和偏东风切变线北移,贵州中东部的大部分地区温度有所升高,因此,地表和 850 hPa 上的温度场都表现出西部温度降低,中东部温度升高的分布形式(图 3.12c)。

在 HTE 试验中,当地形升高后,贵州中西部地形高于 850 hPa(图 3.12b)。贵州东南部,LTE 试验中的南风(图 3.12a 中虚线矩形标出区域)在 HTE 中变成了东南风(图 3.12b),东向冷空气导致东部温度的降低(图 3.12d)。贵州东南部风向变化可以通过力的图示进行解释(图 3.12e、f)。当遇到东西向的地形阻碍时,南向分量会减小;向东的科里奥利力(CF)也会随之减小(图 3.12e)。风向与气压梯度力(PGF)的偏离导致了东向分量的增大(图 3.12f)。

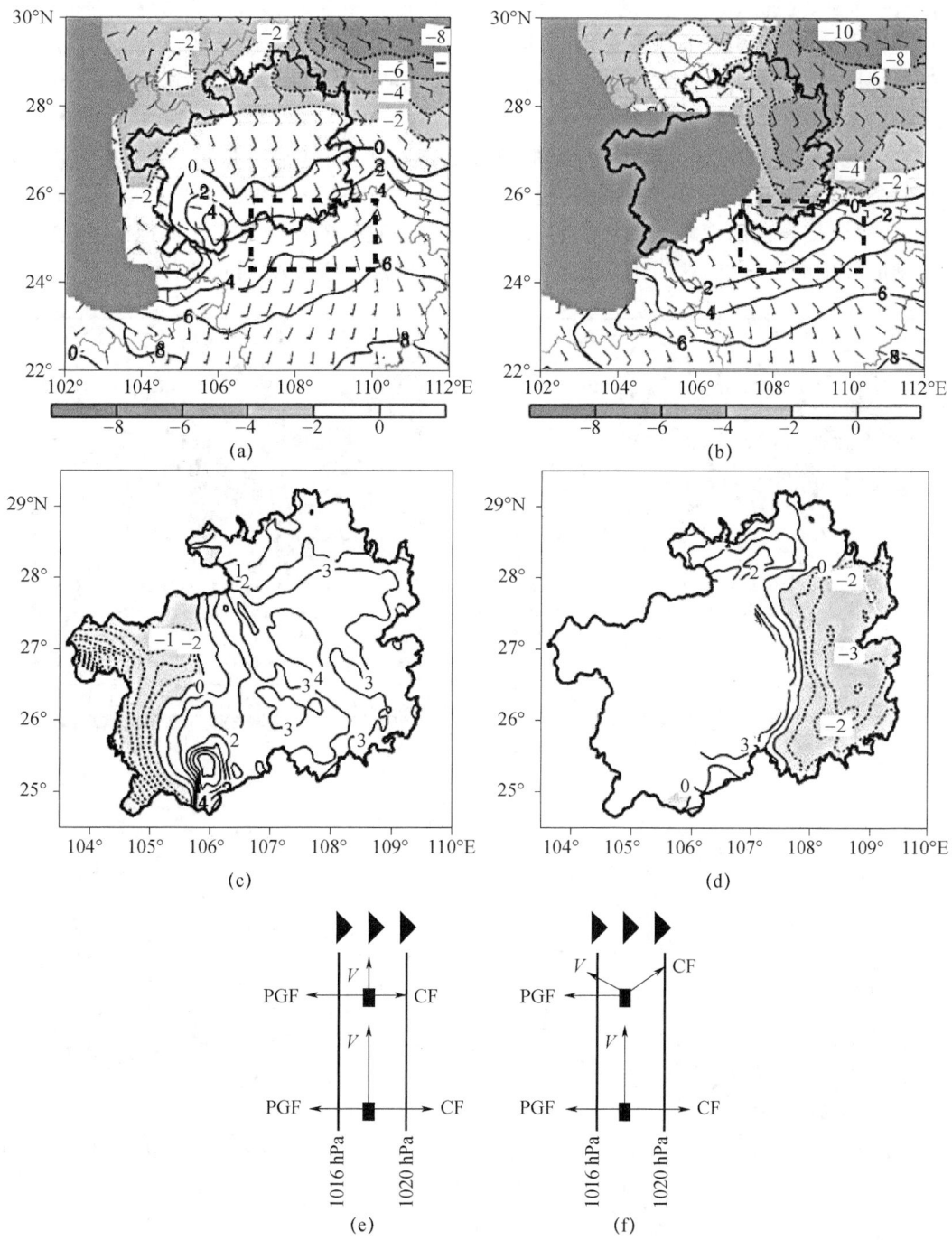

图 3.12 2011 年 1 月 1 日 00 时 850 hPa 温度场(单位:℃)和风场(箭头,单位:m/s)分布
(a. LTE,b. HTE,c. LTE 和 CTL 的温差,d. HTE 和 CTL 的温差。阴影区域表示温度
低于 0 ℃,e、f,a、b 中虚线矩形区域内,当气团移动方向垂直于东西方向的地形时,力的图解
(注:a、b 中的灰色阴影区域表示海拔高度超过 1500 m)

(3)700 hPa 场

在两个地形试验中,700 hPa 上(图 3.13),LTE 试验中贵州西部的西南风在 HTE 试验时

扩展贵州中东部,风速从 18 m/s(图3.13a)增大到 21 m/s(图3.13b)。既然两个试验的 700 hPa 高度都是西南风,那么风速的增大就可以描述为一个变窄的漏斗:随着地形的上升(下降),空气柱就会被压缩(扩张),风速就会增大(降低),这种现象在对流层的低层更加明显,特别是在 700 hPa 高度。

温度场上的变化比近地面要弱得多,但与对照试验相比,地形降低后,由于狭管效应的影响,西南气流强度略有减弱,这种减弱的暖湿空气输送使得贵州上空暖空气向北扩展的范围受到限制,贵州北部地区温度略降低;而地形增高后刚好相反,贵州中部到北部地区温度略升,而贵州南部的温度略有降低,这可能与地形升高后暖空气爬升温度降低有关(图3.13)。

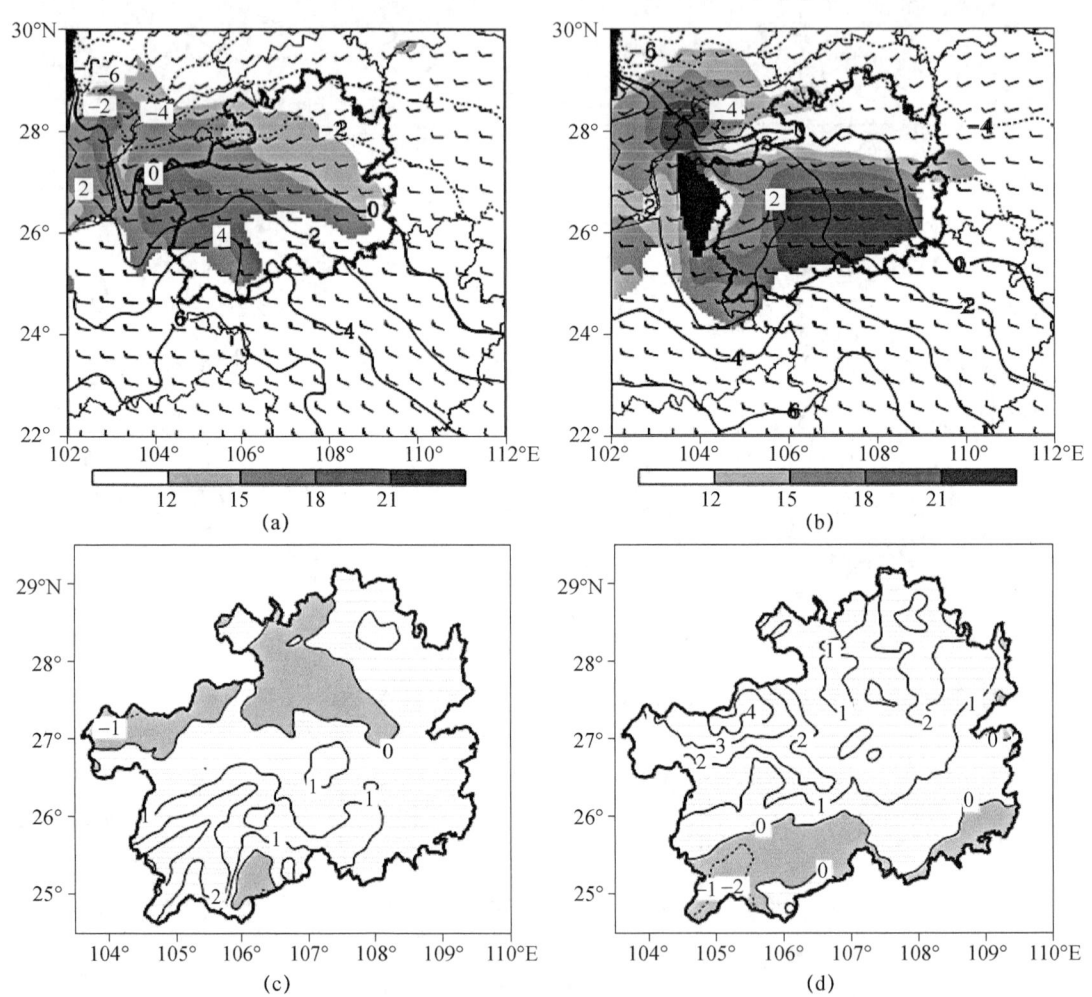

图 3.13 2011年1月1日00时700 hPa温度场(单位:℃)和风场(箭头,单位:m/s)分布
(a. LTE,b. HTE,c. LTE 和 CTL 的温差,d. HTE 和 CTL 的温差。a、b 中的阴影区域表示风速超过 12 m/s,
黑色的阴影区域表示海拔高度超过 3000 m)

通过对对流层低层(地面、850 hPa 和 700 hPa)风及温度场的分析发现,地形升高阻碍了西北冷空气进入贵州的西部,但有利于东北冷空气入侵贵州东南部,由此导致贵州西部温度升高而东部温度下降,特别是东南部 800 hPa 以下的区域。贵州的地形同样有助于位于 700 hPa 的西南气流的增强,并使逆温层加强。

(4)贵州中部不同地区的温度廓线

图 3.14 是贵州中部 3 个区域的温度廓线。在 LTE 试验中(图 3.14a),当海拔降到 500 m 的时候,地面高度接近 950 hPa,3 个区域的地面温度与对照试验相比要高得多。由于南风进入贵州中部以东地区,暖层降到 700~850 hPa 的高度,冷垫层在 900 hPa 附近,一直到 2011 年 1 月 1 日 00 时,在降低地面海拔之后,受温度升高的影响,地面低于 0 ℃ 的温度层都没有形成(图 3.14b)。

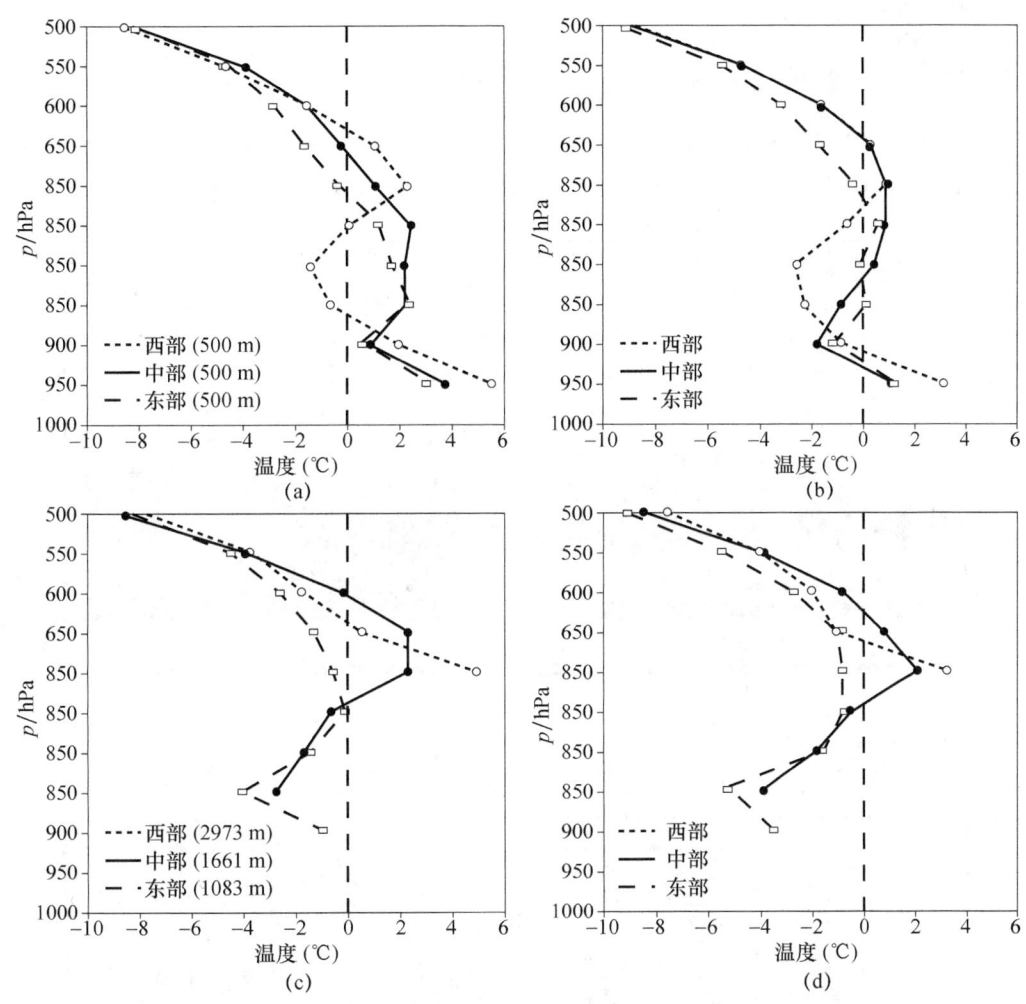

图 3.14　贵州中部地区(26.5°—27.5°N)不同区域的平均温度廓线

[a. 2010 年 12 月 31 日 18 时 LTE 试验,b. 2011 年 1 月 1 日 00 时 LTE,c. 2010 年 12 月 31 日 18 时 HTE, d. 2011 年 1 月 1 日 00 时 HTE;西部(虚线,104°—104.5°E,平均海拔高度为 1983 m),中部(黑色实线, 106.5°—107.5°E,平均海拔高度为 1108 m)和东部(长虚线,108.5°—109.5°E,平均海拔高度为 723 m)]

在 HTE 试验中(图 3.14c,d),西部地区地面在 700 hPa 附近,中部为 850 hPa,东部为 900 hPa。东部的冷垫中心在 850 hPa 附近。12 月 31 日 18:00,地面冷垫和冷层上面的暖层在东部区域形成(图 3.14c 中的长虚线),该模拟结果比对照试验早了 6 h。然而,西部地面温度为 4 ℃,是 3 个区域中最高的,但该区域的海拔也是最高的(图 3.14c、d)。这是因为地面的平均海拔提升到了 2973 m,已经接近 700 hPa 并受到西南暖湿气流影响,由此可知海拔越高,地面冻雨层越早形成的结论是不对的。

从上面的分析可知,当讨论地面冷层形成时,应该考虑两个因素:一个因素是海拔高度;另一个因素是地面与对流层低层冷中心的垂直距离。在 CTL 中,虽然西北风比东北风弱,但是西部的地面冷层形成速度最快,主要原因除了西部的海拔最高以外,还因为冻雨形成前西部地面离冷中心(位于 800 hPa)的距离比中部、东部都近。同时还可以看到,东部地面冷层在 HTE 试验中比 CTL 和 LTE 试验的形成得都早,这是由海拔升高之后的冷却效应与较短的地面和冷中心的距离共同作用的结果。

3.2.3 地形对微物理过程和累计降水的影响

在 LTE 试验中(图 3.15a),贵州中部(26°—27.5°N)上空偏南暖湿气流向下侵入到 850 hPa,相比 CTL 试验,云水、雨水形成的高度也从 700 hPa 开始下降到 800 hPa 附近,然

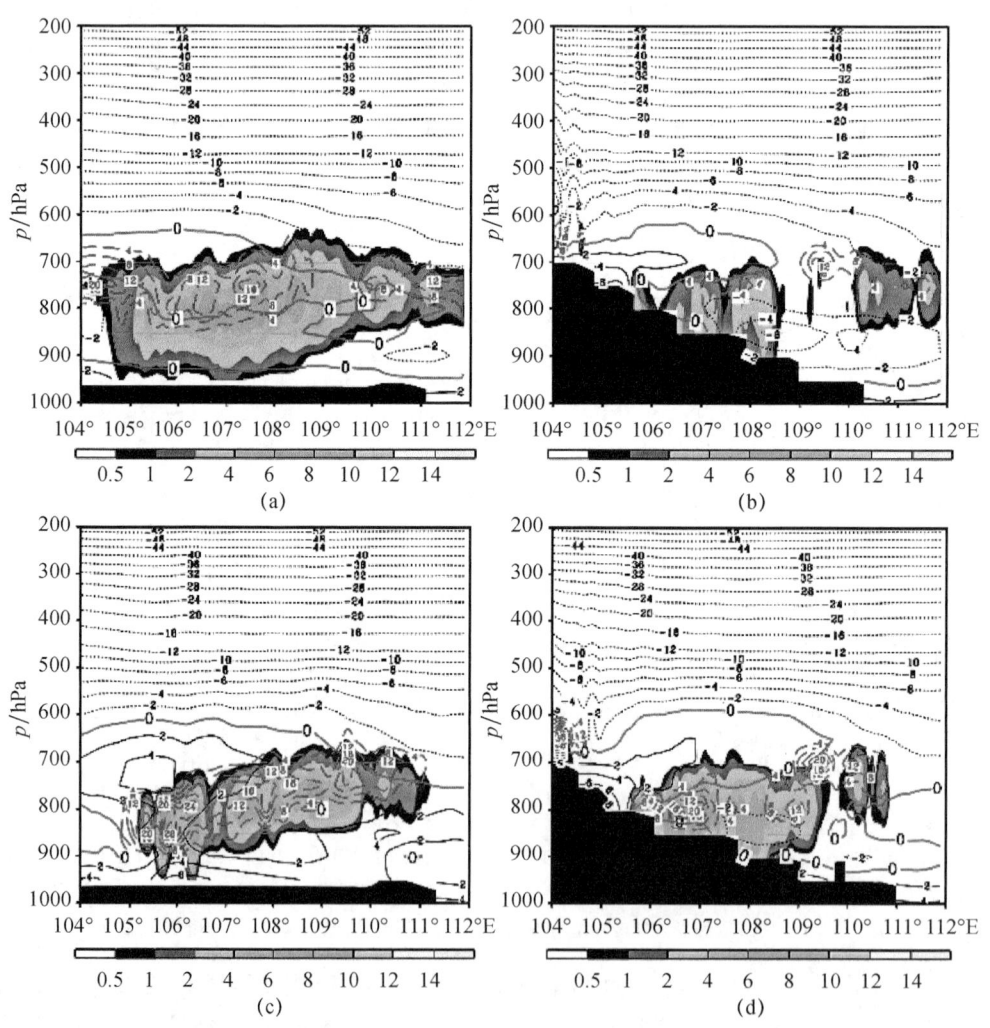

图 3.15 2011 年 1 月 1 日平均纬度为 26.5°—27.5°N(a,b)和 25.5°—26°N(c,d)的云水
(长虚线,单位:10^{-2} g/kg)、含水量(阴影区域,单位:10^{-2} g/kg)、温度(实线:>0 ℃,
虚线:<0 ℃),加粗线:0 ℃等温线)剖面图
(a、c. LTE 模拟结果,b、d. HTE 模拟结果)

而,雨滴粒子几乎不会到达地面。从图 3.15c 中可以看到,贵州南部(25.5°—26°N)同样有相似的特点,这可能是因为在海拔降低后地面温度升高,从而导致蒸发作用增强。与地面的雨滴量减少一致,6 h地面累计降水量也几乎为 0 mm(图 3.16a),而且LTE试验中这种减雨效应在整个贵州区域都存在(图 3.16c)。

在 HTE 试验(图 3.15b)中,随着强大干冷东风气流侵入贵州西部地区,中部贵州(26.5°—27.5°N)区域平均云水、雨水都降低到 700 hPa 以下。比较而言,云水、雨水含量在南部贵州(25.5°—26°N)却大幅度升高(图 3.15d),南部贵州累计降水量增大反映了这一特征(图 3.16b、d)。这表明在升高地面海拔之后,降雨量在高原的迎风坡上增大。该结论与Hobbs 等(1985)的发现一致。

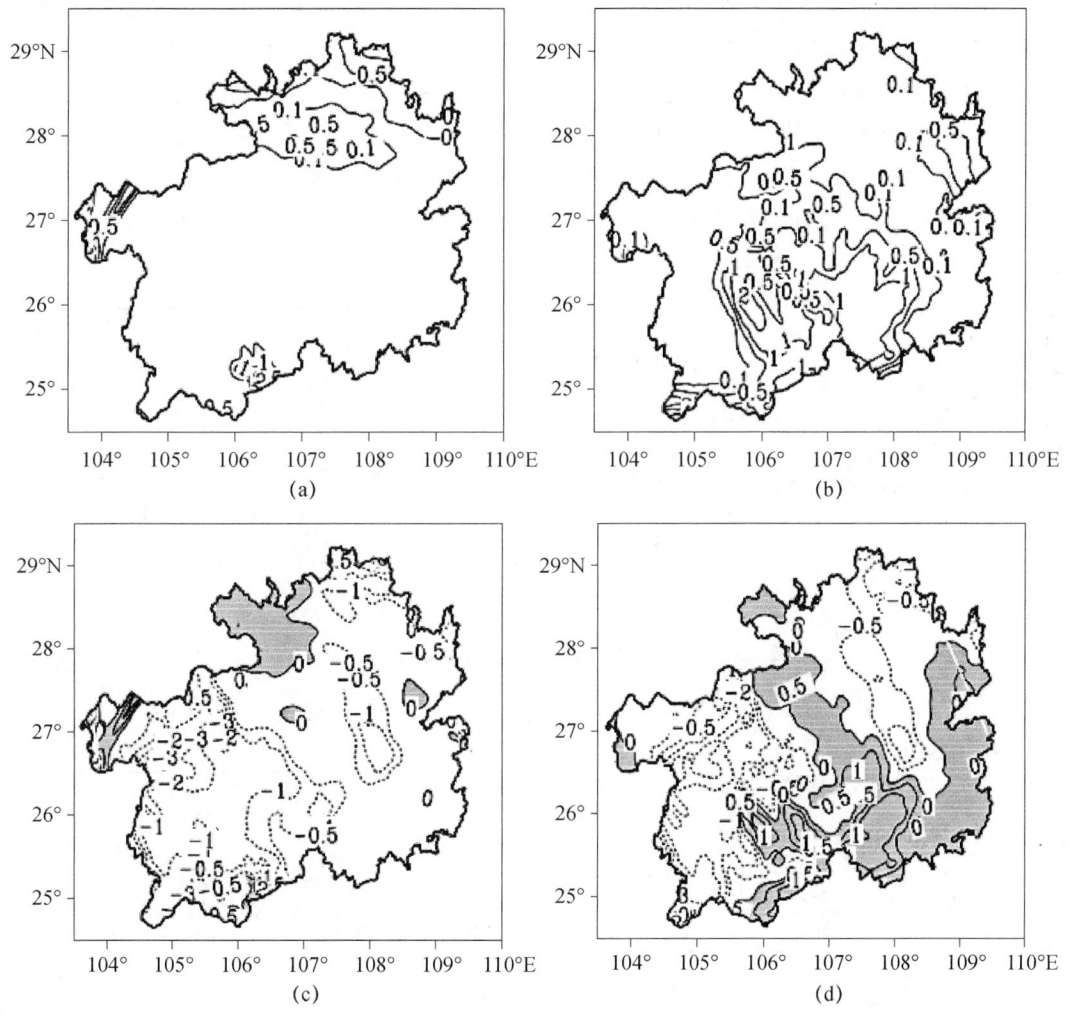

图 3.16　2011 年 1 月 1 日 6h 累计降水量
(a. LTE,b. HTE,c. LTE 和 CTL 的差,d. HTE 和 CTL 的差;c、d 中的阴影区表示负距平;单位:mm)

3.2.4　海拔高度对冻雨区域的影响

以上分析指出,地形会影响贵州地面冷层、暖层和地面降雨的分布,进而改变冻雨分布和降水相态。低层温度场和风场的变化肯定会对冻雨落区产生影响,虽然模式资料中并没有冻

雨降水这一输出量,但是根据统计结果和预报员的经验,冻雨发生的区域需要具备以下几个条件:

——有弱降水;

——地面温度(T_{2m})<0 ℃;

——中低层有逆温,且逆温层顶附近出现暖层(即:$T_{700\,hPa}-T_{850\,hPa}>0$ ℃,同时逆温顶>0 ℃,可用 $T_{700\,hPa}$ 的温度>0 ℃判断);在贵州西部高海拔地区可以没有暖层。

因此,将同时满足这三个条件的区域(黑色阴影区域)标出,如图 3.17a 和 b 所示,可以看到,它们和观测记录的冻雨落区非常相近,可作为模式输出资料是否发生冻雨的一个重要依据。

在降低地形和增高地形的两组试验中,可以明显地看到,降低地形后(LTE 试验),除了贵州西侧的冻雨有所增加外,由于贵州中东部大部分地区近地面温度升高,降水减少,因此满足三个条件的叠加区很小,贵州地区几乎没有冻雨发生(图 3.17c、d)。而在升高地形后(HTE 试验),可以看到贵州东部温度降低明显,东部的冻雨不但提前发生了,而且冻雨范围还有所增大,而贵州中西部地区由于近地面温度升高,冻雨减少。这样看来,无论贵州地形增高或是降低,杜小玲(2010)统计出的贵州冻雨频发的 27°N 地带都不复存在(图 3.17c、d)(Deng 等,2011)。

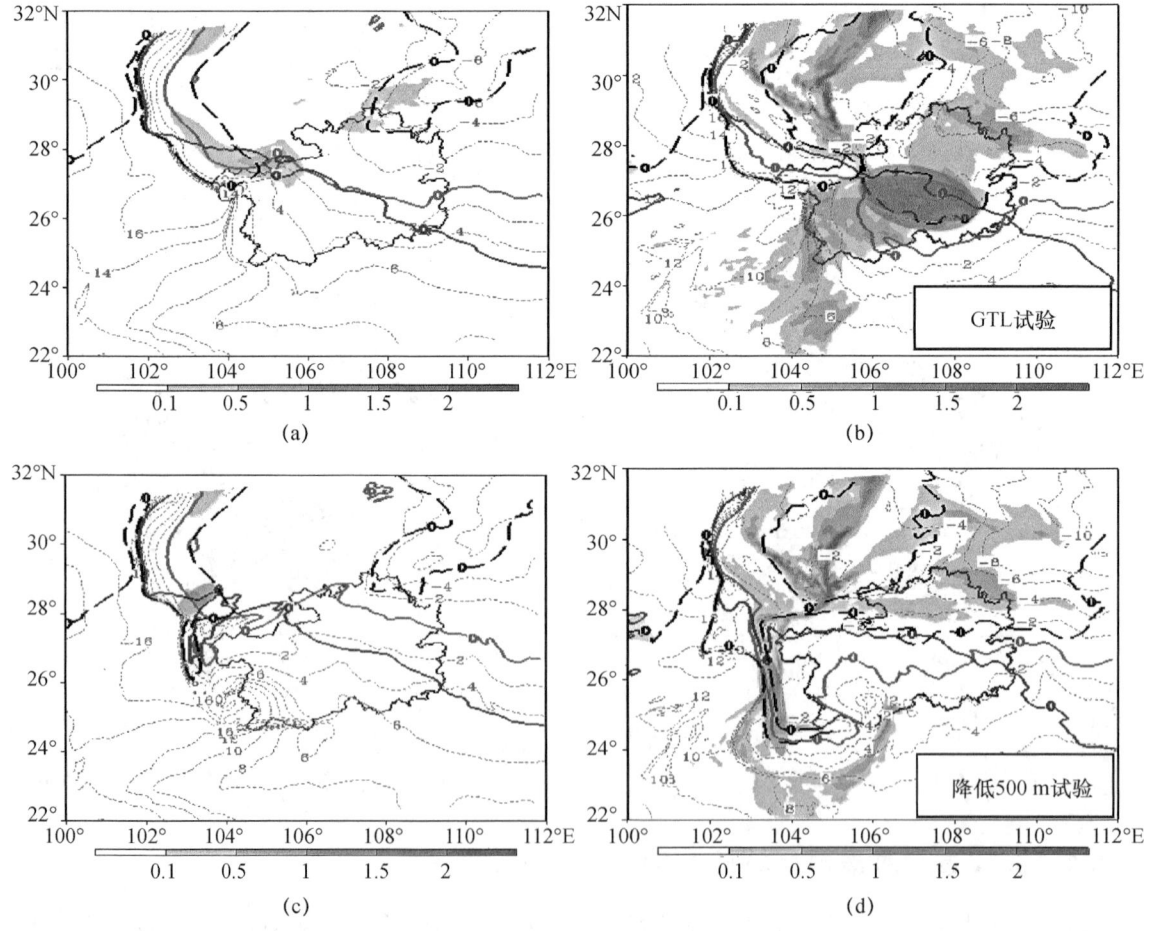

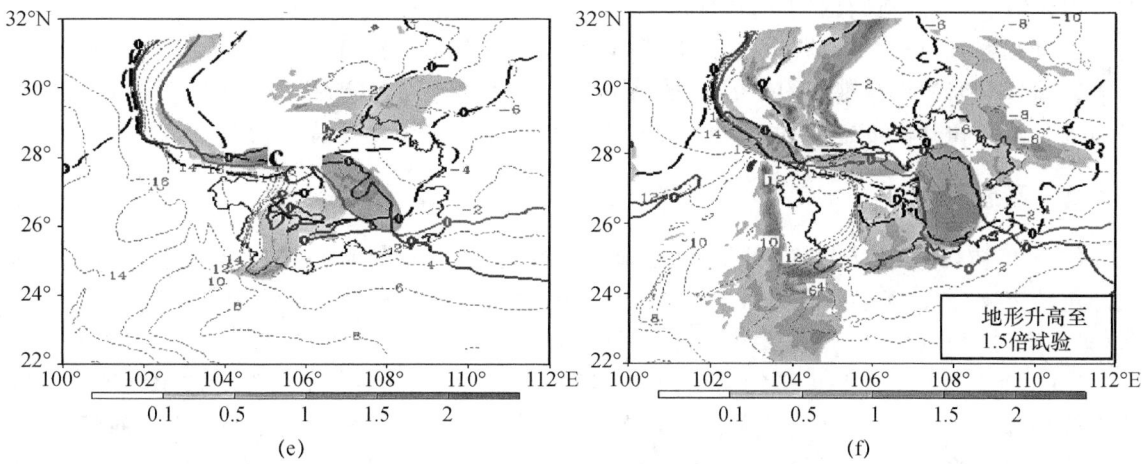

图 3.17 2010年12月31日15时(a,c,e)和2011年1月1日00时(b,d,f)CTL试验(a,b),
LTE试验(c,d)和HTE试验(e,f)中850 hPa等温线(虚线,其中0℃线加粗,单位:℃),
700 hPa 0℃等温线(实线),2 m的0℃等温线(黑色长虚线)和3 h累计降水量(阴影区,单位:mm)

3.2.5 小结

中国近84%的冻雨天气发生在贵州,其特殊的地理特征为冻雨天气形成提供了有利条件。统计分析表明:贵州地形和冻雨分布显著相关。本节通过一个典型的冻雨个例研究了地形对贵州冻雨的影响。结果表明:

通过影响地面冷层、暖层、微物理过程和地面降水的形成,贵州地形对冻雨的形成起着至关重要的作用。在地形试验中,地形升高阻挡了西北冷空气进入贵州西部,却使更冷的偏东冷空气能够侵入贵州东南部,导致东部温度降低,特别是海拔高度低于800 hPa的东南地区。另外,由于狭管效应的作用,在地形升高后,700 hPa以上的温度更容易升高,高原迎风坡面的云水、雨水和地面降水有向南移趋势,这些变化进一步改变了满足冻雨形成基本条件的区域。因此,冻雨的形成区域在地形抬升后向东南扩展,地形降低后形成区域收窄。

除海拔高度外,地面到对流层下层最冷中心的垂直距离也影响地面冷层的形成时间。与暖层和地面降水量相比,地面冷层的建立是冻雨形成的最直接要素。从统计结果来看,贵州下层最冷层在850 hPa附近(杜小玲 等,2010a,b),由此可以推断出:有利于贵州地面冷层形成的理想高度应该接近850 hPa(从800~900 hPa,海拔高度大概为2000~1000 m),贵州中部以西的实际海拔高度正好为1000~2000 m,这也正是观测和对照试验结果中,从低矮的东部到地形抬升的西部地面冻雨逐渐增多的原因。地形升高试验中,冻雨区域向贵州东南部偏移,因为这个平均海拔高度为1319 m,接近850 hPa高度。需要注意的是,在预报中国冻雨天气过程时,同样需要关注贵州中部区域的中部以西部地区,该地区对冷空气的变化和冻雨形成最为敏感。

3.3 冻雨层结结构和云物理特征的数值模拟研究

2008年1月,中国南方地区遭遇了五十年一遇的低温雨雪冰冻灾害,其中贵州是受灾最为严重的省(区)之一。这次特大冻雨、冰雪天气持续时间长,降温幅度大,影响地区广,给当地的交通运输、电力设施、农业生产造成严重破坏并带来巨大的经济损失。

本节着重对2008年初贵州地区的一次严重冻雨过程从环流背景、低空急流和水汽输送条件等方面分析准静止锋维持的原因,并利用高分辨率数值模式对准静止锋影响下的贵州冻雨过程进行模拟和分析,以期揭示贵州地区冻雨的层结结构和云物理特征。

3.3.1 环流形势

2008年初,我国南方地区广泛的低温雨雪冰冻灾害从1月10日一直持续到2月2日。这次严重的灾害分为四次过程：1月10—14日(第一次过程)；18—23(第二次过程)；25—29日(第三次过程)；1月30日至2月2日(第四次过程)。

2008年1月在500 hPa平均高度场及其距平图(图略)上,乌拉尔山至贝加尔湖地区一直稳定维持着阻高,中高纬地区环流形势呈异常的西高东低分布。我国北方处于横槽的槽前,来自高纬度地区的寒冷空气不断分裂南下,侵入我国。而副高较常年偏强,位置偏西偏北,加之南支槽稳定活跃,将大量水汽输送至我国南方地区。冷、暖空气在长江流域交汇对峙,形成稳定维持的准静止锋,造成我国南方大范围强雨雪天气。

在上述大环流背景下,连续发生了4次降水过程：第一次大范围降水过程是冷锋降水,降水集中在河南、湖南和贵州等地,以降雪为主,个别地区出现冻雨；第二次过程降水主要分布于长江流域,贵州和湖南地区出现严重冻雨区；第三次过程最为强烈,虽冷空气入侵有所减弱,但同时受异常强烈的南支槽西南暖湿气流影响,形成有利于强降水天气发生的水汽和动力条件,也是冻雨集中发生的时段；第四次过程,随着环流调整阻塞形势逐渐消失,雨雪冰冻过程趋于尾声。本节主要以发生在贵州并造成严重灾害的第三次冻雨过程为典型个例进行研究分析。

3.3.2 准静止锋

在1月26—29日700 hPa环流场上(图略),长江流域是等温线和等高线密集的准静止锋区,准静止锋呈东西向分布。锋区在27日略北移,水平温度梯度继续增大,在28日达到最强,温度水平梯度最大,随后锋区转而南压。0 ℃线在过程前期沿长江流域分布于贵州北部、湖南北部和安徽南部,在29日随着锋区南移至华南地区,此时等温线、等高线也逐渐稀疏,此次降水过程趋于结束。准静止锋是此次过程的主要影响系统。

700 hPa上(图3.18a),沿准静止锋区有低空急流的分布,阴影区是风速>15 m·s^{-1}的低空急流区。27日在云南西部和贵州中部出现两个低空急流中心区,急流轴位于24°N,且呈东西走向。28日08:00(北京时,下同)急流中心东移至长江中下游地区,急流轴北移至29°N,中心风速增大至35 m·s^{-1}以上。低空西南风急流将大量暖湿空气从孟加拉湾输送至我国南方地区。

水汽通量散度在700 hPa上的分布与低空急流走向一致,水汽辐合带处于低空急流偏北侧。27日两个水汽通量辐合中心位于贵州西北部、云南西部。28日08:00(图3.18b),随西南气流加强,水汽通量辐合带向东延伸至长江中下游地区,贵州中部有明显的水汽辐合。

同时,长江流域地区上空700 hPa维持着较强的暖平流。随着高纬度冷空气分裂南下,冷平流区不断向南扩展,到达长江流域。28日08:00(图3.19a),冷暖平流均达到最强,从图3.19a中可以看出,强暖平流中心在贵州地区和湖南西部,其北侧的四川、湖北地区分布有强冷平流。冷、暖平流在30°N附近形成对峙。850 hPa暖平流区集中在华南地区,冷平流区较700 hPa上的分布向南扩展至24°N,占据了贵州、湖南地区。在整个降水过程中,贵州地区的0 ℃线始终保持在24°N左右。

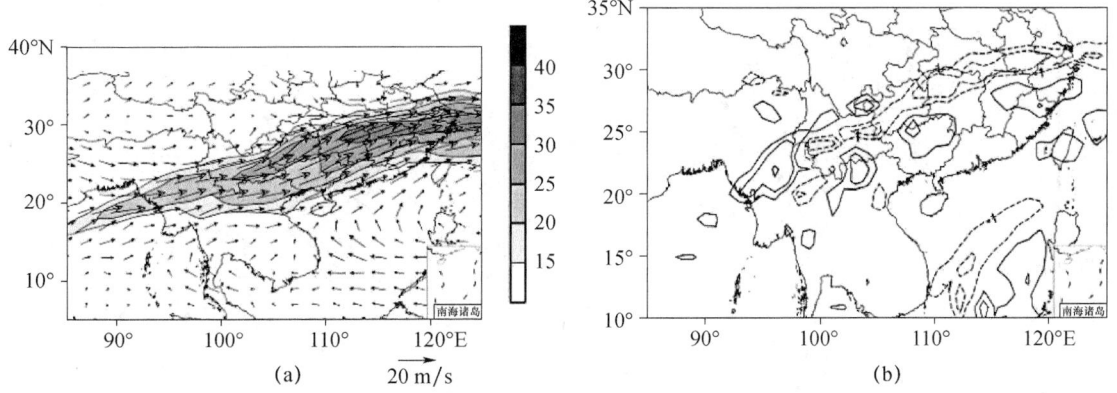

图 3.18　2008 年 1 月 28 日 08 时 700 hPa 水平风场(a,矢量,单位:m·s^{-1},阴影区为风速>15 m·s^{-1}的低空急流区)和水汽通量散度(b,单位:10^{-2} g·s^{-1}·kg^{-1}·m^{-2})分布

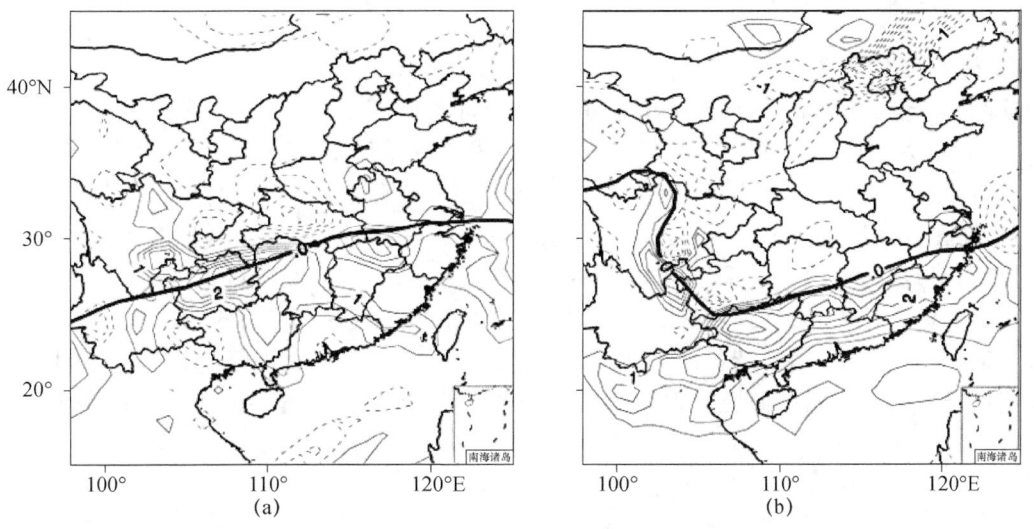

图 3.19　2008 年 1 月 28 日 08 时 700 hPa(a)和 850 hPa(b)的温度平流
(等值线,单位:10^{-4} K·s^{-1})以及 0 ℃温度线(粗实线)分布

低空急流不断向北输送大量暖湿空气,遇到高纬度分裂南下的冷空气后,暖湿空气向上爬升。在长江流域冷暖对比明显,有利于准静止锋的锋生和维持。受准静止锋影响,贵州地区低空冷空气活动频繁,其上 700 hPa 有强暖平流和水汽辐合,冷、暖空气的相互配合为贵州冻雨的发生提供了有利的层结条件。

3.3.3　冻雨的分布

由于前述的高低空配置,在长江流域和华南北部形成长期稳定维持的准静止锋造成了强雨雪冻雨灾害事件。图 3.20 为第三次过程的冻雨分布。27 日 08:00(图 3.20a),冻雨出现在 25°—27°N 的贵州中部、南部地区,贵州北部以降雪为主。28 日 08:00(图 3.20b),江西、湖南地区冻雨范围减小,贵州中部和南部地区仍有广泛的冻雨区。

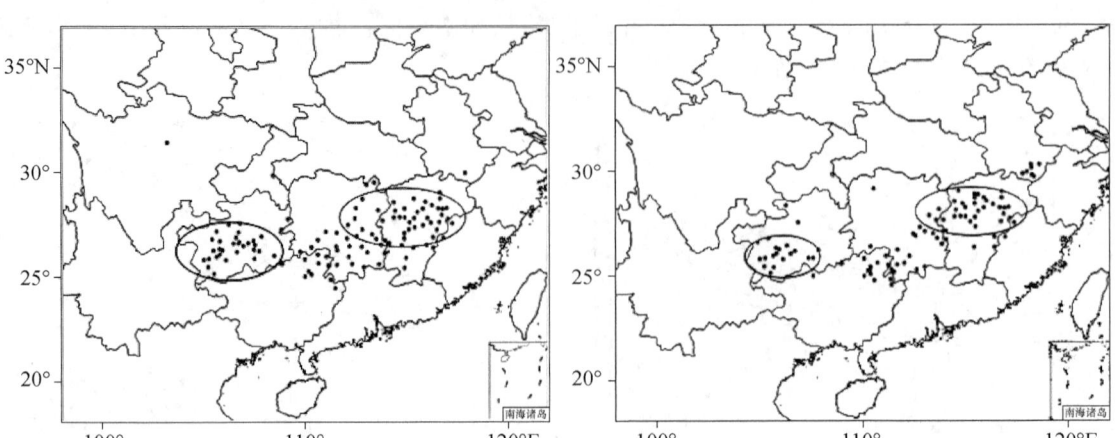

图 3.20　2008 年 1 月 27 日 08 时(a)和 28 日 08 时(b)冻雨分布
(椭圆区表示严重冻雨区)

3.3.4　数值模拟

(1)模式方案介绍

选取 WRF 模式的 3.2 版,采用非静力、三重双向嵌套方案,对 2008 年 1 月 26 日 08:00—29 日 08:00 的降水过程进行模拟。模式初值场和边界条件采用 NCEP/NCAR 再分析资料,模拟区域中心为 26.6°N,106.6°E,选用兰勃特投影方式,水平分辨率分别是 81,27 和 9 km(图 3.21)。嵌套区域以贵州地区为中心,利用内层的高分辨率模拟数据来分析贵州冻雨的中尺度结构特征。行星边界层方案采用 MRF,辐射方案采用 RRTM。在冻雨形成过程中,冰相云物理过程起着重要作用,云物理参数化方案选择包含冰相过程的 WSM-6。WSM-6 方案含有 6 类水成物:水汽、云水、雨水、雪、冰晶和霰,比较完整地考虑了云物理量的转化关系,因此选择该方案进行冻雨和雨雪的研究。但模式不区分地面降水特性,需要另外判断地面降水相态。

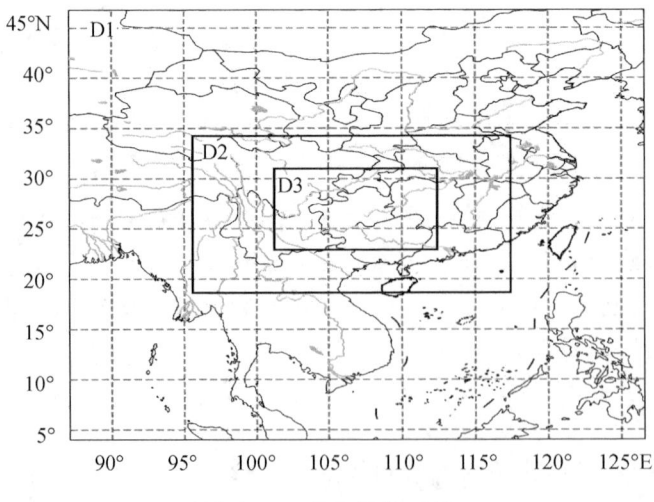

图 3.21　数值模拟区域

(2)模拟结果验证

从1月26—28日24 h实况降水分布(图3.22)可见,26日08:00—27日08:00,我国降水主要分布在长江流域以南,两个强降水中心分别在华南和云南西部,华南的强降水区呈西南—东北走向带状;对比图3.22的模拟结果,两个强降水区与观测的分布基本吻合,但模拟的华南降水区强度比观测稍弱。27日08:00—28日08:00模拟的24 h降水与实况相符,强降水区分

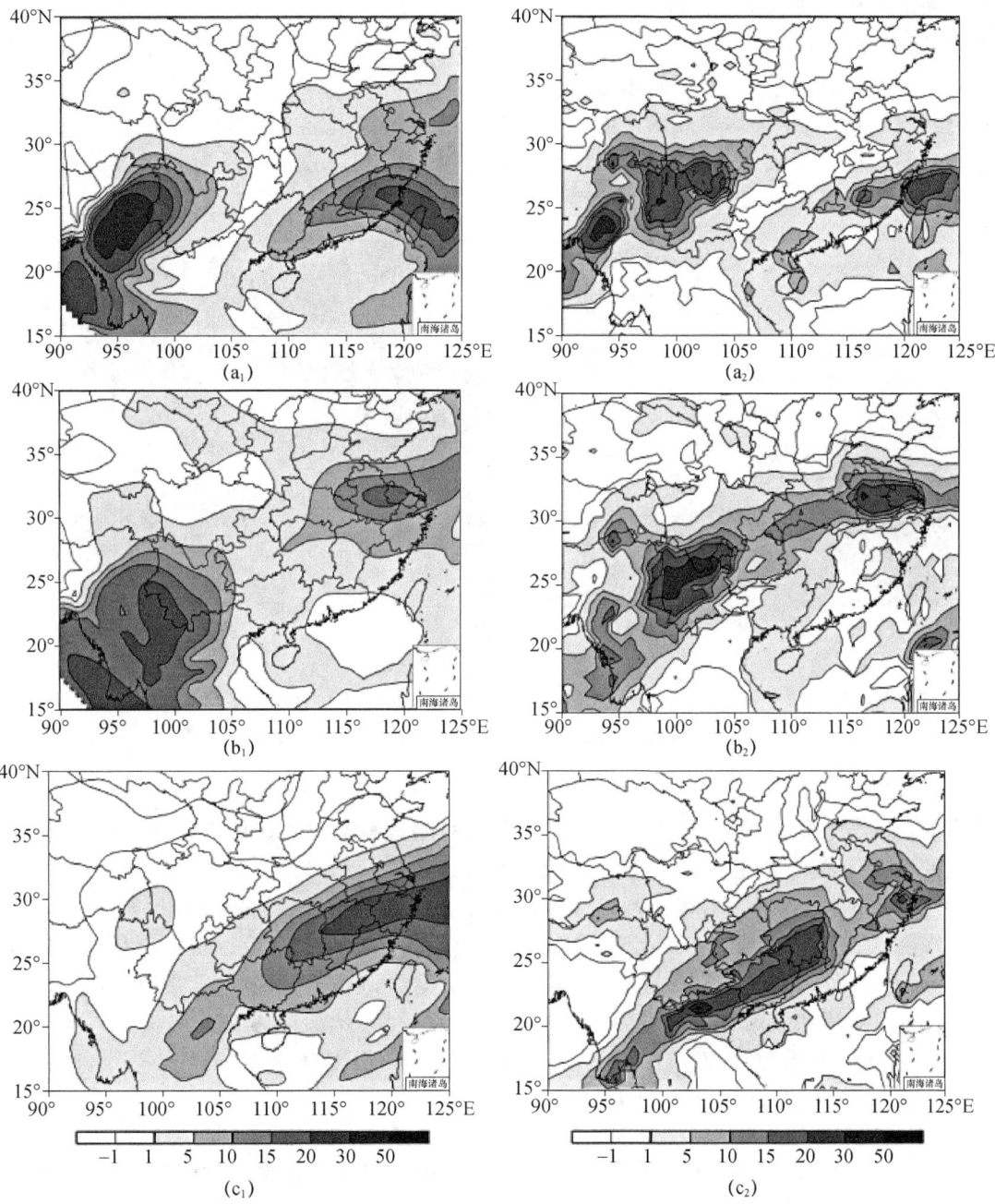

图3.22 (右栏)2008年1月26—29日24 h实况降水量分布(a_2. 26日08:00—27日08:00,b_2. 27日08:00,c_2. 28日08:00至29日08:00),($a_1—c_1$)2008年1月26—29日24 h模拟降水量分布(a_1. 26日08:00至27日08:00,b_1. 27日08:00,c_1. 28日08:00至29日08:00)

别位于长江中下游和云南西南,两个降水大值中心均达 30 mm,较好地模拟出了降水区域走向和强度分布。28 日 08:00—29 日 08:00 降水带呈西南—东北走向覆盖我国南方大部分地区,强降水中心位于江西北部与安徽浙江交界处,强降水中心达 30 mm;图 3.22a_1—c_1 中模拟的降水区范围和雨带走向与实况相似,但强中心南移至湖南南部。

在模拟的 72 h 过程中(图略),贵州地区一直处于次强降水区内。27 日和 28 日贵州地区出现较强的冻雨。图 3.23 为 27 日 08:00—28 日 08:00 模拟和观测对比,冻雨发生时降水量不大,地面温度在 0 ℃ 左右。图 3.23 中模拟的降水强度和范围基本与实况吻合。除模拟的云南强降水中心稍偏北外,贵州的降水量在 10 mm 以下,0 ℃ 线处于 25°N,地面等温线的密集区在贵州西南侧,模拟结果均与观测一致。可见较准确地模拟出这次降水过程的移动、走向和强中心。贵州冻雨区的大致分布也得到较好的体现。因此,利用模拟结果对贵州省的冻雨过程进行中尺度诊断分析结果可信。

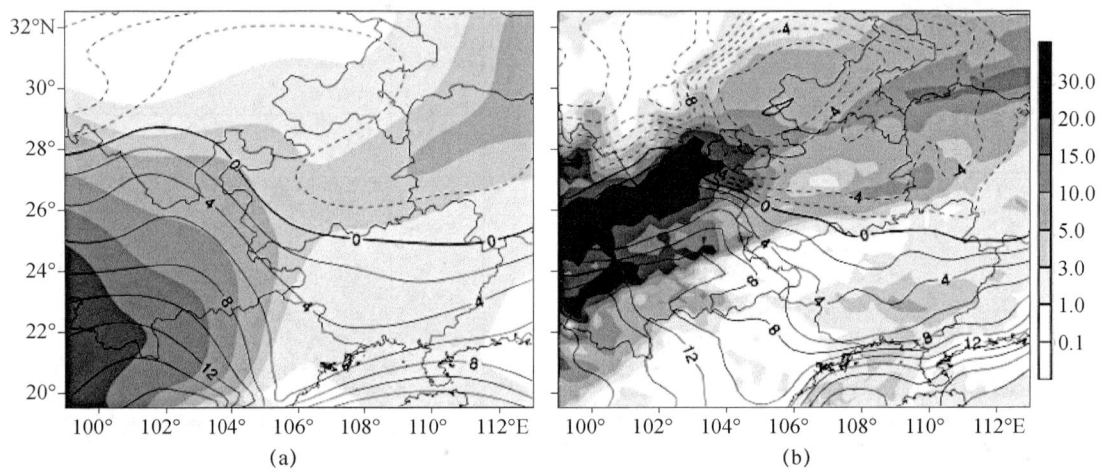

图 3.23 2008 年 1 月 27 日 08 时—28 日 08 时模拟(a)和观测(b)的 24 h 降水量
(阴影区,单位:mm)及地面温度(等值线,单位:℃)分布

(3)层结结构分析

由前面的分析可知,强盛的西南气流不断将大量水汽输送至长江中下游,暖湿的西南气流和干冷的偏北气流交汇,形成准静止锋造成本次过程。

利用模式结果,在贵州省范围内沿 106°E 做垂直剖面(图 3.24)分析静止锋的垂直结构。在第三次降水过程的 72 h 中,静止锋区始终存在明显的逆温层和暖层。逆温层从 900 hPa 延伸到 650 hPa。图 3.24 中 24°—30°N 是等位温线密集区,从 27 日 08:00(图 3.24a)至 28 日 08:00(图 3.24c)等位温梯度加大,整体锋区平缓向北倾斜,低层冷舌自北向南嵌入暖脊之下形成浅薄的冷垫,0 ℃ 线在地面位于 25°N。本次过程贵州省冻雨的雨区主要分布在 25°—28°N,所以冻雨区位于地面 0 ℃ 线以北。

西南气流携带大量水汽沿锋面爬升,27 日 08:00(图 3.24a)相对湿度接近饱和的区域向上延伸至 600 hPa,贵州地区的中低空处于水汽丰富的暖湿区。在贵州冻雨最严重的 27 日和 28 日,随着锋区梯度增大,25°—30°N 沿剖面的中低空是接近饱和的高湿区。至 29 日 08:00(图 3.24c),25°—30°N 的中低空水汽显著降低,相对湿度大值区高度降低并向南退缩,降水过程逐渐结束。这种冷-暖-冷的垂直结构和中低空的高湿区为冻雨的发生提供了有利的温度和水汽条件。

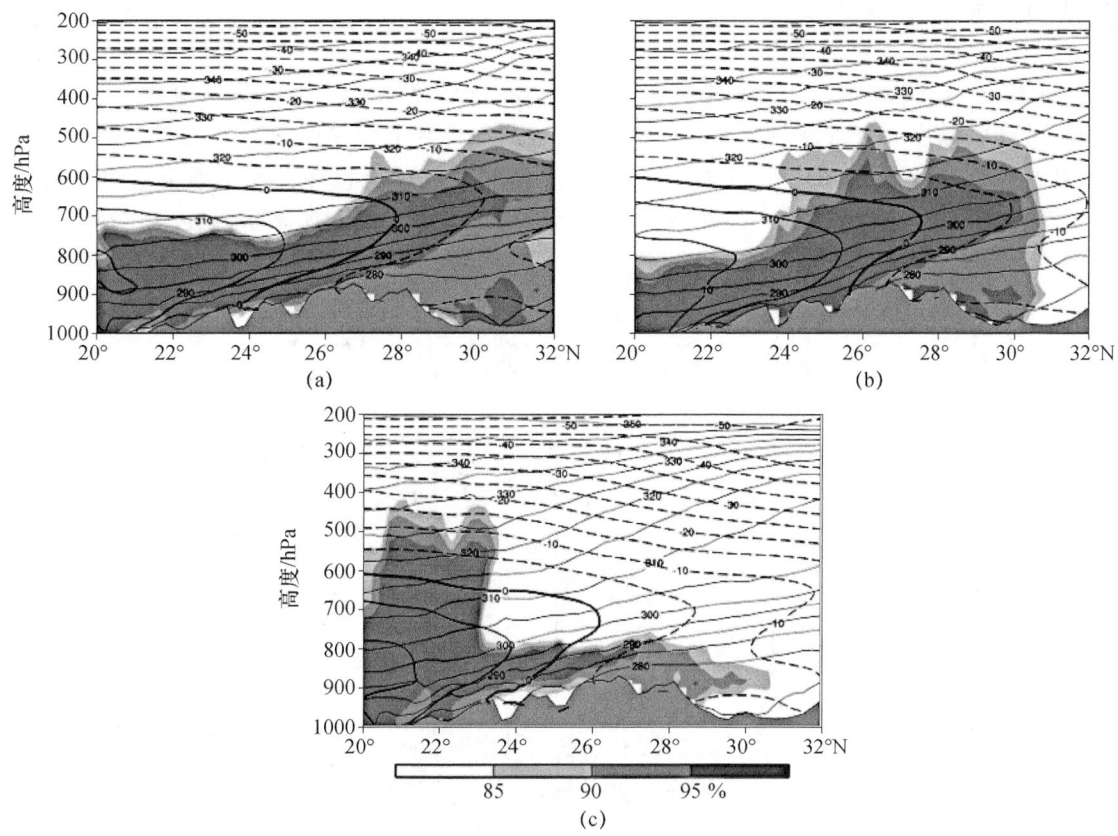

图 3.24 模拟的 2008 年 1 月 27 日(a)、28 日(b)和 29 日(c)的 08 时沿 106°E 位温(实线,单位:K)、温度(虚线,单位:℃)和相对湿度(阴影区,单位:%)垂直剖面

3.3.5 冻雨云物理特征分析

一般出现冻雨的大气垂直结构可分为冰晶层、暖层和冷层的"三层结构"(朱乾根 等,2000)。在 500 hPa 高空当暖层和冷层的"三层结构"温度低于-10 ℃时形成冰晶或雪;中空存在温度高于 0 ℃的深厚暖层使得落入该层的冰晶和雪融化为液态水;从暖层中下降的液态水经过低空温度低于 0 ℃的大气层形成过冷却雨滴降落,与地物碰撞并冻结。

而贵州省气象台在 1976 年利用 15 年的天气资料分析指出,贵州冻雨多数情况下不符合三层结构。贵州冻雨在垂直结构上主要有两种:单层结构和两层结构。单层结构指 600 hPa 高度以下至地面的中低空处于冷湿的环境中,各层温度均低于 0 ℃,表现出有较厚的冷层;两层结构指冷层与暖层共存,即在冷层之上存在一层暖湿层或融化层(朱坤 等,2008)。其与单层结构的差异在于逆温层顶部处于温度高于 0 ℃的暖湿环境中。

沿贵州中部区域 106.6°E 做剖面分析冻雨发生时水成物的垂直分布。选取沿剖面地面有冻雨记录的 27 日 20:00 和 28 日 02:00 两个时次进行分析。

图 3.25a 是 27 日 20:00 贵州地区的实况天气现象,仅选取了雨、雪和冻雨的分布进行对比分析。冻雨分布在贵州南部,降雪主要在贵州东部偏北地区。剖面线从 24°—29°N 依次经过雨、冻雨和雪发生区,黑色三角所示的贵阳市附近有紧邻的冻雨和雪区。在模拟结果的垂直剖面上(图 3.25b、c),云水密集在中低空深厚暖区的中下部,雨水只出现在 28°—29°N 的暖区

中并延伸至地面,含量较低。冰晶和雪(图 3.25 d、e)大量集中于 29°N 附近 400 hPa 以下除暖区外的整个垂直空间,冰晶的大值中心在 500 hPa,温度为 -15~-10 ℃,雪的两个大值中心分别在暖区以上 600~500 hPa 和暖区以下 900~850 hPa 的区域,并在 27°N 降雪区域的冷层有少量分布。结合天气现象,沿剖面在 26°—27°N 的冻雨区上空深厚的暖区内有丰富的云水,高空几乎无冰晶和雪;而在 28°—29°N 的雪区,冰晶和雪粒子大量存在于中高空,中层暖区浅薄,下层冷区深厚。可见贵州中部冻雨的垂直结构不同于典型的三层结构,其高空固体降水粒子稀少,850~600 hPa 有深厚的暖层,850 hPa 以下是浅薄的冷层,表现出两层结构的明显特征。

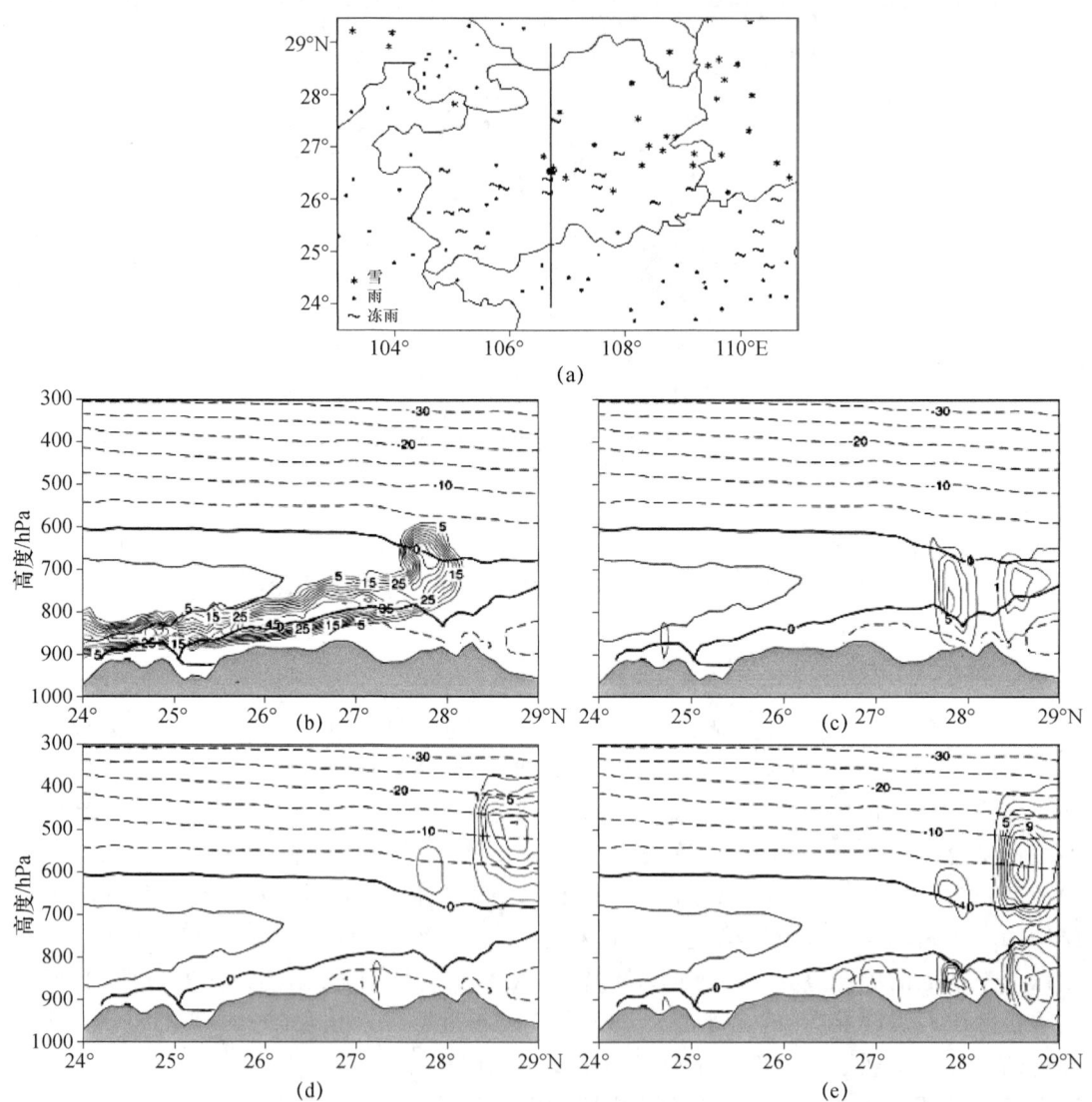

图 3.25　2008 年 1 月 27 日 20 时实况天气现象(a)和模拟的沿 106.6°E 水成物混合比
(细实线,单位:10^{-2} g·kg^{-1})和温度(虚线,粗实线为 0 ℃等温线,单位:℃)垂直剖面(b—e)
[a. 实况天气现象分布和剖面位置(直线,黑色三角为贵阳),b. 云水,c. 雨水,d. 冰晶,e. 雪]

28 日 02:00(图 3.26a),虽然观测站点较 20:00 少,但仍可以清晰看出在贵州广泛分布的冻雨区。剖面中从 24°—29°N 同样依次经过雨、冻雨和雪区。在垂直剖面(图 3.26b)上,随着暖区的南移，云水大值区较 27 日 20:00 偏南，依然是集中在深厚暖层的中下部，雨水（图 3.26c）则集中在 26°N 附近的整个暖层区域内。29°N 的对流层都在 0 ℃以下，冰晶和雪的分布（图 3.26 d、e）延伸至 400 hPa 以下的整个区域，中心值减小。值得注意的是 26°N 暖区上空 600~400 hPa 出现冰晶和雪的聚集区，冰晶区中心值达到 $0.1 \text{ g} \cdot \text{kg}^{-1}$。结合天气现象，沿剖面在 26°—26.5°N 冻雨区的中低空暖区存在大量云水和雨水，同时高空存在冰晶和雪。不同于 27 日 20:00 的两层结构，冻雨发生时的云物理结构有明显的冰晶层、暖层和冷层，属于典型的冻雨三层结构。

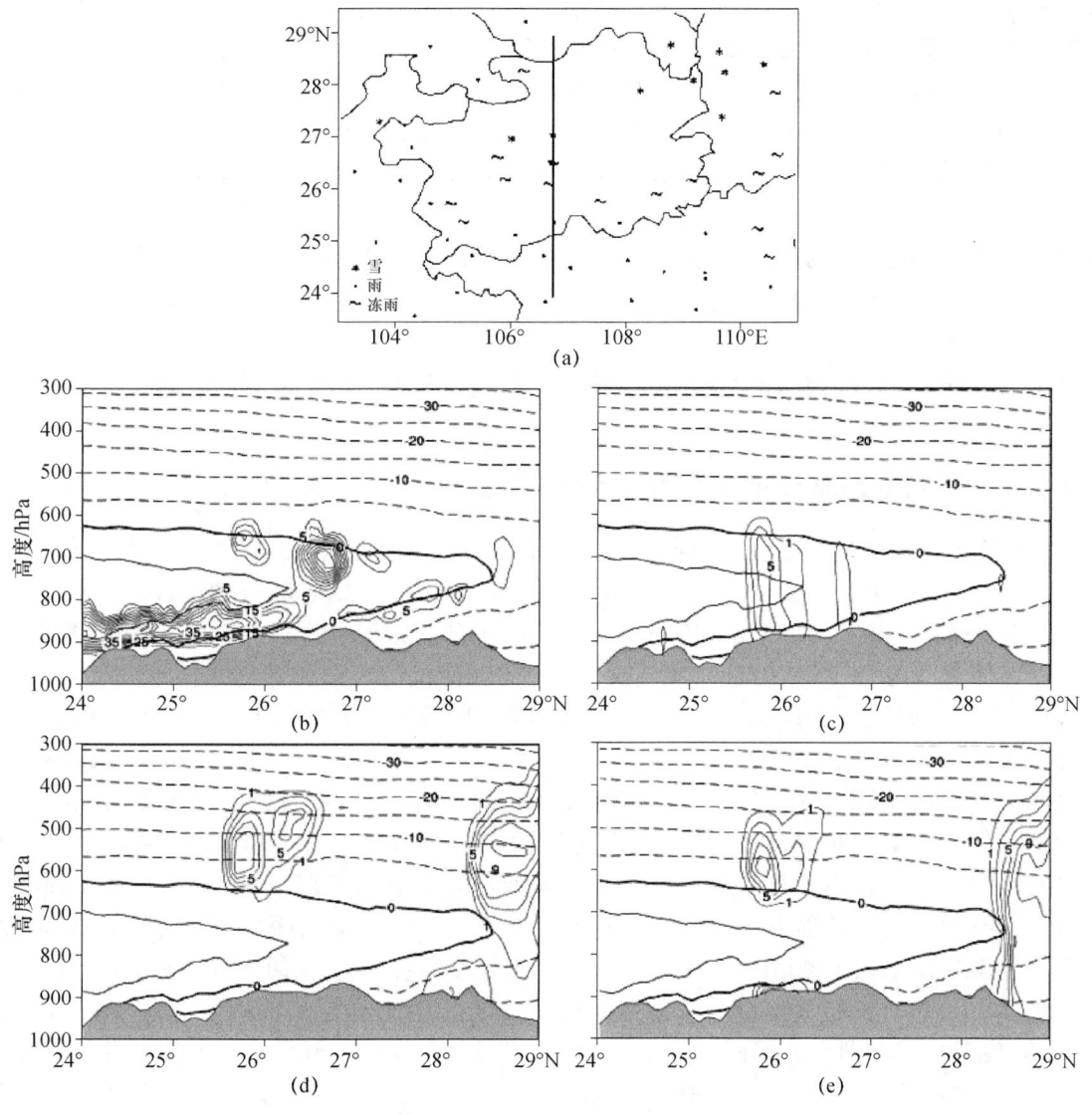

图 3.26 同图 3.25，但为 28 日 02 时

对整个模拟时段逐时次的水成物分布的分析得到，从 26 日开始出现冻雨至 27 日 20:00，沿着剖面冻雨区的水成物垂直结构呈典型的两层结构，冷层与暖层共存，高空无冰晶层。从 28 日 00:00 起，沿剖面的冻雨区上空开始出现大量冰晶和雪，冻雨的垂直结构呈三层结构。可见贵州中部地区的冻雨兼有三层和两层结构。

3.3.6 小结

针对2008年1月初贵州地区第三次雨雪冰冻过程,利用WRF模式进行数值模拟,模拟结果能够较好地反映出高低空环流形势场特征,强雨雪带的分布、走向及落区与观测基本吻合,为进一步诊断分析提供了高分辨率资料。

2008年1月,亚欧高纬环流形势为异常的西高东低分布,乌拉尔山至贝加尔湖地区一直稳定维持着阻高,寒冷空气不断分裂南下侵入我国。副高偏西、偏北,加之南支槽稳定活跃,冷暖空气在长江流域交汇对峙,于是形成长期稳定维持的准静止锋。准静止锋为贵州冻雨的发生提供了天气背景。西南低空急流对水汽的输送使得云贵至长江中下游地区成为湿度较大区域,为强雨雪冻雨的发生提供了充足的水汽条件。贵州地区中低空强暖平流叠加在低层强冷平流之上形成稳定的逆温层,为冻雨的发生提供了必要的暖层和冷层条件。

在水成物垂直结构上,贵州中部的冻雨区分别表现出两层和三层的结构特征。两层结构:高空的固体降水粒子稀少;900~600 hPa的深厚逆温层和0 ℃以上的暖层使得中低空存在大量液态降水粒子;近地面层有较薄的冷层,使下落的液滴形成了大量过冷却雨滴,而后降落至冷的地面迅速冻结。三层结构是高空存在大量冰晶和雪粒子,有明显的冰晶层、暖层和冷层结构。

3.4 冻雨天气云贵静止锋结构特征的诊断分析及数值模拟

3.4.1 中高纬度和低纬度天气系统分布特征

云贵准静止锋是贵州冻雨的最主要影响系统,而准静止锋的形成与中高纬度及低纬度的环流形势有关。因此,首先分析一下贵州冻雨发生时中高纬度天气系统的特点。

从2008年和2011年共12 d贵州冻雨发生时段的合成天气图(图3.27)上可以看到,中低各层系统配置与2011年1月初的一次典型个例(Deng等,2012)类似,表明在12 d冻雨过程中,冻雨的区域很少移动,多次冻雨系统也稳定少动,因此,进行合成分析能较好地刻画冻雨过程天气形势的典型特征。从500 hPa的合成图(图3.27a)上,中高纬度持续的冷空气从大气低层扩散南下,主要是由于乌拉尔山阻高或在这一带的高压脊前低槽的引导气流而造成的。在阻高西侧,西风带气流在里海附近出现分支,北支气流绕阻高经西西伯利亚、蒙古国进入我国;南支气流从里海南部经帕米尔高原进入我国,这两支气流在河西走廊汇合并引导强冷空气东移南下。低纬度存在一支南支锋区,南支槽较浅,位于90°E附近。南支槽前至江南地区上空存在一支30 m·s^{-1}以上的偏西-西南风的强风速带,中心值最大可接近50 m·s^{-1}。700 hPa(图3.27b),我国南方地区存在一支12~24 m·s^{-1}的西南风急流,中心位于贵州—湖南—广西一线上空,最大风速为20~24 m·s^{-1},这支西南急流为南方地区大范围的阴雨(雪)天气和贵州、湖南的冻雨天气提供了必要的水汽条件和有效的升温效应。在这个高度上,27°—28°N以南地区气温高于0 ℃,形成了有利于冻雨发生的暖层。850 hPa(图3.27c),当孟加拉湾、南海北部经北部湾有一定的暖湿气流向北输送进入华南上空时,冷、暖气流交汇于华南北部至滇黔之间,形成明显的风切变和温度梯度,贵州、湖南正好处于切变北侧的冷区。地面(图3.27d),受北方强冷空气南下影响,我国大部分地区处于冷气团控制下。由于低层冷、暖气流交汇于华南至滇黔之间,冷空气南下后在华南北部至滇黔之间形成明显的气压梯度,即南岭准静止锋和云贵准静止锋。静止锋锋后,

第 3 章 冻雨形成机理研究

以贵州为中心的贵州、湖南等地的低空还存在大范围的逆温区,这是由于 700 hPa 西南急流带来的增温和 850 hPa 东北回流带来的降温造成的温差而引起的。

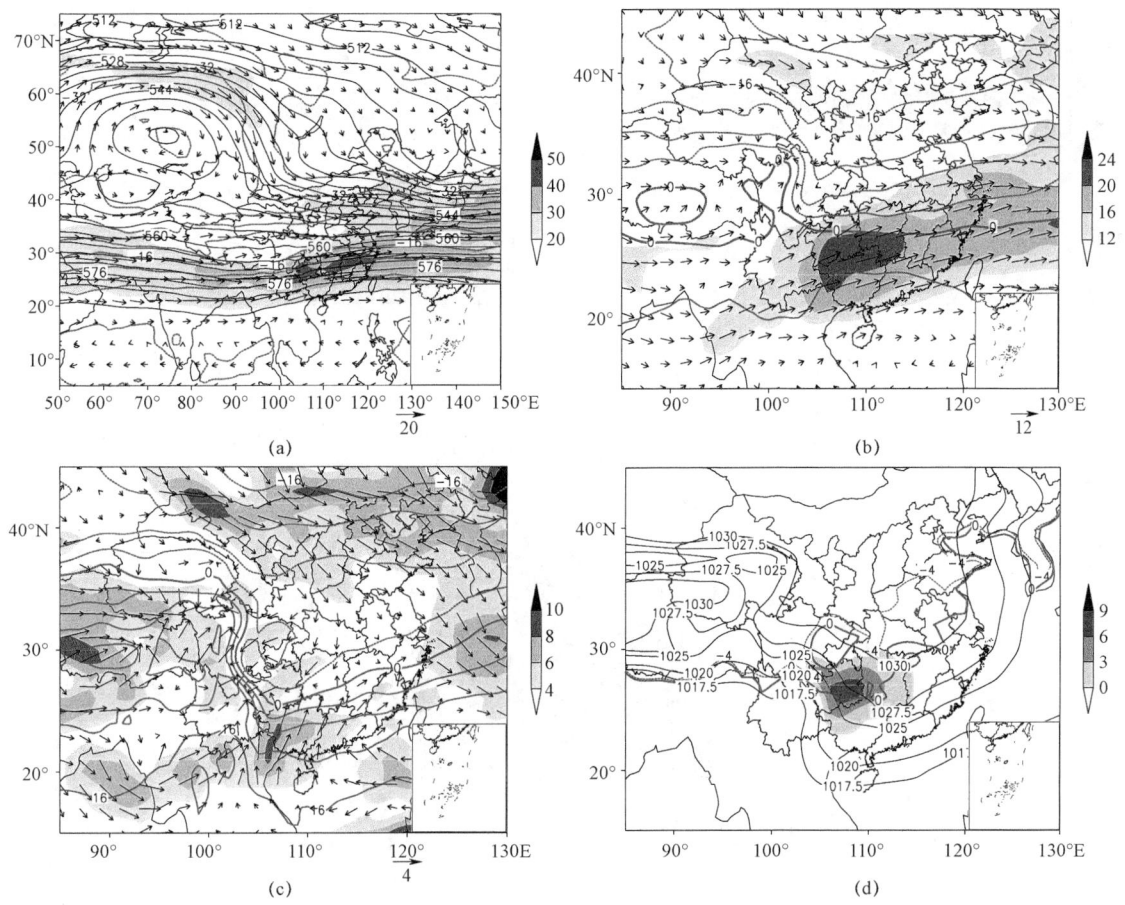

图 3.27 12 d 贵州冻雨时段 NCEP/NCAR 再分析资料合成天气图(时间:2008 年 1 月 12—14 日、27—28 日,2011 年 1 月 2—5 日、20—22 日共 12 次)

[a. 500 hPa 位势高度场、温度场及风矢量(阴影区为≥20 m·s^{-1}全风速);b. 700 hPa 位势高度场、温度场(粗线:0 ℃)及风矢量(阴影区为≥12 m·s^{-1}全风速);c. 850 hPa 位势高度场、温度场(粗线:0 ℃)及风矢量(阴影区为≥4 m·s^{-1}全风速);d. 海平面气压分布(黑色等值线,单位:hPa,间隔:2.5 hPa)与低层逆温区(阴影区:700 与 850 hPa 的温度差,代表低层逆温区,单位:℃)]

已有的研究表明,中高纬度阻塞环流的建立和维持,为贵州持续冻雨提供了持续不断的强冷空气补充,而低纬度南支锋区的建立和活跃,给我国南方地区带来充沛的水汽,使得贵州地区 700 hPa 高度附近形成升温效应(杜小玲 等,2010a,b)。对 2011 年 1 月 1—3 日贵州强冻雨期间的水汽进行分析表明(图 3.28a、b),低纬度南支锋区呈现活跃特征,700 hPa 水汽输送加强。从图 3.28 可见,高空有两股水汽汇合影响贵州,一股来自阿拉伯海经印度北部进入孟加拉国,一股来自孟加拉湾北上的暖湿气流,两股水汽在孟加拉国上空汇合,在强盛的西-偏西南急流的引导下进入我国西南至南方上空,并在我国西南地区形成强的水汽输送中心。31 日 20 时—2 日 20 时(世界时,下同)伴随着强劲的西南急流,在 20°—26°N 形成强度达(16~24)×10^{-5} g·cm^{-1}·hPa^{-1}·s^{-1} 的强水汽通量中心。同时,贵州温度场有明显的升温现象,0 ℃线北抬至 26°—27°N(图 3.28c)。

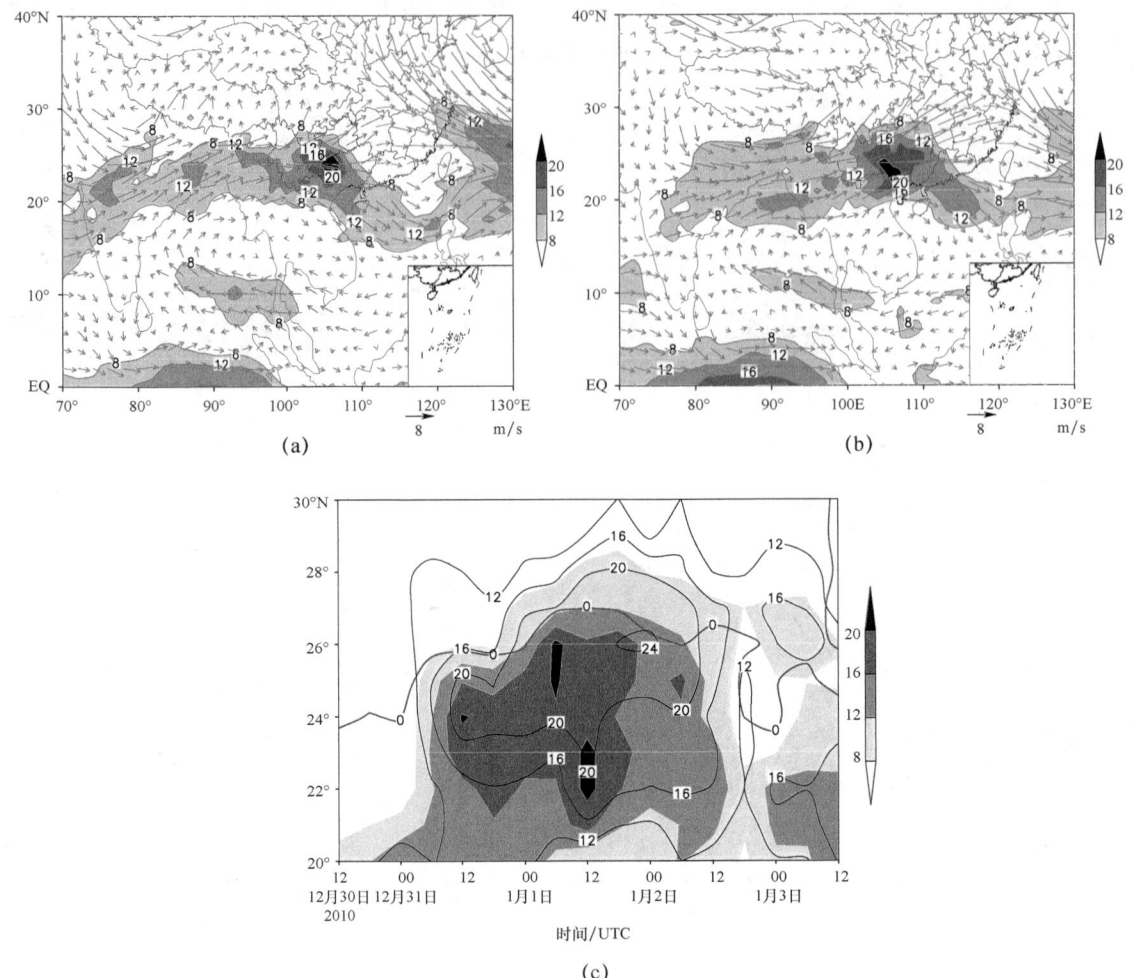

图 3.28 (a)2010 年 12 月 31 日 20 时和(b)2011 年 1 月 1 日 20 时 700 hPa 风矢量(箭头)和水汽通量(阴影区,单位:10^{-5} g·cm^{-1}·hPa^{-1}·s^{-1}),(c)2010 年 12 月 30 日 20 时—2011 年 1 月 3 日 20 时 700 hPa 风速(等值线,单位:m/s)、水汽通量(阴影区)、温度场 0 ℃线的纬度-时间剖面

3.4.2 准静止锋垂直结构分析

（1）诊断分析

通过资料分析和数值模拟得到：云贵准静止锋在地面(近 850 hPa)成近南北向分布,锋面坡度约为 1/300,锋后冷空气最低温度约为－6 ℃,锋前逆温层暖区最高温度可达 6 ℃。其上高空锋区锋面坡度较陡,约为 1/150。

从 2011 年 1 月 1 日 12:00 典型贵州冻雨发生时刻的准静止锋垂直剖面可见(图 3.29,沿 107°E,即冻雨发生最强烈的贵州地区),对流层中存在着两个 θ_e 等值线密集带,对应着两个锋区-急流系统,其中高层的是副热带锋区和急流(STJ),低层的是云贵准静止锋(26°—28°N)和沿着锋区向上爬升的西南气流。

准静止锋锋后冷区以上、600 hPa 高度以下存在沿着锋面的逆温。0 ℃等温线向北伸展至 28°N 地区 700 hPa 高度,向南伸展到 24°N 的 900 hPa。表明在 24°—28°N 锋面上部存在高于

0 ℃的暖层,锋下是低于 0 ℃的冷层,这种温度分布特征是造成贵州强冻雨的重要条件之一。从相当位温和湿区的垂直分布来看,以 27°N 为中心的冻雨区上空,逆温层将等相当位温线的密集区和相对湿度大于 60% 的湿区都限制在 700 hPa 以下的层次,有利于大气稳定层结,使得冬季静止锋降水具有很好的稳定性;而 28°N 的以北降雪地区,不再具有低层逆温的结构,相对湿度和云水大值区向高层扩展到 200 hPa。

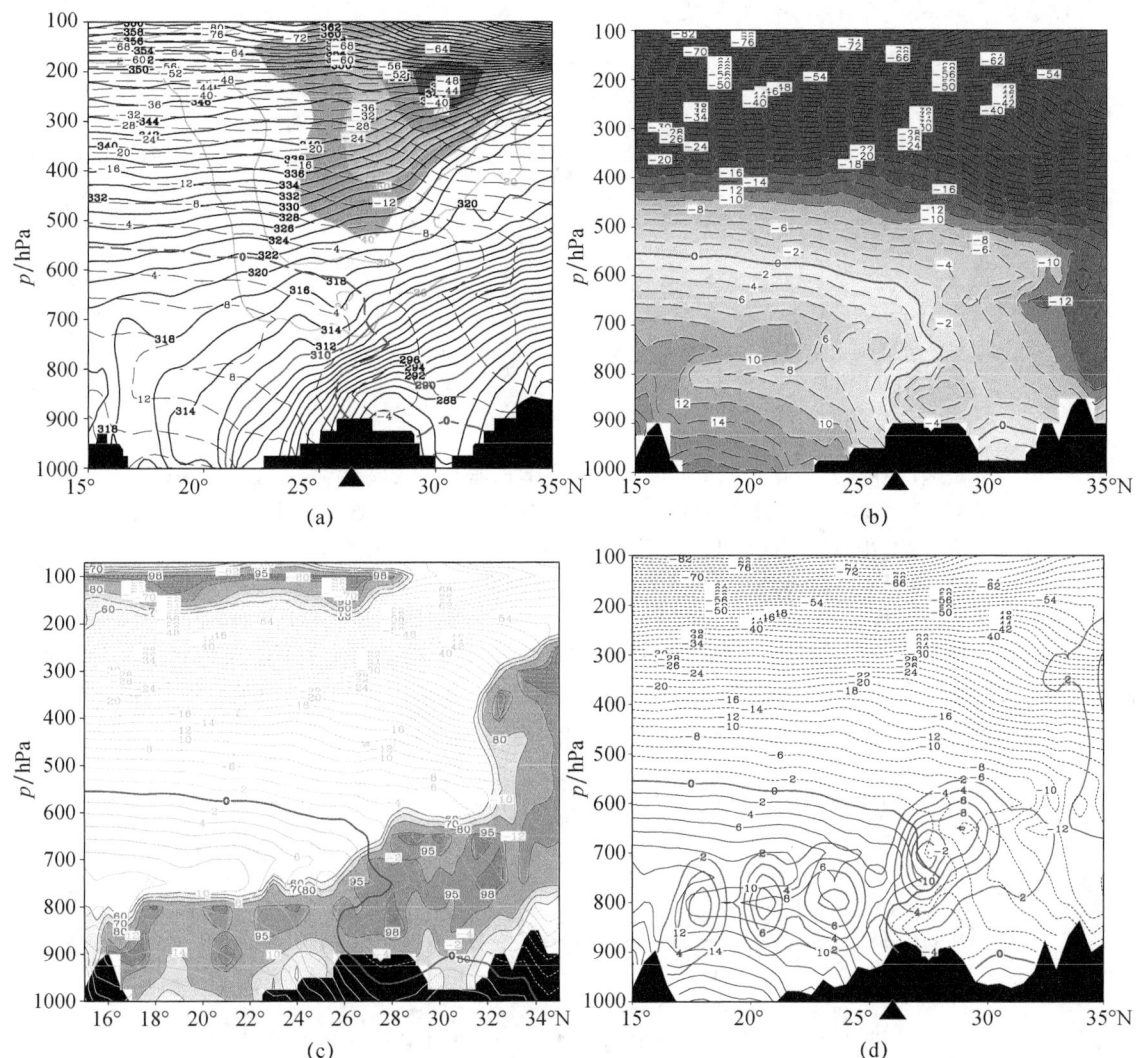

图 3.29 2011 年 1 月 1 日 12:00 UTC 沿着 107°E 的垂直剖面(彩图见书后)

[a. 相当位温(θ_e)用黑色实线表示,单位:K,其中 290 K 到 310 K 的等值线用蓝色线表示;高空西风急流用绿色线表示,单位:m·s^{-1},其中风速大于 40 m·s^{-1} 的部分用彩色阴影区表示);b. 温度场(℃);

c. 相对湿度:阴影,单位:%,温度线:黄色,单位:℃(红色虚线代表 0 ℃ 等温线);d. 云水

(蓝色等值线,单位:10^{-5}kg·kg^{-1},其中三角区为冻雨发生地,黑色阴影为地形高度)]

冻雨发生时,与高层副热带锋区和低层云贵准静止锋相互对应出现了两个垂直环流,从沿 107°E 做的 ω_{NCEP} 垂直剖面上(图 3.30a)可以清楚地看到,高空锋区存在明显的向北倾斜的垂直环流(对应高层上升支和中层下沉支),低层准静止锋存在明显的低层垂直环流(低层弱倾斜上升支与近地面下沉支)。从研究得知,该低层垂直环流对冻雨的发生和维持有重要作用,沿

锋区的上升运动将南方暖湿空气向锋面逆温层中输送,利于上部暖层维持,而沿锋区下部的下沉支则将来自北方的干冷空气输送到近地面,利于近地面冷层维持,这是冻雨发生、发展的重要气象条件,垂直速度间隔出现的这种特征在此次贵州冻雨期都可以看到(图3.30b)。

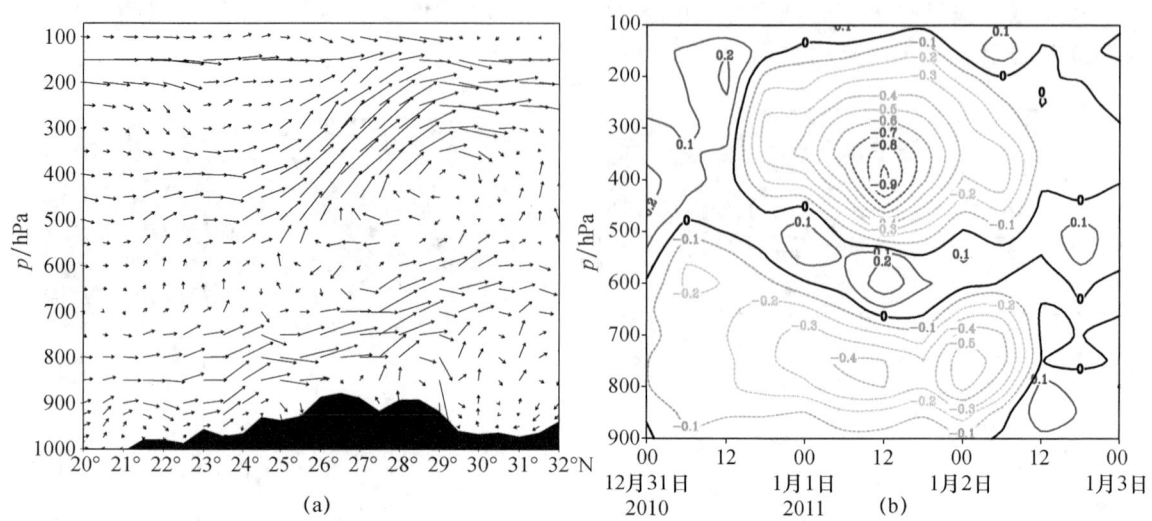

图3.30 2011年1月1日12:00 UTC沿着107°E的垂直环流(a)及其2010年12月31日00:00 UTC到2011年1月3日00:00 UTC的NCEP垂直速度区域平均的气压-时间图(其中平均的区域为106°—107°E,26°—27°N)(b)(单位:Pa·s^{-1})

(2)数值模拟结果

除了从再分析资料中分析云贵准静止锋的结构特征外,还利用WRF模式,同化了地面和探空数据,对2011年年初的典型冻雨和2008年最严重的冻雨天气分别做了高时空分辨率模拟,模拟区域如图3.31所示,最内层的网格距离是5 km,1 h输出一次模拟结果。

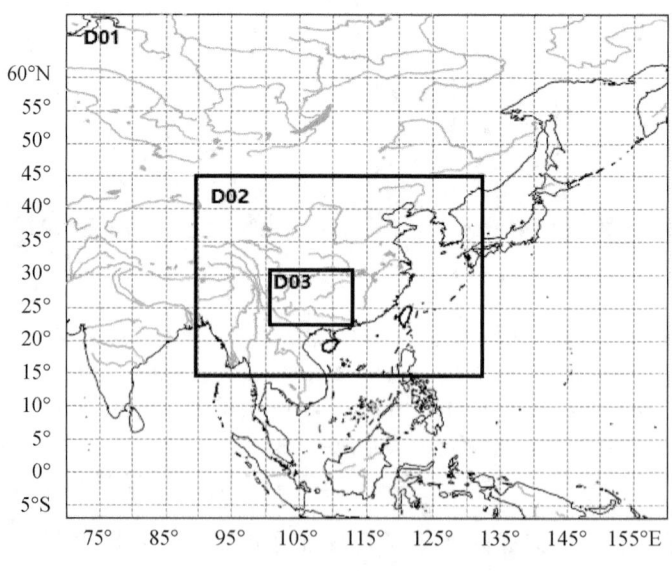

图3.31 WRF模拟三层嵌套区域

从2010年12月31日18:00—2011年1月1日12:00的观测(图3.32a~c)和模拟结果

(图3.32d~f)对比看,模拟结果能较好地反映出贵州地面降水从西到东的移动过程,并且降水量的模拟与实测的也很接近,都为不超过4 mm/(6 h)的极弱降水。

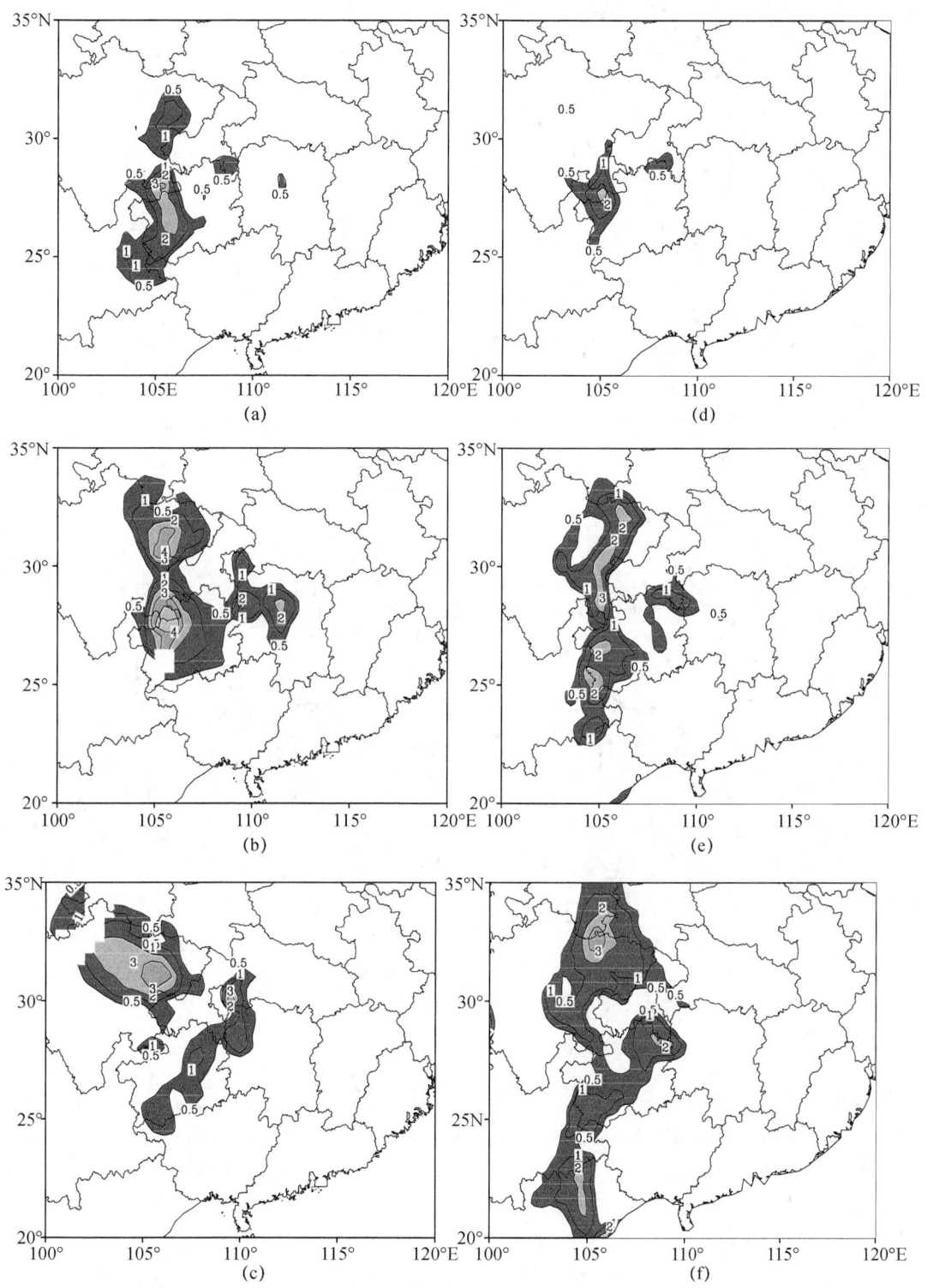

图3.32 2010年12月31日18:00时—2011年1月1日00时
观测(a~c)和模拟(d~f)的6 h累计降水量(单位:mm)

从贵阳的 T-$\ln p$ 图(图 3.33)上看到,模拟的结果也很好地反映出从冻雨发生前(图 3.33a、c)到冻雨发生时(图 3.33b、d),冻雨区上空近地面冷层不断降温,至 1 月 1 日 00:00 UTC 近地面出现低于 0 ℃ 的冷层和其上暖层的分层分布特征。

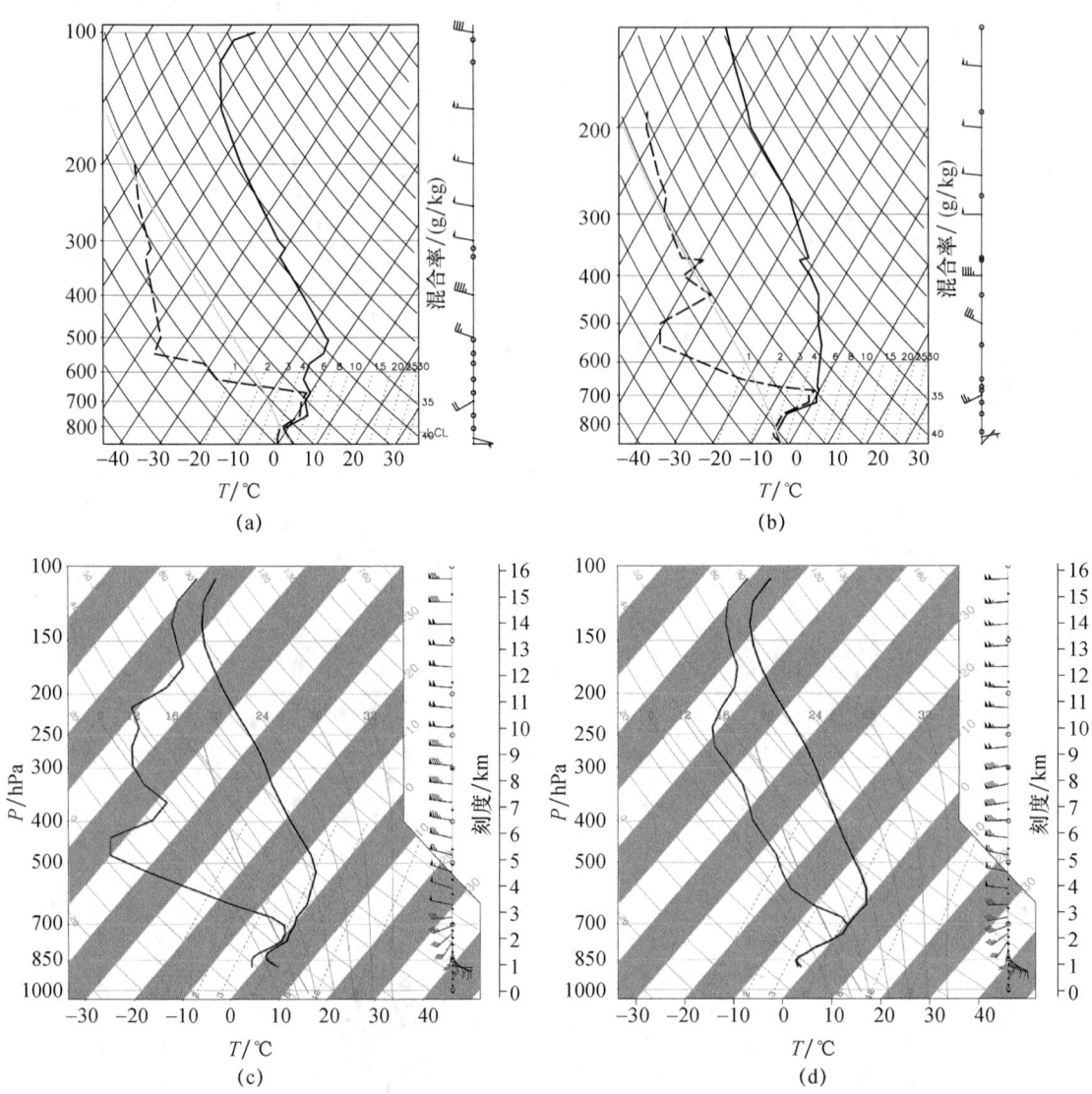

图 3.33　观测(a,b)和模拟(c,d)的 2010 年 12 月 31 日 12 时(a,c)和
2011 年 1 月 1 日 00 时(b,d)的 T-$\ln p$ 图

从冻雨区的垂直剖面来看,模拟结果能清楚地反映出沿着 107°E 的温度层结(图 3.34),从南方来的暖空气和从北方来的冷空气交汇于云南—贵州上空,准静止锋面稳定存在于 600 hPa 以下的大气低层,500 hPa 以下的温度基本都是高于 −10 ℃,这与观测和再分析资料中的准静止锋结构是非常相似的。

通过对 2011 年初的这次 WRF 数值模拟(图 3.35)可以看到,从沿 107°E 的垂直剖面上看,贵州冻雨区(26°—28°N)上空逆温结构很明显,基本以云水和雨水为主,它们较均匀地分布于 700 hPa 以下,而冰晶和雪等其他固态水凝物都分布在 28°N 以北的区域。

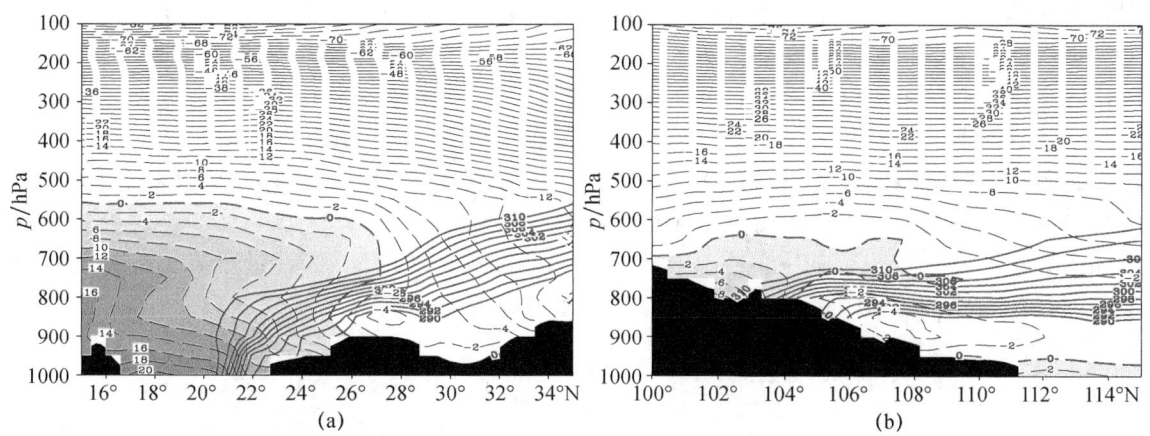

图 3.34　2011 年 1 月 1 日 00 时沿 107°E(a)和沿着 27°N(b)的温度
(黑色等值线和>0 ℃为阴影区)和相当位温(等值线:290~310 K)

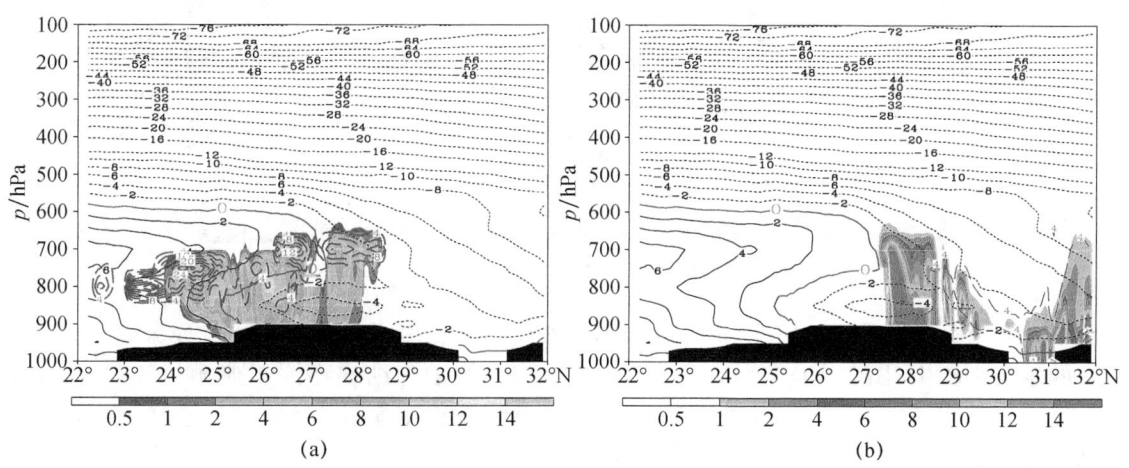

图 3.35　模拟的 2011 年 1 月 1 日 20 时沿 107°E 的(a)温度(黑线,其中 0 ℃温度线为粗线)、
云水(虚线,单位:mm)、雨水(阴影单位:mm),(b)雪水(阴影,单位:mm)、
冰水(虚线)含量(单位:g/kg)垂直剖面

对 2008 年发生在贵州的冻雨也做了类似的模拟,主要模拟贵州冻雨最为严重的时段(2008 年 1 月 25—29 日)。使用 WRF 模式的 3.2 版,采用非静力、三重双向嵌套方案,对 2008 年 1 月 26 日 08 时—29 日 08 时的降水过程进行模拟。模式初值场和边界条件采用 NCEP/NCAR 再分析资料,模拟区域中心为 26.6°N,106.6°E,选用兰勃特投影方式,水平分辨率分别是 81、27 和 9 km。嵌套区域以贵州地区为中心,利用内层的高分辨率模拟数据来分析贵州冻雨的结构特征。在冻雨形成过程中,冰相云物理过程起着重要作用,云物理参数化方案选择包含冰相过程的 WSM-6。WSM-6 方案含有 6 类云物质:水汽、云水、雨水、雪、冰晶、霰,比较完整地考虑了云物理量的转化关系,因此选择该方案进行冻雨的研究。但模式不区分地面降水特性,需要另外判断地面降水相态。

本次降水过程的模拟和实况 24 h 降水见图 3.22。由图可见,模拟的两个强雨区与观测的分布基本吻合,较好地模拟出降水区域走向分布和强度,但华南降水区强度比观测稍微偏弱。

利用模式结果,在贵州省范围内沿 106°E 做垂直剖面(图 3.36)分析静止锋的垂直结构。

发现静止锋区始终存在明显的逆温层和暖层。逆温层从 900 hPa 延伸到 650 hPa。24°—30°N 是等位温线密集区，从 27 日 08 时(图 3.36a)至 28 日 08 时(图 3.36b)等位温线梯度加大，整体锋区平缓向北倾斜。低层冷舌自北向南嵌入暖脊之下形成浅薄的冷垫。0 ℃线在地面位于 25°N。本次过程贵州省冻雨的雨区主要分布在 25°—28°N，位于地面 0 ℃ 线以北。西南气流携带大量水汽沿锋面爬升，27 日 08 时(图 3.36a)相对湿度接近饱和的区域向上延伸至 600 hPa，贵州地区的中低空处于水汽丰富的暖湿区。在贵州冻雨最严重的 27 日和 28 日，随着锋区梯度加大，25°—30°N 沿剖面的中低空是接近饱和的高湿区。这种冷-暖-冷的垂直温度结构和中低空高湿区为冻雨的发生提供了有利的温度和水汽条件。

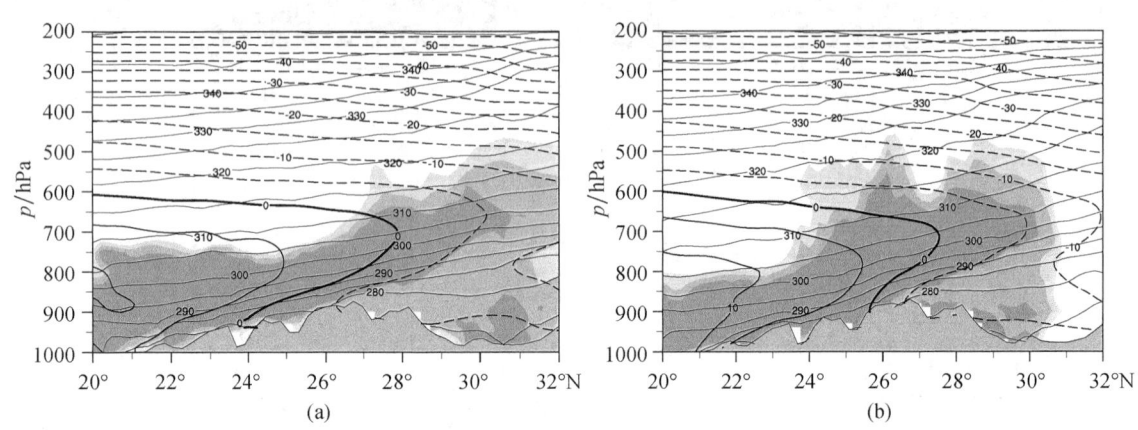

图 3.36　模拟的 2008 年 1 月 27 日(a)、28 日(b)08 时位温(实线，单位:K)、温度(虚线，单位:℃)和相对湿度(阴影，单位:%)沿 106°E 垂直剖面

对 2008 年 1 月 27 日、28 日 08 时贵州地区冻雨模拟也表现出相似的水物质分布。在模拟结果的垂直剖面上(图 3.25)，分析可知贵州中部冻雨的垂直结构不同于典型的三层结构，其高空无固体降水，600—850 hPa 有深厚的暖层，850 hPa 以下是浅薄的冷层，表现出明显的两层结构特征。

综合 2011 年和 2008 年两次贵州冻雨的分析和模拟结果表明，这两次贵州冻雨都主要是暖区云中降落的雨滴遇冷所致，云中几乎没有冰晶结构，是比较典型的两层暖云结构分布，这改变了传统台站中冻雨只是三层融化结构的典型模型。

3.5　冻雨形成的动力过程研究

对 2011 年 1 月初中国南方低温冰雪冻雨过程，Deng 等(2012)运用常规地面观测和探空资料，结合 FNL 再分析资料分析了与这次冻雨相联系的低层大气特征，结果表明由于地转和非绝热强迫的共同作用，在垂直于准静止锋区 700 hPa 以下大气低层驱动出一个正环流圈，该正环流区有利于近地面冷层和其上空暖层的维持。此外，由低层西南急流和近地面偏北风造成的强风切变使得中低层云中出现扰动，由于准静止锋上空中低层云中冰核含量很低，由扰动发生碰并增大的过冷雨滴跌落到近地面冷层中非常有利于冻雨的形成。虽然上述得到了一些有用的结论，但在分析过程中却发现，如果仅利用准地转近似已经不能解释冻雨区上空中高层大气的环流特征，因此，需要利用一套准地转理论以外的方法来分析和冻雨相互联系的对流层中大气环流的整体特征。

本节将利用非地转分解诊断方法对2011年冻雨发生前和发生时的大气不平衡强迫及其调整出的垂直运动进行对比分析,研究有利于冻雨发生的垂直环流特征,回答是什么气象因子诱导出这样的垂直环流及其准地转近似在冻雨上空垂直环流分析中的适用性问题。

3.5.1 非地转位势引发的垂直环流

(1)非地转位势及其方程的引入

①在简单的正压大气中,纬向平均后的 y 方向动量方程可表达成:

$$\frac{\partial \langle \phi \rangle}{\partial y} = -f_0 \langle u \rangle - \frac{\partial \langle v'^2 \rangle}{\partial y} \tag{3.1}$$

对 y 积分后,可变形为:

$$\langle \phi \rangle f_0 = \langle \psi \rangle - \langle v'^2 \rangle + c_1 \tag{3.2}$$

式中,c_1 是某一常数,可以看到,即使在不考虑摩擦力的简单正压大气中,地转关系在纬向平均流中仍然不成立,气流扰动能引起正压大气中位势场和流场地转平衡的破坏。

扩展到斜压大气中,类似地,可以看到:

$$\frac{\partial \langle \phi \rangle}{\partial y} = -f_0 \langle u \rangle - \frac{\partial \langle v'^2 \rangle}{\partial y} - \frac{\partial \langle \bar{v} \rangle}{\partial t} - \frac{1}{2} \frac{\partial \langle \bar{v}^2 \rangle}{\partial y} \tag{3.3}$$

$$\langle \phi \rangle = f_0 \langle \psi \rangle - \langle v'^2 \rangle - \int \frac{\partial \langle \bar{v} \rangle}{\partial t} \mathrm{d}y - \frac{1}{2} \langle \bar{v}^2 \rangle + c_2 \tag{3.4}$$

式中,c_2 是某一常数,即使在不考虑摩擦力的斜压压大气中,除了扰动气流,平流也能引起大气中地转平衡的破坏。

由上述分析可以看到,不管是正压大气还是斜压大气,存在强烈气流扰动的区域,其位势场和流场的地转平衡关系将不再成立。

②从另一个角度,散度方程的最大简化形式是地转平衡关系,其表达式为:

当

$$RO \ll 1, \quad \nabla^2 \phi = f_0 \nabla^2 \psi [1 + O(R_o)] \rightarrow \phi \approx f_0 \psi \tag{3.5}$$

即位势场可以近似利用科里奥利参数和流函数的乘积来表示。但在实际大气中,对于一些非地转性很强的快速变化的天气系统,如高低空急流、锋区及其近地面地形强迫造成非平衡的风场扰动地区,RO 不再远小于1,因此,这就驱使我们去寻找新的位势场和流场的关系式。

从①和②看,在贵州上空,受到特殊的云贵高原地形影响,地形强迫引起的气流扰动及急流的快速变化等原因必定会造成其上空大气地转平衡的破坏,为了能更清楚地描述出实际大气中位势场和流场的偏差,这里引入了地转位势和非地转位势的概念。总的大气位势场可以表达为地转位势和非地转位势的和:

$$\phi = \phi_g + \phi_a \tag{3.6}$$

其中地转位势的表达式为:

$$\phi_g = f_0 \psi \tag{3.7}$$

而非地转位势的表达式为:

$$\phi_a = \phi - f_0 \psi \tag{3.8}$$

这一部分正是由于非地转性很强的快速变化的天气系统及其地形强迫下气流扰动、摩擦等因素造成的。基于这种分解,可以清楚地看到,实际大气中不满足地转平衡的部分都体现在 ϕ_a 中。同时,利用这样的分解,气压梯度力也相应可以分解为两部分,即地转气压梯度力和非地转气压梯度力:

$$-\nabla \phi = (-\nabla \phi)_g + (-\nabla \phi)_a \tag{3.9}$$

其中地转气压梯度力$(-\nabla\phi)_g$可以与科里奥利力项平衡：
$$-\nabla\phi_g = f_0 \boldsymbol{k} \times \boldsymbol{V} \tag{3.10}$$
而非地转气压梯度力$(-\nabla\phi)_a$则是总的气压梯度力和科里奥利力的差：
$$-\nabla\phi_a = -\nabla\phi - f_0 \boldsymbol{k} \times \boldsymbol{V} \tag{3.11}$$
由此，水平运动方程可以变形为：
$$\frac{\partial \boldsymbol{V}}{\partial t} + (\boldsymbol{V}\cdot\nabla)\boldsymbol{V} + \omega\frac{\partial \boldsymbol{V}}{\partial p} = -\nabla\phi_a - f'\boldsymbol{k}\times\boldsymbol{V} + \boldsymbol{F}_r \tag{3.12}$$

可以看到，非地转气压梯度力可以直接驱动大气的运动，它是天气系统变化的主要原因。同时，新的定义比原始的地转风($\boldsymbol{V}_g$)和非地转风($\boldsymbol{V}_a$)定义至少有两个好处：

- 新的地转定义中，因为f_0不再位于分母，所以ϕ_g和ϕ_a能连续地分布于中高纬度地区和低纬度地区。ϕ_g和ϕ_a的表达式和基于它们的模式方程都可以方便地应用于低纬度地区，这是ϕ_g和ϕ_a优于原地转风和非地转风表达式的地方之一。
- 由于非地转位势ϕ_a是一个标量表达式，在等压面上进行分析处理更清晰，而非地转风对于大多数天气系统来说是一个很小的矢量场，所以表达不如标量场清楚。

因此，在本研究中，我们用非地转位势(ϕ_a)代替位势场(ϕ)，结合流函数(ψ)和速度势(χ)，组成本诊断方法所需的出发变量。

利用在零Dirichiet边界条件下，从原始的涡度方程、散度方程、热力学方程和连续方程，可以得到有限区域内部形式的流函数、速度势和非地转位势方程组：

$$\frac{\partial \boldsymbol{\psi}_i}{\partial t} + f_0 \boldsymbol{\chi}_i = \boldsymbol{\psi}_{\text{adv},i} \tag{3.13}$$

$$\frac{\partial \boldsymbol{\chi}_i}{\partial t} + \boldsymbol{\phi}_{ia} = -E_i + \boldsymbol{\chi}_{\text{adv},i} \tag{3.14}$$

$$\frac{\partial \phi_{ia}\downarrow}{\partial t} + m_0^2 A \nabla^2 \chi_i \downarrow - f_0^2 \chi_i \downarrow = \phi_{\text{had},ia}\downarrow m_0^2 A(D_h\downarrow - D|\textstyle\sum) \tag{3.15}$$

式中，m_0^2和$(m^2)'$分布是有限区域平流的地图投影系数平方及其他的偏差，方程右端的$m_0^2 A(D_h\downarrow - D|\textstyle\sum)$与有限区域边界有关，它的最大值靠近边界，对有限区域内部几乎没有影响，$\phi_{\text{had},ia}$被称为由平流和非绝热加热产生的非地转位势，表达式为：

$$\phi_{\text{had},ia} = RB(T_{\text{hor}}\downarrow + T_{\text{ver}}\downarrow)_i + \frac{1}{c_p}RB[L(C-e)\downarrow + Q_T\downarrow]_i - (m^2)'AD_i\downarrow - f_0\psi_{\text{adv},i} \tag{3.16}$$

从式(3.16)可以看到，$\phi_{\text{had},ia}$是平流和非绝热加热过程造成的位势场和流场之差，其中$T_{\text{hor}}\downarrow$表示水平温度平流，$T_{\text{ver}}\downarrow$为垂直温度平流，$[L(C-e)\downarrow + Q_T\downarrow]$为非绝热加热。从本质上说，$\phi_{\text{had},ia}$代表的是一种瞬时的不平衡特征，它是一个产生非地转位势的重要机制，可以理解为平流过程造成的位势场变化和流场变化中不匹配的那部分，或者是不能被相互平衡掉的那部分，而这一部分正是引起大气调整的原因之一。从式(3.15)中可以看到，如果不考虑其他项的影响，$\phi_{\text{had},ia}$大值中心将会引起非地转位势倾向增加$\left(\frac{\partial \phi_{ia}}{\partial t}>0\right)$，而从水平运动方程[式(3.12)]中可以看到，当某一局地的ϕ_{ia}相对周围较大时，从中心向四周的非地转水平气压梯度力会增强，从而引起大气的水平辐散；反之将引起大气水平辐合。由此可见，$\phi_{\text{had},ia}$的瞬时变化对于大气水平辐合辐散调整过程有着重要作用。另外，如果我们忽略非绝热加热的影响，$\phi_{\text{had},ia}$可简化为由平流产生的非地转位势$\phi_{\text{adv},ia}$。

引入内部非地转位势(ϕ_{ia})的概念并推导内部非地转位势(ϕ_{ia})的方程(3.15)作为诊断方程之一的原因在于：
- 非地转位势的表达式能连续地分布于中高纬度地区和低纬度地区，因此推导得到的内部非地转位势方程也同样能对各纬度的天气尺度和中尺度系统进行分析诊断。
- 由准地转理论可知，对于大部分中高纬度地区，流函数和位势场的分布非常相近，这两个变量存在许多有效信息的重复。而在本书中，我们用非地转位势方程代替数值模式中常用的位势方程，并联合内部流函数方程和速度势方程组成本研究的基本诊断方程组，这样就可以比较好地避免信息的重复，从而能更好地刻画大气中的非地转特征。
- 内部非地转位势方程的右端项 $\phi_{\text{had,ia}}$ 可以描述平流过程造成的位势场和流场变化中的不平衡部分，在诊断方程中将大气的不平衡信息显式的表达出来更利于我们诊断分析天气系统的发展变化。

(2)非地转位势平流引发的垂直速度方程

到目前为止，最为常用的两种计算垂直速度的方法是：

①准地转(QG)ω方程

它联立了地转涡度方程、地转温度方程及其连续方程，并在静力平衡假设下得到，该方程使得利用常规的风场和温度场计算垂直速度成为可能，是探索垂直速度计算过程中的一个里程碑(Wiin-Nielsen 等,1959;Trenberth,1978)。其具体的表达式为：

$$\left(\nabla^2+\frac{f_0^2}{\sigma}\frac{\partial^2}{\partial p^2}\right)\omega=-\frac{f_0}{\sigma}\frac{\partial}{\partial p}[\mathbf{V}_g\cdot\nabla(\xi_g+f)]-\frac{1}{\sigma}\nabla^2\left[\mathbf{V}_g\cdot\nabla\left(\frac{\partial\phi}{\partial p}\right)\right] \quad (3.17)$$

式中，$\xi_g=\frac{1}{f_0}\nabla^2\phi$，$\sigma=RT_0p^{-1}\frac{\partial\ln\theta_0}{\partial p}$，即准地转垂直速度的强迫项是地转涡度随高度变化项和热力平流的水平拉普拉斯项之和。

②理查逊 ω 方程

从连续方程、热力学方程出发，利用静力平衡假设，并在忽略水汽和非绝热加热的影响下，可以推导出如下形式的垂直运动方程：

$$\frac{\partial\omega}{\partial z}=-\nabla\cdot\mathbf{V}+\frac{1}{\gamma p}\int_0^p\left(\nabla\cdot\mathbf{V}-\frac{\partial V}{\partial p}\cdot\nabla p\right)\mathrm{d}p \quad (3.18)$$

可以看到，垂直速度的变化与大气水平辐合辐散及其风场的垂直切变有密切的关系。

③广义非地转 ω 方程及其两种简化形式

从上述研究中可以清楚地看到，理查逊 ω 方程中只用到了热力学方程和连续方程，大气水平运动方程对垂直速度的影响并没有包括；而准地转(QG)ω方程中，虽然利用了涡度方程、热力学方程、连续方程，但是它们都是在准地转假设下，即用了位势场和流场的近似关系($\phi\approx f_0\psi$)。因此，推导出一个包含完整形式下的涡度方程、热力学方程和连续方程下的 ω 方程对于我们了解实际大气中的垂直速度变化及引起垂直速度的原因很有必要。

为此，从静力平衡假设下的原始方程组中得到的诊断方程组[式(3.13)~(3.15)]出发，利用半隐式的积分方案，式(3.13)—(3.15)写成如下的形式：

$$\boldsymbol{\delta}_t\boldsymbol{\psi}_i + f_0\overline{\boldsymbol{\chi}_i^t} = \boldsymbol{\psi}_{\text{adv},i}^t \quad (3.19a)$$

$$\boldsymbol{\delta}_t\boldsymbol{\chi}_i + f_0\overline{\boldsymbol{\phi}_{ia}^t} = \boldsymbol{\chi}_{\text{adv},i}^t - E_i^t \quad (3.19b)$$

$$\boldsymbol{\delta}_t\boldsymbol{\phi}_{ia} + m_0^2 A\nabla^2\overline{\boldsymbol{\chi}_i^t} - f_0^2\overline{\boldsymbol{\chi}_i^t} = \Phi_{\text{had},ia}^t + m_0^2 A(D_h - D\mid_\Sigma) \quad (3.19c)$$

式中，我们利用 X 来代表各变量，$X=(\boldsymbol{\psi}_i,\boldsymbol{\chi}_i,\boldsymbol{\phi}_{ia})^{\mathrm{T}}$，$\boldsymbol{\delta}_t X = (X^{t+\Delta t}-X^{t-\Delta t})/(2\Delta t)$，

$\overline{X}^t = (X^{t+\Delta t} + X^{t-\Delta t})/2$。并利用关系式 $\delta_t X = (\overline{X}^t - X^{t-\Delta t})/\Delta t$，从式(3.19b)和(3.19c)中消去 $\overline{\phi}_{ia}$，可得到平均速度势(χ_i^t)形式的广义非地转 ω 方程：

$$m_0^2 A \nabla^2 \overline{\chi_i^t}\downarrow - [1/(\Delta t)^2 + f_0^2]\overline{\chi_i^t}\downarrow = F^t \qquad (3.20)$$

其中强迫项 F^t 的具体表达式为

$$F^t = \phi_{\text{had,ia}}^t\downarrow + m_0^2 A(D_h\downarrow - D|_\Sigma) + \phi_{ia}^{t-\Delta t}\downarrow/\Delta t - (\chi_{\text{adv},i}^t\downarrow - E_i^t\downarrow)/\Delta t - \chi_i^{t-\Delta t}\downarrow/\Delta t^2$$
$$= (\delta_t\phi_{ia}\downarrow)_{\text{adv}} + (\delta_t\chi\downarrow)_{\text{adv}}/\Delta t + \phi_{ia}^{t-\Delta t}\downarrow/\Delta t - \chi_i^{t-\Delta t}\downarrow/\Delta t^2$$
$$(3.21)$$

方程(3.20)表明，分解时间步长 $2\Delta t$ 内，调整的非地转垂直速度是由初始时刻 $t=t-\Delta t$ 的非地转不平衡($\phi_i^{t-\Delta t}\downarrow/\Delta t - \chi_i^{t-\Delta t}\downarrow/\Delta t^2$)和由于平流和非绝热加强引起的非地转不平衡 $[(\delta_t\phi_{ia}\downarrow)_{\text{adv}} + (\delta_t\chi\downarrow)_{\text{adv}}/\Delta t]$共同强迫产生的。利用连续方程$\overline{\omega}\downarrow = -m^2 C \nabla^2 \overline{\chi_i}\downarrow$，等压坐标系下的垂直运动可容易获得。由于非地转位势(ϕ_a)的优势，所以推导出的广义非地转 ω 方程比一般的 ω 方程有以下三个不可比拟的优点：

- 非地转位势(ϕ_a)的表达式不仅可用于中高纬度地区，也可用于低纬度地区，所以基于非地转位势的广义非地转 ω 方程[式(3.20)]也可用于低纬度地区；
- 该 ω 不受准地转理论的限制，既可用于满足准地转关系的天气系统的垂直速度诊断，也可用于非地转性很强的变化剧烈的天气尺度和中尺度系统。
- 推导得到的广义非地转 ω 方程包括完整形式下的涡度和散度方程及热力学方程，推导过程中并没有利用位势场和流场的近似关系 $\phi \approx f_0\psi$，突出了大气的非地转特征。这样，准地转 ω 方程中所不能刻画的由于强烈气流扰动或快变的急流和锋区所带来的流场和温度场的不平衡特征都能体现在广义非地转 ω 方程中。

在内部非地转位势方程[式(3.19c)]中，如果令$(\delta_t\phi_{ia}\downarrow)_{h,\text{ad}}$表示平流和非绝热加热产生的非地转位势过程，即$(\delta_t\phi_{ia}\downarrow)_{h,\text{ad}} = \phi_{\text{had,ia}}^t\downarrow + m_0^2 A(D_h\downarrow - D|_\Sigma)$；令$(\delta_t\phi_{ia}\downarrow)_{\text{adj}}$表示分解时间步长内的调整过程的变化率$(\delta_t\phi_{ia}\downarrow)_{\text{adj}}\downarrow = -m_0^2 A \nabla^2 \overline{\chi_i}^t\downarrow + f_0^2 \overline{\chi_i}^t\downarrow$，则方程[式(3.19c)]可以写成

$$\delta_t\phi_{ia}\downarrow = (\delta_t\phi_{ia}\downarrow)_{h,\text{ad}} + (\delta_t\phi_{ia}\downarrow)_{\text{adj}} \qquad (3.22)$$

如果忽略非地转位势倾向 $\delta_t\phi_{ia}\downarrow = 0$，即认为在平流和非绝热加热产生非地转位势的变化率在 $2\Delta t$ 内与非地转位势向地转位势调整的变化率刚好相反，也就是

$$(\delta_t\phi_{ia}\downarrow)_{h,\text{ad}} = -(\delta_t\phi_{ia}\downarrow)_{\text{adj}} \qquad (3.23)$$

则可以得到平衡近似下的广义非地转 ω 方程

$$m_0^2 A \nabla^2 \overline{\chi_i^t}\downarrow - f_0^2 \overline{\chi_i^t}\downarrow = \phi^t{}_{\text{had,ia}}\downarrow + m_0^2 A(D_h\downarrow - D|_\Sigma) \qquad (3.24)$$

方程[式(3.24)]也可理解为当选取的时间间隔 Δt 足够大，重力惯性波滤去后的非地转 ω 方程[式(3.20)]的简化形式。利用这一平衡近似下的非地转 ω 方程可以更清楚地了解大气温度场和流场不平衡所引起的动力强迫出的垂直运动特征。从滤掉重力惯性波后的方程[式(3.24)]与未滤掉的方程[式(3.20)]比较中，可以一定程度研究重力惯性波在垂直运动中的作用。同时，当不考虑非绝热加热的作用时，方程右端项中 $\phi_{\text{had,ia}}$ 蜕化为 $\phi_{\text{adv,ia}}$，所以利用这套方程也可以分析非绝热加热对调整过程垂直运动的影响。

当用地转风代替实际风代入平流和非绝热加热产生的非地转位势中时，$\phi_{\text{had,ia}}^t$ 转变为 $\phi_{\text{had,ia,g}}$，平衡的 ω 方程[式(3.24)]则变形为速度势形式的准地转 ω 方程：

$$m_0^2 A \nabla^2 \chi_i\downarrow - f_0^2 \chi_i\downarrow = \phi_{\text{had,ia,g}}\downarrow + m_0^2 A(D_h\downarrow - D|_\Sigma) \qquad (3.25)$$

其中

$$\phi_{adv,ia,g}\downarrow = RB(T_{adv}\downarrow) - f_0\phi_{adv,i,g}\downarrow \quad (3.26)$$

从推导过程中可以看到,平衡近似下的广义非地转 ω 方程[式(3.24)]和准地转 ω 方程[式(3.25)]是我们新推导出的广义非地转 ω 方程[式(3.20)]的两个特例,且平衡近似下的广义非地转 ω 方程[式(3.24)]比准地转 ω 方程[式(3.25)]用到的假设和近似更少,更接近广义非地转 ω 方程[式(3.20)],其运用范围也比准地转 ω 方程更为广泛。

3.5.2 贵州冻雨过程中非地转垂直速度和准地转垂直速度的研究

2010 年底到 2011 年初,贵州冻雨区上空存在着两个锋区,即高空的副热带锋区和低空的云贵准静止锋区,在这种非地转特征强烈,并且存在着强烈的地形对气流影响的特殊区域,传统的准地转 ω 方程已不再适用。因此,从静力平衡近似下的原始方程组出发,推导出一个广义非地转 ω 方程及其平衡近似形式,并运用 H-S 谱方法和垂直模方法,准确地解出了在大气不平衡强迫下的大气垂直速度。以此为基础,对贵州冻雨区斜压锋附近的动力特征做了详细分析。

首先,将 NCEP0.5°×0.5° 的 GFS 分析场中的水平风场、位势高度场、温度、相对湿度插值到中心在 35°N,110°E,水平分辨率为 50 km×50 km 的有限区域,其垂直方向有 24 个等压面,最低层为 1001 hPa,最高层为 50 hPa。分析表明,NCEP 再分析资料能很好地描述此次冻雨发生的大气环流背景和降水。因此,我们把 NCEP 资料中的垂直速度场(ω_{NCEP})作为"真值",将计算的垂直速度与之对比检验。

研究结果表明,不管是形态分布还是数值大小,在冻雨发生的各阶段,广义非地转 ω 方程(图 3.37d—f)和平衡近似非地转 ω 方程(图 3.38a—c)得到的垂直速度和 NCEP 再分析场中的垂直速度(图 3.37a—c)很接近,平衡近似下的广义非地转 ω 方程被证明是比准地转 ω 方程精度更高的一个垂直速度诊断方法。同时,我们的研究也表明,贵州地区冻雨的发展与贵州上空垂直速度的分布有直接的关系。

在垂直速度计算可靠的前提下,进一步分析引起贵州冻雨期垂直速度变化的最重要的大气不平衡强迫,即平流产生的非地转位势 $\Phi_{adv,ia}$(图 3.38d—f),它取决于各种天气系统下平流引起的位势场和温度场的不平衡,$\Phi_{adv,ia}$ 的变化也直接影响着冻雨发生各阶段垂直速度的变化。冻雨发生前,由于高空急流锋系统还未影响到贵州地区,大气中未出现 $\Phi_{adv,ia}$ 的分层变化,$\Phi_{adv,ia}$ 最大值位于对流层中层,贵州上空整层大气几乎都是垂直上升运动(图 3.38d);冻雨开始时,由于高空急流锋系统缓慢移向贵州,使得高层大气 $\Phi_{adv,ia}$ 急剧增强并向北延伸,中层 $\Phi_{adv,ia}$ 相应减弱,驱动出的中高层垂直环流也随之向北倾斜,下沉气流从高层一直向下延伸到对流层中层(图 3.38e);冻雨稳定发生时,伴随着高空副热带急流锋系统的东移加强,之前的大气不平衡强迫发展更为强烈,引起高层倾斜上升支和中层倾斜下沉支增强。贵州冻雨区的中低层,由于准静止锋的存在,使得暖层中出现倾斜的 $\Phi_{adv,ia}$,近地面为 $\Phi_{adv,ia}$ 负值区,强迫出的低层次级环流的垂直上升支利于低层逆温层的维持,下沉支利于近地面冷层的存在(图 3.38f)。与副热带急流-锋区相关的对流层中层倾斜下沉抑制着与暖层准静止锋相关的弱垂直上升运动向高层发展,利于中低层层云的发展。

冻雨发生时,大气上空的不平衡强迫 $\Phi_{adv,ia}$ 的倾斜分层分布特征明显,使得驱动出的 ω_b^* 也表现出倾斜分层特征,中层的下沉运动对中低层层云的维持起着决定性的作用。那准地转近似下大气的不平衡强迫和引起的垂直运动特征又如何呢?

利用地转风代替实际风,代入准地转 ω 方程[式(3.25)]中,即可得到准地转强迫项

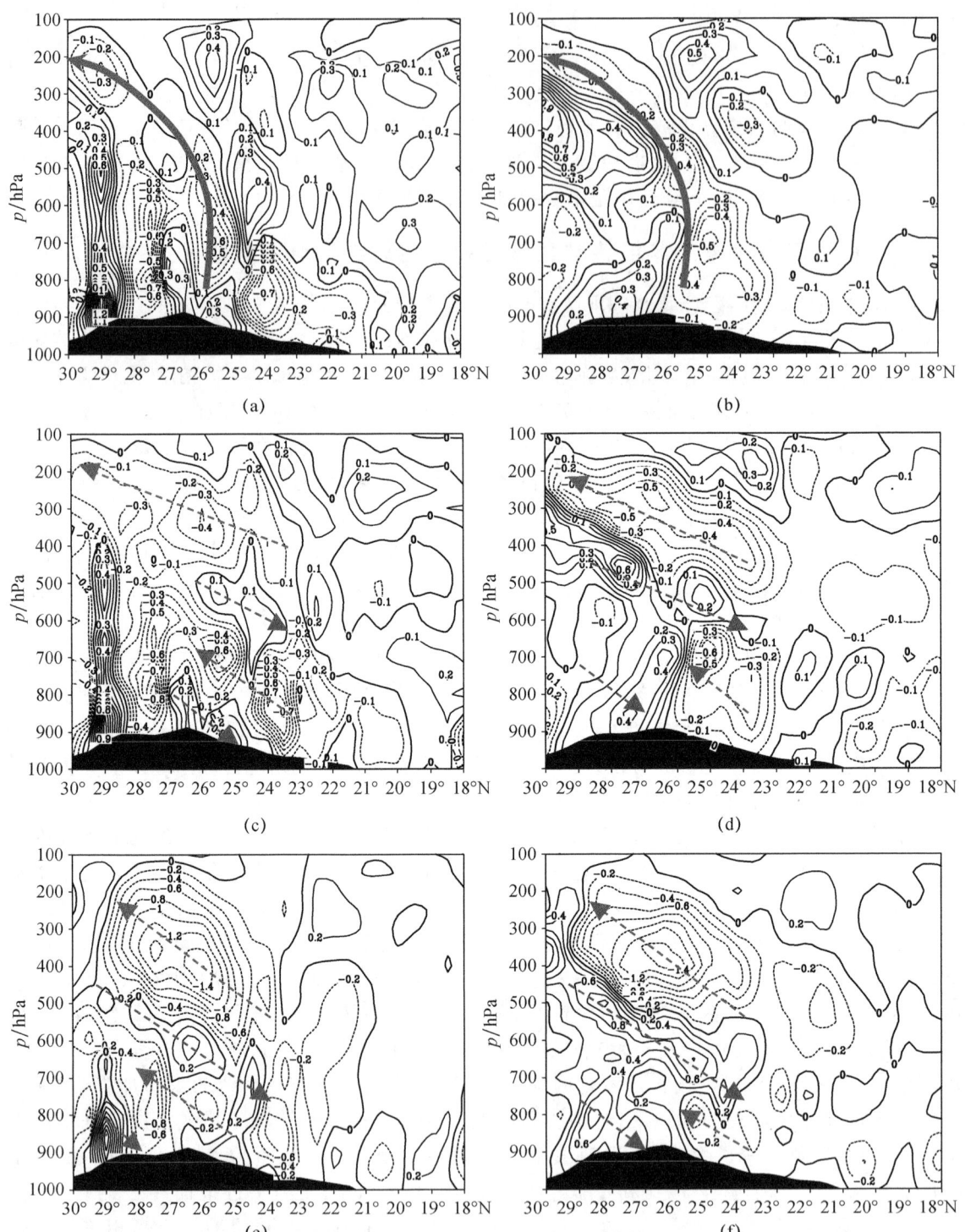

图 3.37 沿 107°E 的 NCEP 垂直速度 ω_{NCEP}（a—c）和广义非地转垂直速度 $\overline{\omega}^*$（d—f），(a) 和 (d) 为 2010 年 12 月 31 日 12 时，(b) 和 (e) 为 2010 年 12 月 31 日 18 时，(c) 和 (f) 为 2011 年 1 月 1 日 12 时（单位：$Pa \cdot s^{-1}$，图中箭头代表着结合水平风场和垂直速度的示意图，实线箭头代表上升运动，虚线箭头代表下沉运动）

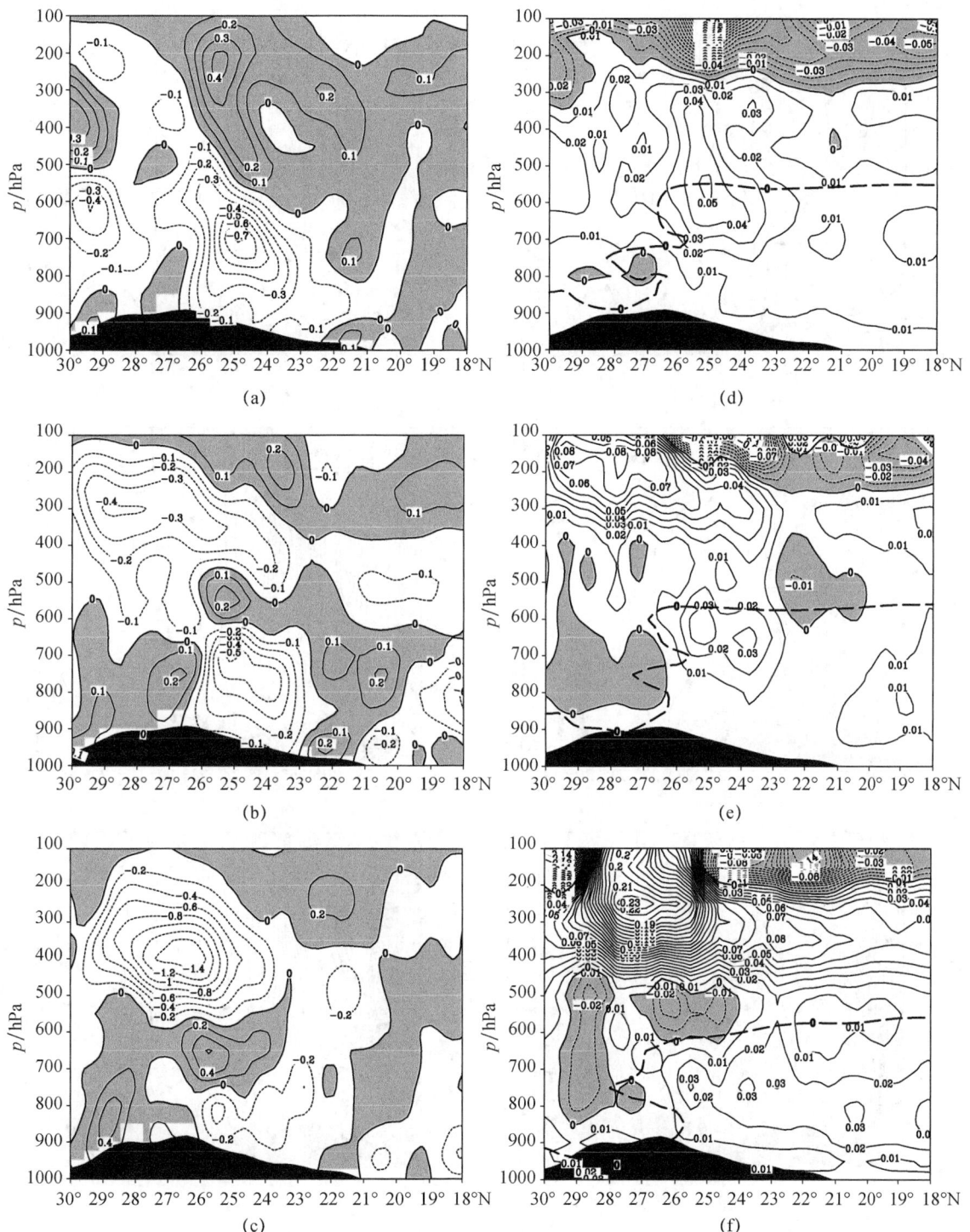

图 3.38 沿 107°E 的平衡近似下的非地转垂直速度 ω_b^* 的垂直剖面(a—c)和平流产生的非地转位势 $\phi_{\mathrm{adv,ia}}$(单位:gpm)(d—f),其中(a)和(d)的为 2010 年 12 月 31 日 12 时,(b)和(e)为 2010 年 12 月 31 日 18 时,(c)和(f)为 2011 年 1 月 1 日 12 时(a—c 中阴影区为垂直 速度>0 Pa·s^{-1};d—f 中阴影区为 $\phi_{\mathrm{adv,ia}}<0$ gpm,长虚线为 0 ℃ 等温线)

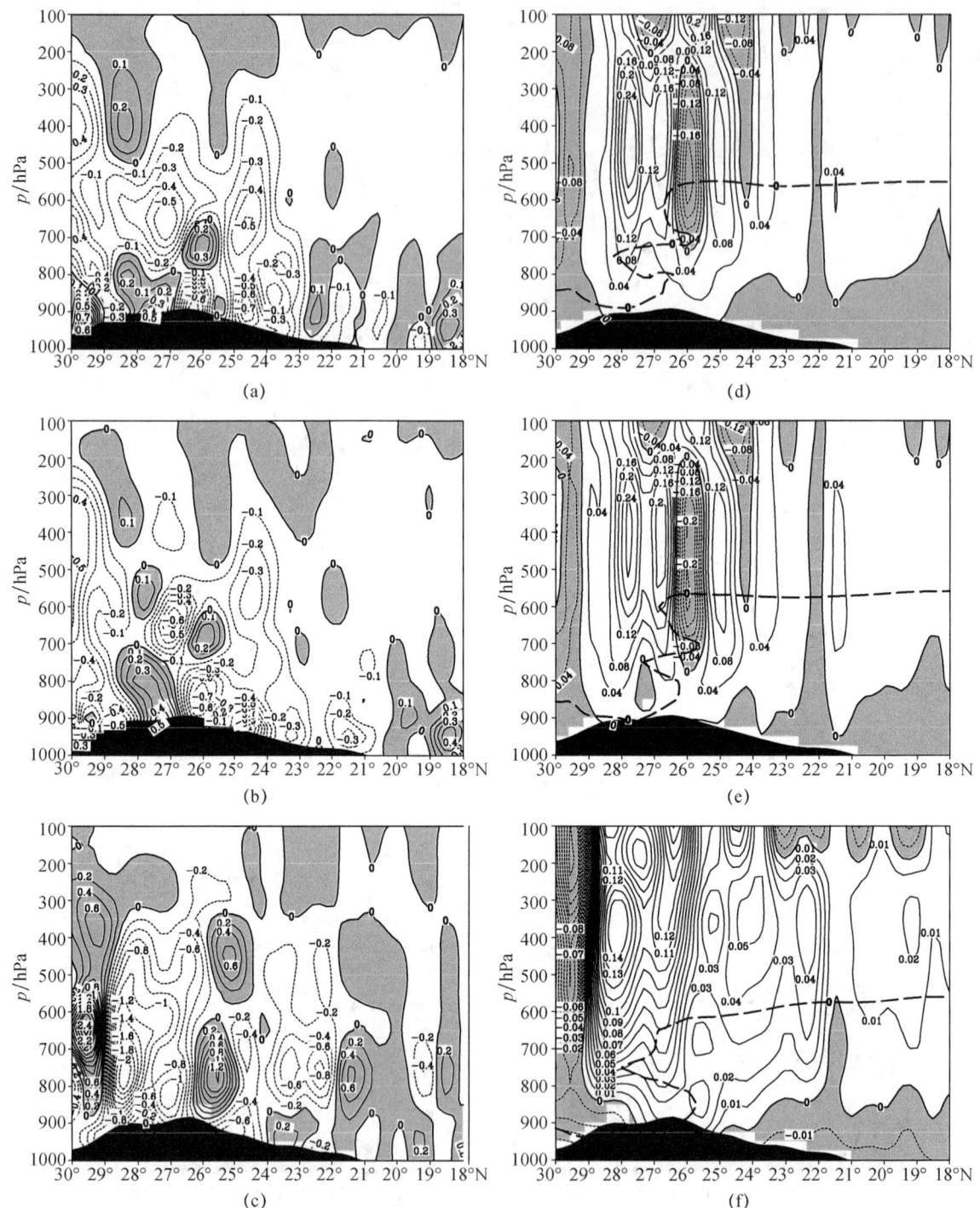

图 3.39 同图 3.38，但 a—c 为准地转垂直速度 ω_{QG}，d—f 为地转风平流下的非地转位势 $\phi_{adv,ia,g}$

$\Phi_{adv,ia,g}$ 和准地转垂直速度 ω_{QG}。从图 3.39 中可以看到，在地转风近似下平流产生的不平衡强迫 $\Phi_{adv,ia,g}$（图 3.39d～f）与实际风情况下的 $\Phi_{adv,ia}$ 截然不同。具体来看，与倾斜的 $\Phi_{adv,ia}$ 分层分布特征相比，$\Phi_{adv,ia,g}$ 表现出竖直的垂直分布特征，使得由 $\Phi_{had,ia,g}$ 驱动的大气垂直速度 ω_{QG} 在冻雨上空特别是中高层大气中不能如实地反映出大气实际的垂直速度特征。在冻雨稳定期，$\boldsymbol{\Phi}_{\mathrm{adv,ia}}$ 在整个垂直剖面上有两个正值区，一个位于 500 hPa 以上的大气高层，对应着高空副热带急流区内流场和温度场的不平衡区，另一个倾斜的正值区位于低空暖层内，对应着云贵准静止锋附近的不平衡区，在这两个不平衡强迫下，出现高层倾斜上升，中层倾斜下沉，低层暖区上升以及近地面倾斜下沉的分层分布特点；但从 $\boldsymbol{\Phi}_{\mathrm{adv,ia,g}}$ 上，冻雨区上空（三角区域附近）整层大气内我们只能看到正的 $\boldsymbol{\Phi}_{\mathrm{adv,ia,g}}$（图 3.39f），对应于该区域内几乎为整层的上升运动（图 3.39c），这种整层的垂直上升运动并不利于中低层云的维持和冻雨的发生发展，与实际情况明显不相符。

这说明，如果利用地转风代替实际风，会丢失大量大气内部的不平衡强迫的信息，使其不可刻画大气上空垂直运动的分布特征，而这种由于非地转部分调整出的垂直运动对于判断降水性质强度和分布起着非常重要的作用。此外，Williams(1972)发现，准地转垂直速度中容易出现量级相近的上升-下沉运动的虚假耦合对，不能表现出倾斜锋生的特征，这在我们推导出的地转强迫 $\boldsymbol{\Phi}_{\mathrm{adv,ia,g}}$ 和 ω_{QG} 中得到了表现。

3.5.3　暖层维持的原因

从云贵准静止锋的结构分析中，我们发现了准静止锋附近的温度分层结构，即近地面冷层，以 700 hPa 为中心的低层暖层，再往上为中高层冷层的温度分布特点。并且在贵州冻雨的整个过程中，准静止锋及其温度层结结构都能够稳定维持。暖层的维持对于冻雨的形成有着非常重要的作用。首先，暖层的维持有利于准静止锋和锋面层状云的稳定维持，这都是冻雨形成所必需的环境场条件；其次，暖层内的高温高湿环境能为冻雨的形成提供适量的水汽条件；再次，暖层上、下界面的风切变也有利于云滴长大，使得不断增大的雨滴跌入近地面冷层从而形成过冷水滴；最后，对于一些三层模式的冻雨形式，暖层即充当了融化层的作用，如果暖层过强，可能使得地面降水为雨水，而暖层过弱或没有暖层，那地面降水很可能就不再是冻雨，而是降雪或者冰粒子。因此，暖层的维持发展不单单是大气温度层结的表现，而是与地面降水类型密切相关的。既然暖层的维持这么重要，我们不禁想问，在整层大气都是冷层的背景下，低层暖气层为什么能稳定存在呢？暖层为什么不会发生移动？下面我们就从宏观垂直环流以及微观空气质点方面来进行解释。

(1)宏观垂直环流解释

首先，次级环流会影响冻雨的产生及冻雨天气的结构，所以垂直运动的分布及诊断问题是冻雨研究中的一个关键问题，利用 3.5.2 节中提出了广义非地转垂直运动诊断新方法，可以科学地解决在较低纬度地区且有地形情况下的垂直运动诊断问题，从剖析得到的冻雨区上空的垂直运动次级环流运动上看，在高层副热带急流的入口区，由平流作用造成温度场和风场的不平衡，高层 $\boldsymbol{\Phi}_{\mathrm{adv,ia}}$ 正值和中层 $\boldsymbol{\Phi}_{\mathrm{adv,ia}}$ 负值的分层结构在对流层中高层强迫出一垂直于锋区向北倾斜的垂直环流，中层的下沉支对冻雨区低层上升支起抑制作用，该中层下沉支刚好压制着暖层向上发展，从而阻止了深对流的发展，使得冻雨区中低层层状云得以长时间存在，这从宏观上解释了暖区得以维持的原因。

(2)微观空气质点扰动气压诊断方程解释

从微观上，即空气微团的角度，我们也可以细致清楚地看到暖区维持的原因。利用滞黏性近似下的连续方程和运动学方程，在环境场满足静力平衡假设下，得到了如下形式的气压扰动诊断方程：

$$\nabla^2 p' = \frac{\partial}{\partial z}(\rho_0 B) - \nabla \cdot [\rho_0(\boldsymbol{u} \cdot \nabla)\boldsymbol{u}] + \rho_0 \nabla \cdot (f\boldsymbol{k} \times \boldsymbol{u})$$
$$= \nabla^2 p'_B + \nabla^2 p'_G + \nabla^2 p'_D \tag{3.27}$$

其中,气压扰动可以分为三部分,分别是浮力引起的气压扰动、动力项引起的气压扰动及地转项引起的气压扰动。

$$\nabla^2 p'_B = \frac{\partial}{\partial z}(\rho_0 B) \quad (3.28a)$$

$$\nabla^2 p'_D = -\nabla \cdot [\rho_0 (\boldsymbol{u} \cdot \nabla) \boldsymbol{u}] \quad (3.28b)$$

$$\nabla^2 p'_G = \rho_0 \nabla \cdot (f\boldsymbol{k} \times \boldsymbol{u}) = \rho_0 f \zeta \quad (3.28c)$$

利用上述结果,垂直方向的运动方程可以变形为:

$$\frac{\mathrm{D}w}{\mathrm{D}t} = -\alpha \frac{\partial p'}{\partial z} + B = -\alpha \frac{\partial (p'_B + p'_D + p'_G)}{\partial z} + B \quad (3.29)$$

对云贵静止锋上下进行了诊断分析,诊断结果如下。

①浮力引起的气压扰动:冻雨区上空的逆温层附近,当向上浮力($B>0$)产生时,则暖层以上$\frac{\partial}{\partial z}(\rho_0 B)<0$,而暖层以下$\frac{\partial}{\partial z}(\rho_0 B)>0$,因此,暖层内会产生一向下的气压梯度力$\left(-\alpha \frac{\partial (p'_B)}{\partial z}<0\right)$,从而抑制了暖区中的气块因浮力而产生的对流;如图3.40所示。

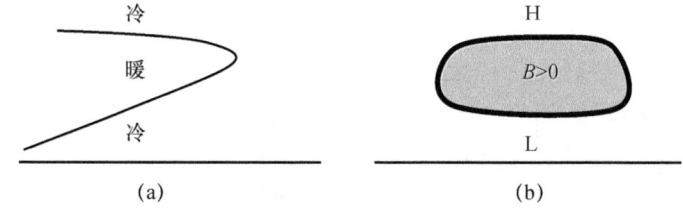

图3.40 (a)冻雨区上空温度层结示意图和(b)浮力引起的气压扰动项
(H,L分别代表气压扰动的正值和负值区)

②动力项引起的气压扰动

因为气流引起的平流项散度的影响,使得暖区上$-\nabla \cdot [\rho_0 (\boldsymbol{u} \cdot \nabla) \boldsymbol{u}]>0$,$p'_D<0$;近地面冷层中,$-\nabla \cdot [\rho_0 (\boldsymbol{u} \cdot \nabla) \boldsymbol{u}]<0$,$p'_D>0$,从而产生了从上向下的气压扰动梯度$\left(-\alpha \frac{\partial (p'_D)}{\partial z}<0\right)$,可抑制向上浮力的影响,如图3.41所示。

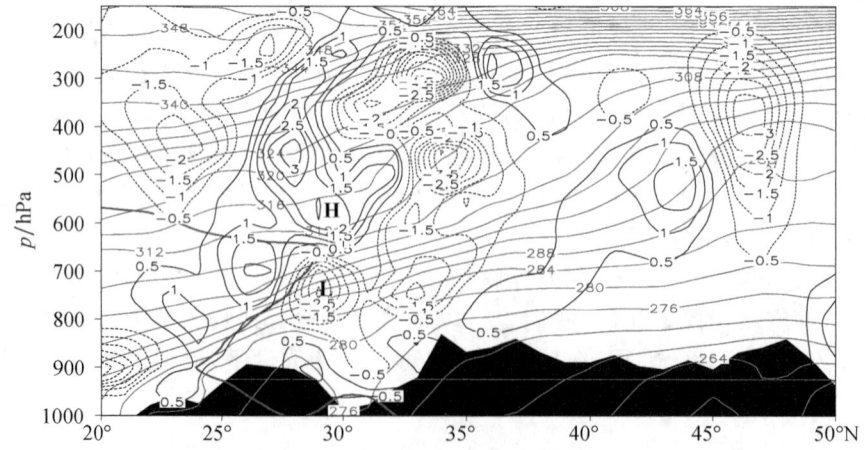

图3.41 $-\nabla \cdot [\rho_0 (\boldsymbol{u} \cdot \nabla) \boldsymbol{u}]$
(H和L代表动力项引起的气压扰动)

③地转项引起的气压扰动

因为垂直涡度的变化,使得暖区及其以上大气内的涡度都小于0,$\rho_0 f\zeta<0$,$p_G'>0$;而近地面冷区内,$\rho_0 f\zeta>0$,$p_G'<0$,从而也出现了一个向下的扰动气压梯度力$\left(-\alpha\dfrac{\partial(p_G')}{\partial z}<0\right)$,也能抑制暖区中气块因浮力而产生的对流,如图3.42所示。

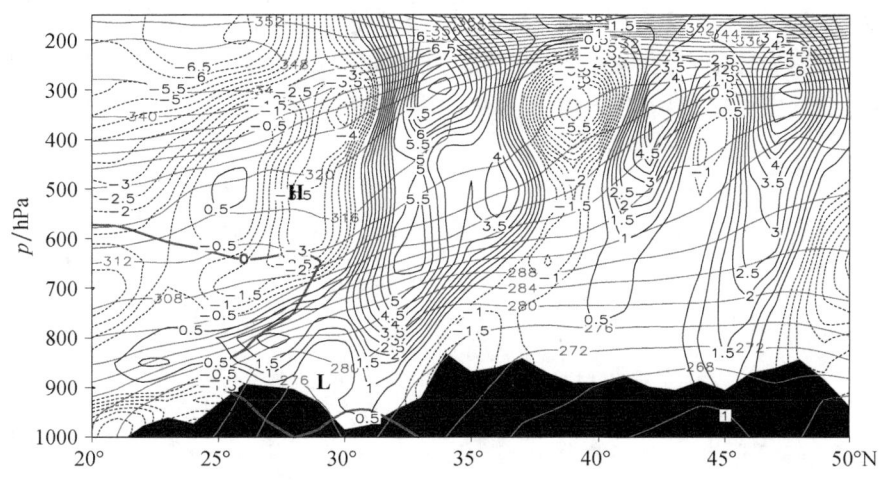

图 3.42 $\rho_0 f\zeta$
(H 和 L 代表地转项引起的气压扰动)

因此,综合总的扰动气压梯度力,可以看到,在总的向下的扰动气压梯度力和向上浮力相互平衡的作用下,暖区不会产生强烈的上升运动趋势。同时,由于近地面是冷层,暖区也不会向下运动,综合作用下暖区得以稳定。

3.5.4 贵州冻雨过程基本模型

在以上诊断和数值模拟分析的基础上,结合贵州冻雨期中高层和低层大气的特征,总结出贵州冻雨的一个简单概念模型(图3.43):中高纬度的东北冷空气与来自中南半岛的偏西暖空气在云南贵州地区交汇,形成低层准静止锋。在准静止锋中,由于暖层中 $\Phi_{adv,ia}$ 正值和近地面

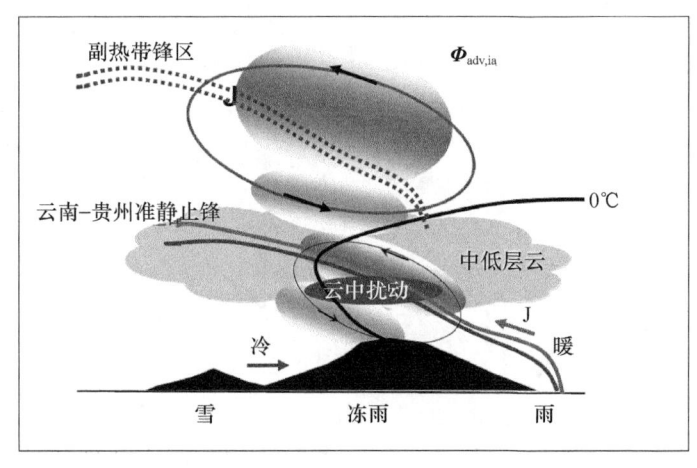

图 3.43 贵州冻雨区上空大气的简单概念模型

$\Phi_{adv,ia}$ 负值强迫，在低层驱动出沿着准静止锋上边界的上升支和沿着锋面下边界的下沉支，利于暖层和近地面冷层的维持。冻雨区由于高空副热带锋区和急流的作用，在高层副热带急流的入口区，由平流作用造成温度场和风场的不平衡，高层 $\Phi_{adv,ia}$ 正值和中层 $\Phi_{adv,ia}$ 负值的分层结构在对流层中高层也强迫出一垂直于锋区向北倾斜的垂直环流，中层的下沉支对冻雨区低层上升支起抑制作用，从而阻止了深对流的发展，使得冻雨区中低层层状云得以长时间存在。此外，高空垂直环流与低空垂直环流之间的强风切变使得冻雨区中低层层云中出现扰动，而中低层层云中的冰核含量很少，大多都是小云滴，云滴在扰动条件下通过碰并增长，并最终形成过冷雨滴降落到近地面冷层中，冻雨生成（Deng 等，2012）。

第4章　贵州冻雨的外场观测试验及分析

第3章通过诊断分析和数值模拟方法深入探索和研究了大气内动力过程对贵州冻雨天气形成的作用,为贵州冻雨天气预报的提高奠定更坚实的理论基础。但仍有以下问题需要回答。

以往由中央气象台提出的冻雨发生时,大气垂直结构呈现三个不同层次即上部的冰晶层、中间的暖层及近地面的冷层的三层模式,被后来一些学者质疑,认为不存在冰晶层,究竟贵州冻雨天气过程的垂直结构如何？必须利用探空、卫星、雷达等遥感资料来进行重新分析与考证。

另外,在贵州冻雨天气形成过程中,有些人认为高空雪花、冰晶等下落经过逆温层后会融化成水滴,水滴再往下到达近地面的冷垫后成为过冷水,遇到地面、电线、树枝等就冻结形成冻雨。但是,由于下落速度影响,雪花、冰晶等在逆温层中是完全融化,部分融化,还是来不及融化？冻雨形成究竟对逆温层的要求是什么？这些问题目前也是很不清楚,要进行大量的观测试验来回答。

最后,虽然已有的少量观测分析揭示了冻雨的一些特征,但对冻雨和过冷云雾具有不同的积冰微物理过程缺乏系统深入的认识,对冻雨的生消变化(特别是冻雨过程的长时间持续)的关键因素未能把握,缺乏对复杂地形条件下静止锋降水相态的云物理过程的剖析和认识,使得对冻雨的预报、预警和应对措施缺乏必要的理论依据。

本章利用云雷达、新一代多普勒天气雷达、风云卫星、CloudSat卫星、加密探空、雨滴谱仪、雾滴谱仪、CNN等观测设备,在贵州西部的威宁布设观测阵地,对贵州冻雨天气过程进行局部范围的2～3次野外观测试验,试图回答上述涉及的一些科学问题。

4.1　资料与方法

4.1.1　观测地点及观测项目

根据贵州冻雨的气候特点(详见第2章),外场观测点布设在贵州西部的威宁自治县(以下简称威宁县)。威宁县位于贵州西部乌蒙山区,地处滇东北高原的顶端,有贵州屋脊之称,全县平均海拔为2220 m(图4.1)。由于云贵准静止锋在威宁县中部摆动,致使冬半年东北半部多为阴寒雪凌天气,威宁为贵州省冻雨中心之一,常年冻雨灾害严重,1961—2016年,共出现单站冻雨日2691次,年平均为48次。1975年冻雨日数最多,高达75 d,2010年冻雨日数最少,仅为29 d。20世纪70年代最多,80年代和60年代次之,90年代以来冻雨日数逐步减少。冻雨日数主要出现在冬季,冬季冻雨日数占全年冻雨日数的84.6%。1月最多(17 d),2月次之(12 d),12月为11 d,分别占比为35.2%、26.0%、23.0%。

考虑到交通、电力、生活方面的原因,特种观测设备(毫米波云雷达、雨滴谱仪、雾滴谱仪、单通道CCN计数器、移动探空等)布设在威宁县国家气候基准站内(2237.5 m)(图4.1,图

4.2)。贵州的中部和东部观测通过 CloudSat 卫星、贵州 C 波段新一代天气雷达及常规地面观测及探空观测覆盖。

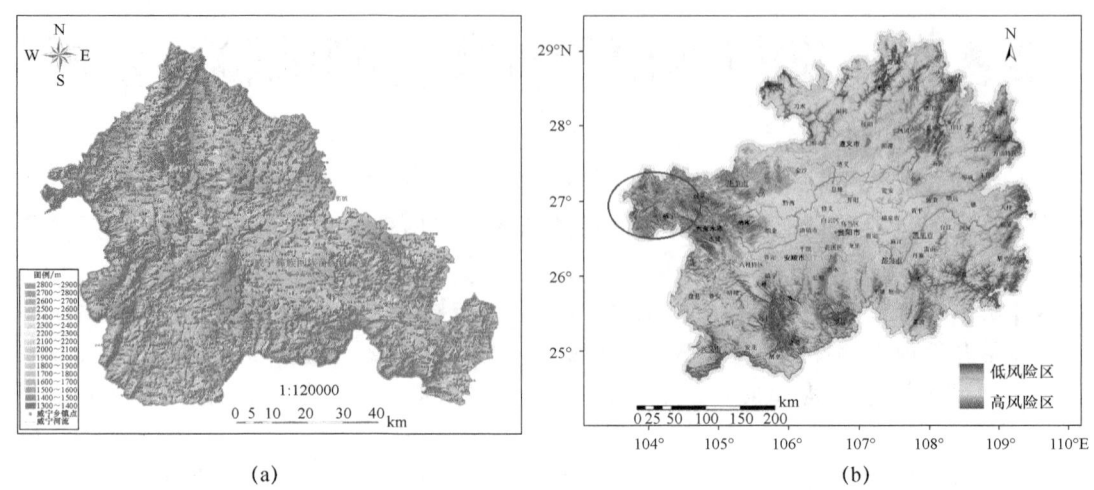

(a)   (b)

图 4.1 观测地点示意图
(a. 威宁县地形,b. 贵州冻雨灾害分布;彩图见书后)

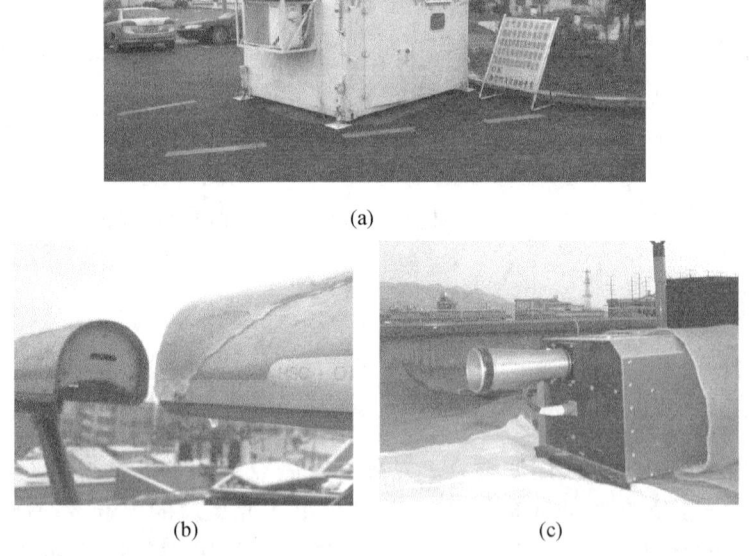

图 4.2 贵州威宁观测站放置的毫米波云雷达(a)、雨滴谱仪(b)、雾滴谱仪(c)

按照观测方案,观测项目包括:双偏振雷达、云雷达观测、云微物理观测、CloudSat 云雷达观测、探空加密观测、常规多普勒雷达观测、台站常规气象资料及雨凇雾凇观测、卫星观测、交通自动站道路积冰观测。在 2014 年 1—2 月组织实施了冻雨微物理外场观测试验,2014 年 12 月—2015 年 3 月组织实施了冻雨云雷达外场观测试验及加密探空观测。

观测期间的主要降水过程及对应日期见表 4.1 和表 4.2。

第 4 章 贵州冻雨的外场观测试验及分析

表 4.1 2014 年冬季贵州威宁降水过程情况表

观测日期（月.日）	12.10	12.11	12.12	12.13	12.14	12.15	12.16	12.17	12.18	12.27
天气实况	冻雨	冻雨	冻雨	间歇性小雨	间歇性小雨	毛毛雨转小雨	间歇性小雨	阵雪	大雪	冻雨

表 4.2 2015 年贵州威宁降水过程情况表

观测日期（月.日）	1.7	1.8	1.9	1.10—1.11	1.17	2.4—2.6	2.8—2.10
天气实况	雾转毛毛雨	雾转小雨	大雪	小雪	小雨	冻雨	冻雨

4.1.2 主要观测设备简介

（1）雨滴谱和雾滴谱

降水和雾滴谱资料主要由 DMT 公司生产 Parsivel 降水粒子谱仪和 FM-100 雾滴谱仪获得（图 4.2）。

Parsivel 降水粒子谱仪是以激光束来测量降水粒子特征的传感器，它采用平行激光束和光电管阵列结合，当有降水粒子穿越采样空间时，自动记录遮挡物的宽度和穿越时间，从而计算降水粒子的尺度和速度，并根据各种参数的综合信息对降水粒子进行分类。仪器测量尺度范围为 0～26 mm，速度范围为 0～20 m/s，各分为 32 个通道，但由于前两个通道信噪比较低，通常不使用，因此实际测量范围为直径 0.250～26 mm，速度范围 0.2～20 m/s，具体见表 4.3。该仪器可探测分辨出 8 种类型的降水，如毛毛雨、雨、雨夹雪、雪、冰雹等，详细参数原理参阅有关文献（黄玉生 等，2000），观测期间采样时间为 1 min。

FM-100 雾滴谱仪主要用于观测云雾滴粒子的特征，雾监测器依赖光散射来确定粒子的大小。主要的部分包括一个光具座、一个电子信号处理器和一个让粒子通过光束的真空腔。云雾滴粒子通过光学窗口时散射了从一个大约 50 mW 的激光二极管中发出的光，聚光镜将散射角为 5°—14°的光导入前端的前向探测器和隐蔽探测器，光具座收集通过的单个粒子的前向散射光，电子信号处理器把光脉冲转换成电压差，放大，过滤并数字化，根据粒子粒径不同对激光的散射强度也不同，对粒子分档并计数，给出不同粒径云雾滴的个数。其激光波长为 680 nm，测量粒径范围：0～50 μm，分为 20 档，但由于 0.5～1 μm 段的测量误差较大，通常不予采用，测量粒子浓度范围：0～5000 个/cm³，采样频率范围：0.1～10 Hz，采样气流大小：15 m/s。观测期间采样间隔为 2 s。

表 4.3 Parsiel 降水粒子谱仪各通道测量范围

通道号	尺度通道/mm	速度通道/(m·s^{-1})
1	0.000～0.125	0.0～0.1
2	0.125～0.250	0.1～0.2
3	0.250～0.375	0.2～0.3
4	0.375～0.500	0.3～0.4
5	0.500～0.625	0.4～0.5
6	0.625～0.750	0.5～0.6
7	0.750～0.875	0.6～0.7

续表

通道号	尺度通道/mm	速度通道/(m·s^{-1})
8	0.875~1.000	0.7~0.8
9	1.000~1.125	0.8~0.9
10	1.125~1.250	0.9~1.0
11	1.25~1.50	1.0~1.2
12	1.50~1.75	1.2~1.4
13	1.75~2.00	1.4~1.6
14	2.00~2.25	1.6~1.8
15	2.25~2.5	1.8~2.0
16	2.5~3.0	2.0~2.4
17	3.0~3.5	2.4~2.8
18	3.5~4.0	2.8~3.2
19	4.0~4.5	3.2~3.6
20	4.5~5.0	3.6~4.0
21	5~6	4.0~4.8
22	6~7	4.8~5.6
23	7~8	5.6~6.4
24	8~9	6.4~7.2
25	9~10	7.2~8.0
26	10~12	8.0~9.6
27	12~14	9.6~11.2
28	14~16	11.2~12.8
29	16~18	12.8~14.4
30	18~20	14.4~16.0
31	20~23	16.0~19.2
32	23~26	19.2~22.4

(2)单通道 CCN 计数器(DMT CCN-100)

DMT 公司生产的单通道 CCN 计数器(DMT CCN-100)的核心部分是一个圆柱形连续气流纵向热梯度云室。过饱和比基于水汽和热的扩散速度差产生。圆筒云室垂直放置，上、中、下部分别安放了热电制冷器使云室内温度从低到高线性增加，上冷下热，形成一定的温度梯度；筒壁有水，水汽和热量都从筒壁向中心线扩散。在云室的垂直中心区域，水汽扩散速率大于热扩散速率，空气达到过饱和。环境空气进入仪器后被分为采样气流(简称样流)和鞘流两部分，鞘流经过过滤和加湿，样气则在鞘气的环绕下在云室中心线附近活化增长。活化后的粒子进入云室下面的光学粒子计数器(optical particle counter,OPC)，从而得到 CCN 数浓度。CCN-100 的主要技术参数为：过饱和比设置为 0.2%,0.4%,0.6%,0.8%，鞘流和样流比为 10:1，粒径测量范围为 0.75~10 μm，采样频率为 1 Hz。

(3)Ka 波段毫米波云雷达系统

本研究使用了中国气象科学研究院提供的 Ka 波段毫米波云雷达(北京无线电测量研究

所研制),该雷达采用了目前国内外较先进的毫米波技术和信号处理技术,具有以下特点:体制上,是一部多普勒极化体制雷达;硬件上,采用全固态器件,系统运行稳定且能长时间连续工作;观测模式上,采用垂直指向的3个模式同时观测,以确保对不同云类都具有良好的探测效果。毫米波云雷达用于各类非降水云和弱降水的探测,包括卷云、高层云、高积云、层云、层积云、积云、雨层云和毛毛雨等。工作时,雷达天线垂直朝上,频率为33.44 GHz,灵敏度在5 km处能达到-30 dBz以下,探测范围从地面到高空的15.3 km,回波的探测范围为-45~30 dBz,最大测速可达± 18.54 m/s。雷达具有较高的时、空分辨率,距离分辨率可达30 m,时间分辨率可达3 s,波束宽度仅为0.3°。雷达的探测量包括原始的功率谱数据和回波强度、平均多普勒速度、速度谱宽和线性退偏振比。

雷达特点和技术指标。毫米波云雷达系统由天馈分系统、发射机、接收机、信号处理器、控制和显示系统、雷达软件六个部分组成。天馈分系统由主反射面、副反射面、副面撑杆、馈源、正交模耦合器、馈线波导、馈源筒、天线罩和围板等组成。发射机由前级驱动模块、末级驱动模块、四路功率分配器、耦合器等组成。接收机由高频接收机、中频接收机和频率综合器等组成。信号处理器由数字接收机和信号处理卡组成。控制和显示系统由控制计算机、加电控制模块、路由器等组成。毫米波云雷达软件由实时显示软件和数据回放软件组成。工作的主要流程是:发射机将来自频率综合器的低功率微波脉冲信号进行级联放大,输出雷达系统所需的高功率微波脉冲信号,经过天馈系统以水平极化的方式向上空辐射。返回信号以水平和垂直双极化的形式接收气象目标的回波信号并传输给接收机,接收机经放大、频率变换、滤波、增益控制,输出中频信号。信号处理器对中频信号进行A/S转换、相干积累、谱分析和非相干积累后得到原始数据。

雷达探测模式设计。毫米波云雷达的探测模式由不同的平台、不同的目的和不同的目标物决定,如地基毫米波云雷达不仅可以像风廓线雷达垂直定向扫描,而且可以像厘米波天气雷达那样进行体积扫描。车载、机载和星载平台的毫米波云雷达一般直接垂直定向随着平台的移动做剖面扫描。书中观测试验所用的毫米波云雷达在设计时主要目的是为了长期、定点观测非降水云和弱降水云内部的垂直结构的变化和发展,用于研究云-降水的微物理和动力过程,因此采用的探测方式是垂直定向扫描。由于自然界中云的种类繁多,不同云在高度、强度、垂直速度上有明显的差异,而且雷达系统的关键性能参数,如灵敏度、动态范围、探测距离、多普勒速度范围等是个折中的问题,因此毫米波云雷达的单种探测模式很难满足不同云类的探测需求。为了解决该问题毫米波云雷达通常设计了多种探测模式,该部毫米波云雷达设计了三种探测模式,相关参数指标如表4.4所示。分别是边界层模式(boundary layer mode,BL)、卷云模式(cirrus mode,CI)和降水模式(precipitation mode,PR)。每种模式针对的云类不同,因此采用了不同的雷达参数和信号处理参数,BL主要用于低空边界层云、晴空积云等目标的探测,针对该类目标高度低、反射率低、垂直运动小等特点,采用窄脉冲波形。BL具有较小的不模糊距离和不模糊速度、较高的速度分辨率和较小的探测盲区,并通过较多次的相干积累来提高探测能力。CI主要用于高空卷云和中高空云的探测,针对该类目标高度高、垂直运动适中等特点,采用高占空比调频脉冲波形。CI主要采用脉冲压缩来提高探测能力,具有最大的探测距离(最高可探测到15.3 km)和最高的灵敏度,但低空盲区较大(2.01 km)。PR主要用于弱降水的探测,针对该类目标高度覆盖范围大、反射率强、垂直速度大等特点,采用窄脉冲和长脉冲重复周期波形。PR具有较大的不模糊距离、不模糊速度和较小的探测盲区,但速度分辨率低。观测期间三个模式交替观测,以满足不同的应用和不同地区天气条件的特殊要求。

表 4.4 毫米波云雷达三种观测模式相关参数

观测模式	边界层模式(BL)	卷云模式(CI)	降水模式(PR)
探测范围	120～7500 m	2040～15300 m	120～12000 m
距离分辨率	30 m	30 m	30 m
脉冲宽度	0.2 μm	12 μm	0.2 μm
脉冲周期	120 μm	120 μm	120 μm
主波功率	66 dB	76 dB	66 dB
相干积累数	4	2	1
FFT 点数	256	256	256
速度分辨率	3.62 cm/s	7.24 cm/s	14.48 cm/s
最大不模糊速度	4.635 m/s	9.27 m/s	18.54 m/s
探测盲区	120 m	2010 m	120 m
实际探测距离	120～7500 m	2010～15300 m	120～12000 m
最大不模糊距离	18000 m	18000 m	18000 m
非相干积累数	16	32	64
探测能力	−24 dBz@5 km	−38 dBz@5 km	−18 dBz@5 km

相关参数指标。Ka 波段固态毫米波云雷达技术指标见表 4.5。该雷达采用的是脉冲多普勒、全相参、固态、脉冲压缩的探测体制,以垂直向上的探测方式获取上空云和降水的回波强度、平均多普勒速度、速度谱宽和退极化比数据,同时自动保存对应时段的原始功率谱数据。每个雷达距离库对应一组功率谱,它们由 256 个回波谱点组成,每个谱点分别对应一个多普勒速度。功率谱数据反映了不同多普勒速度粒子对应的回波功率的分布,因此功率谱数据不仅与云微物理、动力特征反演相关,更是直接影响了雷达基本数据的数据质量,因此对于功率谱数据的处理十分重要。相比于对观测得到的基数据进行相关的数据处理,对功率谱数据的数据处理得到的参数更加准确可靠,同时也包含了许多基数据中没有的信息。

表 4.5 Ka 波段固态毫米波云雷达技术指标

雷达指标	具体参数
雷达体制	脉冲多普勒、单发双收、线性极化、全固态
工作频率	33.44 GHz±10 MHz
探测方式	垂直探测
探测要素	功率谱密度、回波强度、径向速度、速度谱宽、退偏振比
探测范围	120～15300 m
FFT 谱点数	256
时间分辨率	8.8～8.9 s 完成三个模式扫描,每个模式约 3 s
距离分辨率	30 m
探测精度	回波强度≤1 dBz　径向速度≤0.2 m/s　速度谱宽≤1 m/s

(4) CloudSat 星载毫米波雷达

CloudSat 是 1999 年 NASA 地球系统科学探路者(Earth System Science Pathfinder,ESSP)卫星计划中的一颗卫星,是第一个搭载了云廓线雷达(cloud profiling radar,CPR)的卫星。

它与另外 4 颗卫星 CALIPSO、Aqua、PARASOL、Aura 组成的卫星系列被形象地称为 A-Train 星座(图 4.3a)。

星座中的每颗卫星都是太阳同步卫星,过赤道时间为当地太阳时 13:30 前后。A-Train 系列卫星编队运行的好处是使各卫星所探测的资料可以尽量保持同步。一般,不同形状、尺寸和组成的悬浮粒子不仅可通过反射或者吸收太阳光、冷却或者加热大气层对气候产生影响,而且能改变云的寿命和雨量的大小,甚至能使表面发生化学反应而影响大气的组成,因此了解垂直高度上悬浮粒子的分布和云层的信息非常重要。A-Train 星座中各个卫星均有特别的测量功能,并且互为补充,可同时测量全球不同季节的悬浮粒子、云层、温度、相对湿度和辐射强度等,以显示环境条件变动时大范围悬浮粒子和云特性的响应变化。

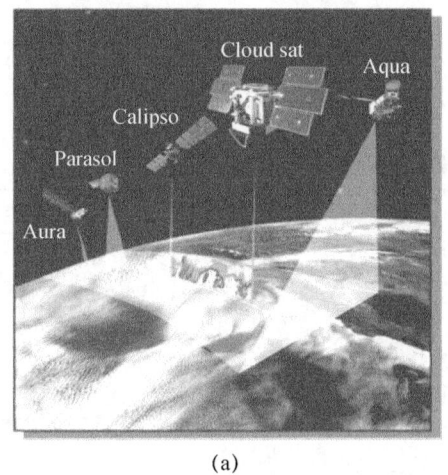
(a)

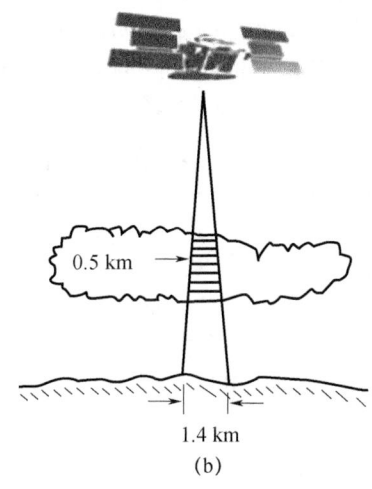
(b)

图 4.3　星载毫米波雷达工作示意图 A-Train 卫星系列(a),CloudSat 及其云廓线雷达(b)

CloudSat 卫星位于距离地面 705 km 处,其上搭载的云廓线雷达(cloud profile radar,CPR)提供的资料可以使我们提高对云量、云的分布、云的结构以及云辐射特性方面的了解。该系统发射 94 GHz(3 mm)的毫米波使它可以从太空"看见"云的内部,使我们可以研究云的内部水平和垂直结构。它可以探测云中较小的水滴和冰晶粒子,使我们可以观测到细小的云粒子向降水转化的过程。最关键的是,它可以观测到云内液态水和冰水的垂直廓线,这是现有的其他卫星系统无法做到的。CPR 的垂直分辨率为 500 m,垂直轨迹分辨率 1.4 km,沿轨迹分辨率 2.5 km(图 4.3b 和表 4.6)。

表 4.6　CloudSat 星载 CPR 系统参数

项目	参数
工作频率	94 GHz
探测方式	垂直天顶向下
脉冲宽度	3.3 μm
分辨率	水平:1.4 km×2.5 km,垂直:500 m
灵敏度	−28 dBz
天线直径	1.85 m
动态范围	80 dB
重量	250 kg
发射功率	322 W

4.1.3 冻雨数据集的建立

由于在项目执行期(2013—2015年)贵州并非冻雨典型年份,因此对于冻雨历史资料的采集及整理就显得非常关键和必要,这部分资料构成了冻雨的历史常规观测数据集。另外,在项目执行期间,我们组织了针对冻雨宏、微观特征的外场观测试验,这部分资料构成了冻雨外场试验观测资料数据集。

在此基础上,开发了贵州冻雨数据库管理系统,实现对冻雨资料的实时采集、分类归档、查询和下载等功能。

(1)冻雨的历史常规观测数据集

首先对历史上特别是近期出现的贵州省冻雨个例的资料进行收集(主要包括地面、探空资料、雷达、卫星遥感资料、部分年份的NCEP再分析资料)。其中近25年的贵州冻雨个例如表4.7所示。

表4.7　1990—2013年3 d、10站以上冻雨过程日期及逐日站数

年份	月日—月日	过程逐日冻雨站数	持续时间/d
1990	0130—0205	12、28、20、44、11、12、17	7
1990	0224—0228	15、17、22、31、21	5
1991	0103—0105	11、30、17	3
1991	1226—0101	37、51、38、20、25、35、21	7
1992	0209—0211	24、18、11	3
1993	0111—0123	17、17、15、29、20、20、14、16、21、33、20、25、18	13
1993	0223—0225	16、31、16	3
1993	1214—1218	28、47、46、15、12	5
1994	0118—0122	38、61、62、29、19	5
1995	0101—0103	21、37、25	3
1996	0116—0122	14、21、42、48、33、18、25	7
1996	0125—0127	11、33、21	3
1996	0217—0226	17、30、19、44、30、20、20、33、17、18、19	10
1997	0107—0109	24、23、13	3
1997	0203—0207	25、25、18、26、25	5
1998	0116—0126	22、24、28、47、46、24、19、17、21、41、11	11
1998	0204—0206	13、17、11	3
1999	0109—0115	12、28、24、22、26、29、28	7
2000	0116—0118	14、29、12	3
2000	0125—0205	13、23、12、43、42、17、14、13、46、46、45、26	12
2002	1225—1230	29、34、26、35、26、18	6
2004	0118—0120	10、20、27	3
2004	0125—0128	12、32、11、10	4
2004	0202—0205	14、40、21、12	4

续表

年份	月日—月日	过程逐日冻雨站数	持续时间/d
2004	1227—0102	18、16、33、44、30、15、17	7
2005	0109—0113	17、25、21、13、14	5
2005	0217—0221	18、11、19、12、16	5
2006	0105—0108	24、47、34、19	4
2006	0120—0124	18、18、24、11、12	5
2007	0113—0118	31、35、18、14、20、12	6
2008	0113—0214	27、47、54、36、31、49、60、59、61、62、60、60、62、69、70、74、72、65、59、70、59、39、33、37、21、20、15、31、31、12、11、10	31
2008	1222—1224	37、51、29	3
2011	1231—0103		3
合计			204 d、32 次*

*：冻雨过程 32 次，共持续 204 d。

在此基础上，重点收集整理了 2008 年、2011 年冻雨过程的 FY-2C 卫星 1 h 间隔资料；全省 5 部多普勒雷达 6 min 一次体扫观测资料；贵阳、威宁 6 h 一次加密探空资料；84 个气象台站常规观测资料及雨凇、雾凇观测资料；6 个交通自动站观测资料（10 min 间隔）；部分冻雨过程期间电力和交通行业灾害资料；CloudSat 云雷达观测、部分冻雨期间预报资料（MICAPS 格式）。

(2)冻雨外场试验观测资料数据集

2013 年 12 月—2015 年 1 月，开展冻雨天气过程野外科学试验和复杂地形下冻雨外场观测试验。按照观测方案，观测项目包括：云雷达观测、云微物理观测（雨滴谱仪、雾滴谱仪、粒谱仪、气溶胶采样器观测）、探空加密观测、常规多普勒雷达观测。采集整理了如下资料：

①毫米波云雷达功率谱数据；

②毫米波云雷达基数据文件；

③项目期间峨眉山、镇雄、威宁、毕节、贵阳、芷江、怀化、邵阳、永州、郴州、马坡岭、南昌、赣县、桂林、庐山 15 个站的地面资料[气压、气温（最高、最低）、湿度、风向、风速、降水量、积雪、蒸发、云（云量、云状、云高）、天气现象、能见度、日照、地温]；

④威宁、贵阳、怀化、郴州、马坡岭、南昌、赣县、桂林、安庆 9 个站的探空资料；

⑤威宁移动探空加密资料。

在此基础上采集了项目执行期间(2013—2015 年)冻雨过程的 FY-2C 卫星 1 h 间隔资料；全省 5 部多普勒雷达 6 min 一次体扫观测资料；贵阳、威宁 6 h 一次加密探空资料；84 个气象台站常规观测资料及雨凇、雾凇观测资料；6 个交通自动站观测资料（10 min 间隔）；部分冻雨过程期间电力和交通行业灾害资料；CloudSat 云雷达观测、部分冻雨期间预报资料（MICAPS 格式）。

4.1.4 观测数据处理方法

(1)探空资料

• 湿度

采用探空数据资料的温度和露点温度计算湿度值。计算水汽压与饱和水汽压的公式为：

$$e_s = 6.112\exp\left(\frac{17.67t}{t+243.5}\right) \tag{4.1}$$

$$e = 6.112\exp\left(\frac{17.67t_d}{t_d+243.5}\right) \tag{4.2}$$

$$U_w = \left[\frac{e}{e_s(t)}\right]_{p,t} \tag{4.3}$$

式中,e 为水汽压,e_s 为饱和水汽压,t 为温度,t_d 为露点温度,U_w 为相对湿度。式(4.1)、(4.2)适合在 0 ℃以下计算水面饱和水汽压,因为本章主要讨论冻雨与降雪天气大气垂直高度上的相对湿度,大气层结温度基本在 0 ℃以下,所以采用此公式计算相对湿度(黄玉生 等,2000),其计算值跟 MICAPS 程序计算给出的相对湿度值大致相等。

• 云顶高度

当大气中的水汽达到过饱和时会凝结形成云,因此,探空观测中得到的湿度对云有指示意义。有许多研究使用大气探测中的湿度相关值来确定云顶的高度,如 Poore 等(1995)通过使用 2014 年 63 个探空站点的无线电测风仪所得到的温度露点差结合地面观测资料来判断云顶高度、云底高度和云厚,判断的温度露点差域为:温度大于 0 ℃时,温度露点差在 2 ℃以内为云中;温度在 -20~0 ℃时,温度露点差在 4 ℃以内为云中;温度低于 -20 ℃时,温度露点差在 6 ℃以内为云中。周毓荃等(2010)使用 L 波段探空资料与 CloudSat 云雷达资料进行了对比,认为根据相对湿度廓线以相对湿度 84% 的阈值为云区,相对湿度在云顶有负的跳变,在云底有正的跳变。本章中选用相对湿度 84% 的阈值来判断云顶高度。

• 云底高度

国内外学者已使用多种方式来获取云底高度。如通过激光云高仪直接测量得到云底高度;利用激光雷达或毫米波雷达对云底高度进行探测;利用卫星遥感数据反演云底高度;通过抬升凝结高度的计算近似得到云底高度;在地面观测过程中则人工观测来获得云底高度。

在使用抬升凝结高度获得云底高度方面,Gottschalck 等(1999)曾将微脉冲激光雷达和激光云高测量仪测得的 1997 年全年的层状云云底高度与计算得到的抬升凝结高度进行对比,发现在 1 km 以下,不同方法得到的云底高度值是相关联的,但在更高的高度,仪器观测得到的云底高度与抬升凝结高度偏离。微脉冲激光雷达与抬升凝结高度最相近,激光云高测量仪的系统误差在 1997 年秋季被消除后,跟抬升凝结高度匹配得更好。

云底高度由抬升凝结高度计算得到。抬升凝结高度的计算方法有多种,本章采用的方法是通过探空资料获得,其准确性比通过地面资料得到的抬升凝结高度要高。其具体方法为,假设气块从地面开始按干绝热抬升,干绝热抬升即位温处处相等。逐步抬升气压,根据位温计算公式[式(4.4)]计算各点干绝热抬升处的温度,由温度计算该温度的饱和气压[式(4.5)],再由饱和气压计算饱和比湿[式(4.6)],若饱和比湿与地面比湿相等,则说明已抬升至凝结高度。

$$\theta = T\left(\frac{1000}{p}\right)^{\frac{R_d}{c_{pd}}} \tag{4.4}$$

$$e_s = 6.112\exp\left(\frac{17.67t}{t+237.3}\right) \tag{4.5}$$

$$q_s = 0.622 \times \left(\frac{e_s}{p - 0.378e_s}\right) \tag{4.6}$$

(2)雨滴谱及雾滴谱

通过 Parsivel 激光雨滴谱仪和 FM-100 雾滴谱仪测得的原始数据为采样时间间隔内不同

尺度和不同速度的雨滴及雾滴个数,通过公式转换,可以计算得到相应的降水微物理量,其中 $n(D_d(i))$ 表示每档雨滴的数浓度,单位为 m^{-3},$D_d(i)$ 为每档雨滴直径,单位为 mm;$n(r_f(j))$ 表示每档雾滴数浓度,单位为 cm^{-3},$r_f(j)$ 为每档雾滴半径,单位为 μm;ρ 为水的密度。雨滴和雾滴的总数浓度(N_d,N_f)、液水含量(L_d,L_f)、雾滴平均半径($\overline{R}_f$)、雨滴平均直径($\overline{D}_d$)和雨强(R)等微物理量可通过以下公式计算得出(周悦 等,2012):

$$N_d = \sum_{i=3}^{32} n(D_d(i)) \tag{4.7a}$$

$$N_f = \sum_{j=2}^{20} n(r_f(j)) \tag{4.7b}$$

$$L_d = 10^{-6} \times \frac{4\rho\pi}{3} \sum_{i=3}^{32} n_d(D_d(i)) \cdot D_d(i)^3 \tag{4.8a}$$

$$L_f = 10^{-6} \times \frac{4\rho\pi}{3} \sum_{j=2}^{20} n_f(r_f(i)) \cdot r_f(j)^3 \tag{4.8b}$$

$$\overline{R}_f = \sum_{j=2}^{20} \frac{n(r_f(j)) \cdot r_f(j)}{N_f} \tag{4.9a}$$

$$\overline{D}_d = \sum_{i=3}^{32} \frac{n(D_d(i)) \cdot D_d(i)}{N_d} \tag{4.9b}$$

$$R = \sum_{i=3}^{32} N_d(D_d(i)) V(D_d(i)) \cdot D_d^3(i) \Delta D_d(i) \tag{4.10}$$

粒径分布函数:

$$N_i(D_i) = \sum_{j=3}^{32} \frac{A_{ij}}{L \cdot W \cdot V_j \cdot t \cdot \Delta D_i} \tag{4.11}$$

式中,A_{ij} 为雨滴谱采集的速度-尺度矩阵,L 为采样区长度(180 mm),W 为采样区宽度(30 mm),t 为采样间隔(60 s)。

(3)毫米波云雷达

• 功率谱数据的参数提取

毫米波云雷达时域信号经过快速傅里叶变换处理后得到频域的功率谱数据,功率谱数据反映了不同多普勒速度粒子对应的回波功率分布,是毫米波云雷达的初级数据。功率谱数据中包含了丰富的信息,并且与云内的微物理和动力特征息息相关,利用一定的反演方法可以从功率谱数据中反演得到云内的微物理和动力参数,包括反射率因子、平均多普勒速度、速度谱宽和退偏振比在内的雷达产品都是由功率谱数据计算得到的。因此,功率谱数据直接影响了雷达基本数据的数据质量,所以对功率谱数据的参数提取十分重要。而目前国内外关于毫米波云雷达数据处理方面的研究大部分都是关于基数据方面的研究,基数据中包含的信息量少且基数据也是由功率谱数据得到的,故基数据的准确性低于功率谱数据,因此对于功率谱数据进行相关的研究更加重要。

形成云和降水的过程都经历了较为复杂的微物理过程,其垂直时、空演变过程发生在大气几千米到几十千米的降水云体中,对降水云体的垂直探测及微物理过程的反演是降水以及云物理研究的热点。云微物理参数是描述积云尺度大气状态的关键要素之一,主要包括云粒子的等效直径、粒子数浓度、液态水含量、冰水含量等。云液态水含量、冰水含量、云粒子半径等作为非常重要的云微物理参数,对于气候的变化、天气的变化以及人工影响天气和飞行安全等方面都有重要的影响,云的微物理特性对其自身的辐射影响有着十分重要的作用,而它们又对地球辐射传输产生很大的影响。它们之间的相互演变更是十分的复杂,云微物理参数的研究已是国际气象学研究领域中的热点之一,而国内在这方面的研究较少,因此开展云的微物理特性的研究是非常重要且必要的。因此,书中选用了包含有丰富信息的功率谱数据进行相关数据处理,利用相关处理方法得到反映云的微物理特性的一系列的相关参数进行对比分析。

• 功率谱数据的时间平均

功率谱数据的时间平均是指对一定时间内同一高度上的功率谱数据进行时间平均,时间平均可以有效地减少空气小尺度运动对功率谱数据的影响。观测试验所用毫米波云雷达的功率谱数据是 500 个径向,每个径向的时间为 8.9 s,每个径向上有 510 个库长,库长值为 30 m。为了在数据处理中尽可能去除空气中小尺度运动且不使功率谱失去本身固有的特征,我们在数据处理时选取了 20 个径向数据(约 3 min)的时间平均。

图 4.4 是贵州威宁的观测时间为 2014 年 12 月 10 日 19:36:03 的功率谱数据图。图中选取的是第 500 个径向的数据,左侧纵坐标为库数,右侧纵坐标是与库数相对应的库长值(其中库长为 30 m)。

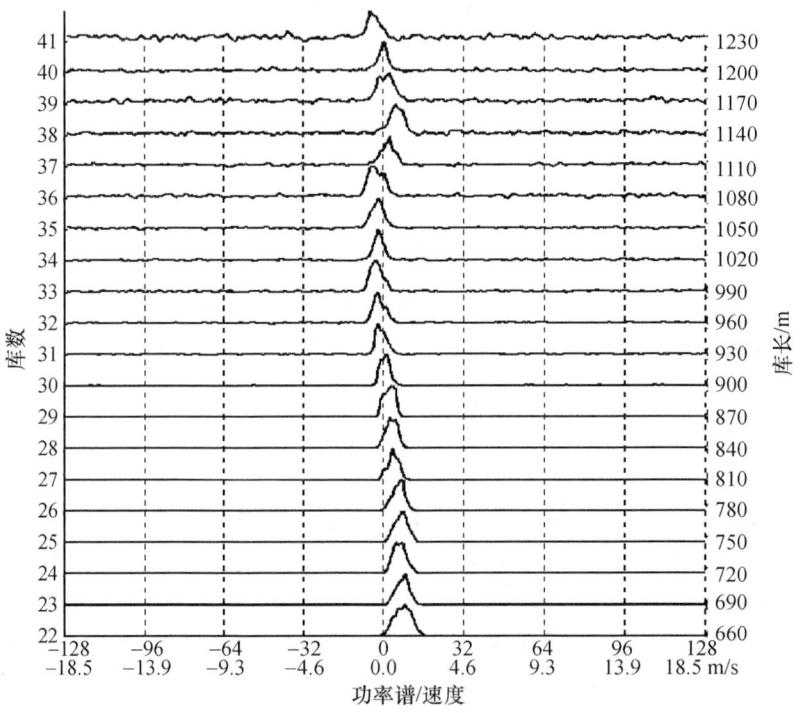

图 4.4 2014 年 12 月 10 日 19:36:03 贵州威宁的功率谱数据图

• 噪声电平的确定

噪声电平指的是功率谱中所有雷达噪声的平均功率,噪声电平的大小直接影响云信号范围的确定以及谱矩量的计算,因此对功率谱数据中噪声电平的确定十分重要。在功率谱数据中选取其中一个径向的某一高度的谱图及噪声电平示意图(如图 4.5 所示,图中虚线为噪声电平)。

噪声电平的计算方法,主要有以下几种:第一种是设定一个固定值或谱峰以下的某个固定值,但是因为雷达接收到的功率谱并不是固定不变的,在不同的天气情况下差异也较大,所以此种方法并不太实用。第二种是远距离库法(王莎 等,2012),风廓线雷达中常采用远距离库

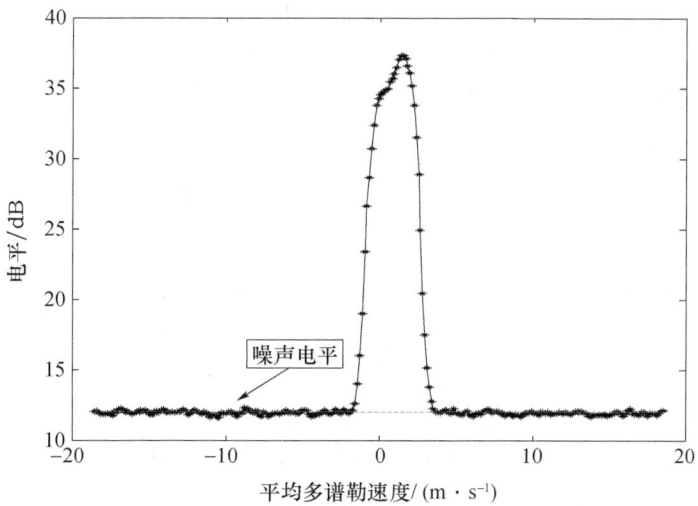

图 4.5 功率谱图及噪声电平示意图

法,把在垂直探测时雷达的远距离库处噪声的平均值作为一个径向上的所有的噪声的电平,但是由于接收机等硬件所处环境的不同导致了垂直探测的毫米波云雷达功率谱噪声即使在不同高度噪声功率也有差异,且云和降水的辐射对噪声功率的影响要比在晴空的条件下要大,因此远距离库法也不适用于毫米波云雷达。第三种是最大速度法,刘黎平等(2014)在国产的毫米波云雷达功率谱数据处理中,选取功率谱速度的大值区的功率作为噪声电平,但最大速度法在速度模糊的情况下将不能使用,故其使用条件也有一定的限制。第四种是客观噪声电平法(Hildebrand 等,2014),雷达噪声属于高斯白噪声,它的概率密度函数满足高斯分布统计特性,在频域表现为窄带白噪声,利用高斯分布计算噪声的方差和白噪声计算的噪声方差相等来确定噪声电平的大小,但噪声电平的计算因信号太弱时会被噪声淹没导致误差较大进而使得客观噪声的计算误差较大且不稳定。第五种是分段法,在风廓线的雷达功率谱的研究中Monique 等(1997)提出了分段计算噪声的方法,此种方法认为雷达噪声服从自由度为 $2N/k$ 的 χ^2 中心分布,将功率谱分成 k 段,并统计 k 段中每段的平均值,最后将最小的平均值作为噪声电平。综合来看,目前噪声电平的主要计算方法有:设定一个固定值或谱峰以下的某个固定值法、远距离库法、最大速度法、客观噪声电平法以及分段法。主流的噪声电平计算方法主要包括:分段法、最大速度法和客观法。其中客观法的原理如下:

假设雷达噪声属于高斯白噪声,则满足高斯白噪声的两个统计特性。一是在统计上,噪声的幅度在频带范围内满足均匀分布,二是噪声的瞬间幅度的概率分布满足高斯分布。当功率谱中存在雷达噪声和气象信号时,气象信号功率较高,因此客观法从高功率开始逐渐将功率谱中的气象信号抽离,直至只剩下雷达噪声,计算过程中按抽离后的序列方差是否满足高斯白噪声的方差性质为准则进行判断。具体的计算方法和步骤如下:

①假设功率谱序列为 $S_i(i=1,2,\cdots,M)$,对其进行由大到小的排序得到序列 $St_i(i=1,2,\cdots,M)$,其中 M 为功率谱的点数。

②依次将 St_i 序列中每个点预设为气象信号和噪声的功率分界值,大于该分界值的被认为是气象信号,而小于该分界值的被认为是噪声。将每个分界值分离出的噪声重新组成一组噪声序列,即得到 N 组噪声序列 $S_n(n=1,2,\cdots,N)$。

③对于每组噪声序列 $S_n(n=1,2,\cdots,N)$,假设频率范围为 F,第 n 点的频率为 f_n,功率为

S_n,由于雷达噪声为白噪声,频带范围内的幅度满足均匀分布,则其方差为:

$$\sigma_N^2 = F^2/12 \tag{4.12}$$

而噪声序列 S_n 按功率谱的方差定义式求得:

$$\sigma^2 = \left(\sum_{n=1}^{N} f_n^2 S_n \Big/ \sum_{n=1}^{N} S_n\right) - \left(\sum_{n=1}^{N} f_n S_n \Big/ \sum_{n=1}^{N} S_n\right)^2 \tag{4.13}$$

定义两者的商为:

$$R_1 = \sigma_N^2/\sigma^2 \tag{4.14}$$

根据雷达噪声瞬间幅值的概率密度满足高斯分布,理论上可求得高斯白噪声的方差 (P^2):

$$P^2 = \left(\sum_{n=1}^{N} S_n/N\right)^2 \tag{4.15}$$

而按照随机变量方差的定义式,随机噪声序列 S_n 的方差 (Q^2) 为:

$$Q^2 = \left(\sum_{n=1}^{N} S_n^2/N\right) - P^2 \tag{4.16}$$

定义 P^2 和 Q^2 的商为:

$$R_2 = P^2/Q^2 \tag{4.17}$$

④通过式(4.12)—(4.16)可以得到 N 个高斯白噪声方差的商 R_{1n} 和 $R_{2n}(n=1,2,\cdots,N)$。理论上当某个分界值能够将气象信号和噪声正确分离时,则满足条件 $R_1=R_2=1$,而实际情况中只能用 $R_1 \approx R_2 \approx 1$ 作为判断条件。对于 R_{1n} 和 R_{2n} 当预设的分界值从谱峰开始往下降时,二者分别表现为下降和上升的过程,当 R_{1n} 和 R_{2n} 第一次下降和上升到 1 时,取二者与 1 最近的值作为满足 $R_1 \approx R_2 \approx 1$ 的条件,此时对应 St_n 中的预设功率分界值(即为信号和噪声的分界值),对该分界值以下的噪声求平均即得到噪声电平。

综合上述几种方法的比较,我们选择分段法来确定噪声,文中将功率谱分成 8 段,统计了 8 段中每段的平均值,并将最小的平均值作为噪声电平。

• 云信号的识别

功率谱数据中云信号的谱矩计算会受到噪声的影响,信噪比较低时,若将噪声电平以上的谱点全部进行积分会带来较大的误差,所以有必要对功率谱数据中的云信号进行更加细致的识别。

计算出噪声电平后,以噪声电平为界,分别检测出功率谱中连续的数据段。当功率谱中有气象信号时,信号一般具有一定的信噪比(SNR)和连续的谱点数。噪声通常 SNR 十分低或是谱点数较少,因此我们设定信噪比阈值(SNR_{min})和谱点数阈值(N_{ts})来判断每个连续数据段是否为云信号。信噪比阈值(SNR_{min})是指功率谱中最小可测的云信号信噪比,它通常作为判断雷达是否有回波的根据,当信号超过 SNR_{min} 时,认为有回波,反之则无回波。而关于 SNR_{min} 的确定,Riddle 等(1989)通过统计接收机的特征提出了一个经验关系式如下:

$$SNR_{min} = \frac{25\sqrt{N_n - 2.1325 + \dfrac{170}{N_P}}}{N_n N_P} \tag{4.18}$$

式中,N_n 为非相干积累数,N_p 是 FFT 采样点数。而观测时用的垂直指向的 Ka 波段毫米波云雷达的三种观测模式(BL、CI、PR)的非相干积累数依次为 16、32、64,N_p 均是 256。谱点数阈值 N_{ts} 参考 Shupe 等(2004)的研究成果,取值为 5,即当满足一定 SNR_{min} 的数据段若谱点数不少于 5,则认为是云信号,反之则是非气象信号。而对于一些特殊的非气象回波,例如功率谱中的尖脉冲噪声、电磁干扰信号或鸟虫等,这些非气象信号会产生一定强度的 SNR_{min},但同时谱很窄,对这类非气象信号则要通过谱点数阈值(N_{ts})来加以限制。关于云信号的识别方法如图 4.6 所示。

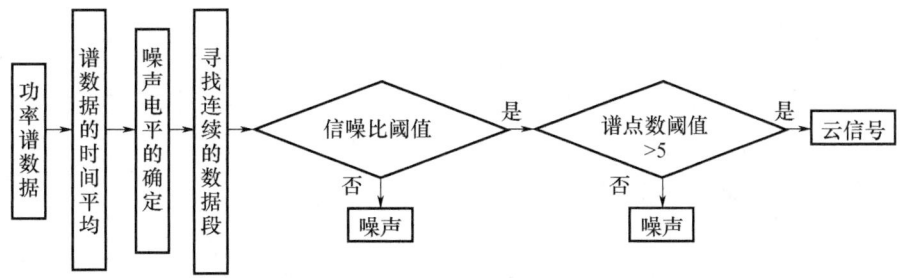

图 4.6 云信号识别方法

判断出云信号后,把云信号两端与噪声电平交点以外的谱点当作噪声,计算出噪声的最大值,将最大值作为信号和噪声的分界线,并将分界线与云信号的交点作为云信号的左端点和右端点,将左端点和右端点之间的最大值作为信号的谱峰。峰值-左-右边界值识别示意图如图4.7 所示。

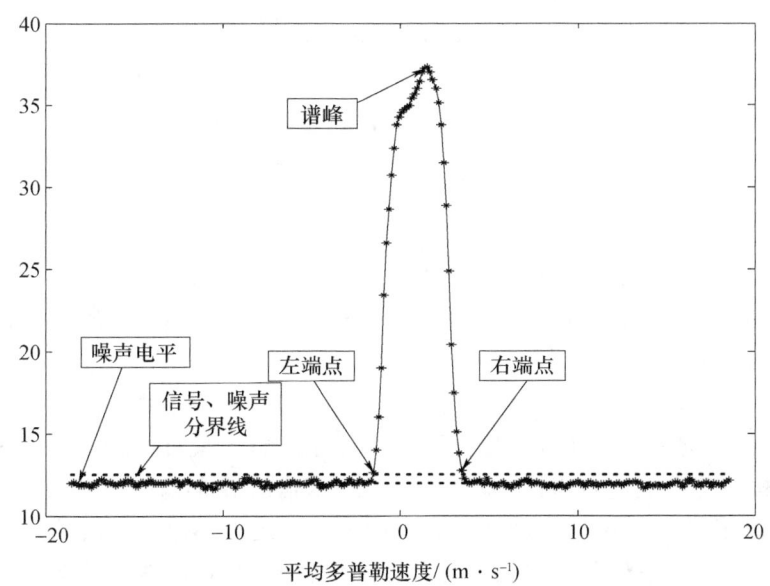

图 4.7 峰值-左-右边界值识别示意图

由此确定出云信号,去除噪声电平后,对信号的包络部分进行局部积分的计算可以有效地减小将噪声电平以上的谱点全部进行积分带来的误差。

- 功率谱数据五个谱矩量的提取

在功率谱数据中识别出云信号后,通过对信号左右端点的多普勒速度进行局部积分即可计算出云信号的谱矩量。其中功率谱的零阶矩为回波功率,一阶矩为平均多普勒速度,二阶矩为速度谱宽,三阶矩为偏度,四阶矩为峰度。五个谱矩量的公式分别如下:

回波功率 P_R(单位:dBm,零阶矩):

$$P_R = \sum_{i=V_1}^{V_r}(S_i - P_N) \tag{4.19}$$

径向速度 $\overline{V}$(单位:m/s,一阶矩):

$$\overline{V} = \frac{\sum_{i=V_1}^{V_r} i \cdot (S_i - P_N)}{\sum_{i=V_1}^{V_r}(S_i - P_N)} \tag{4.20}$$

速度谱宽 S_w(单位:m/s,二阶矩):

$$S_w = \sqrt{\frac{\sum_{i=V_1}^{V_r}(i - \overline{V})^2(S_i - P_N)}{\sum_{i=V_1}^{V_r}(S_i - P_N)}} \tag{4.21}$$

偏度 S_k(三阶矩):

$$S_k = \frac{\sum_{i=V_1}^{V_r}(i - \overline{V})^3(S_i - P_N)}{S_w^3 \cdot \sum_{i=V_1}^{V_r}(S_i - P_N)} \tag{4.22}$$

峰度 K_t(四阶矩):

$$K_t = \frac{\sum_{i=V_1}^{V_r}(i - \overline{V})^4(S_i - P_N)}{S_w^4 \cdot \sum_{i=V_1}^{V_r}(S_i - P_N)} - 3 \tag{4.23}$$

式中,V_1、V_r 分别为信号左、右端点的多普勒速度,S_i 为云信号功率(单位:dBm),P_N 为噪声电平(单位:dBm)。

偏度和峰度是数据对称性和平坦程度的统计量。对于功率谱数据,偏度可以描述云信号总体分布的对称性。当偏度为 0 时,表示信号为正态分布;当偏度大于 0 时,表示信号分布偏向右侧,即有一条长尾巴拖在右边;当偏度小于 0 表示信号分布偏向左侧,即有一条长尾拖在左边。偏度值越大代表非对称的程度越大。峰度可以描述功率谱中云信号分布形态的陡缓程度,当峰度为 0 时表示云信号分布与正态分布的陡缓程度相同;当峰度大于 0 时表示云信号分布偏陡峭,为尖顶峰;当峰度小于 0 时表示云信号分布偏平坦,为平顶峰。对于气象回波的功率谱,当粒子为纯云或雨时,偏度和峰度一般接近 0,即满足高斯分布;而当云开始发展成降水或者粒子相态发生变化时,就会出现偏度和峰度偏离 0 的情况,因此功率谱的偏度和峰度是反映云粒子滴谱变化和相态变化非常实用的物理量。不同形态云信号功率谱和偏度、峰度的关系如图 4.8 所示。Kollias 等(2011)研究表明,毫米波云雷达功率谱的偏度、峰度对云内毛毛雨的形成和发展十分敏感,具有很好的指示意义。云内初始为纯云滴的时候,功率谱的偏度和峰度接近 0;当毛毛雨初始形成的时候,偏度和峰度开始增大,转为正值;而随着毛毛雨含量增多占主导地位时,偏度和峰度又逐渐变小甚至达到负值;在最后只含雨滴的时候,偏度和峰度又回到 0 附近。因此,可以根据粒子下落过程中偏度、峰度值的变化来反映下落过程中粒子相态的变化情况。

- 空气垂直运动速度的计算

空气垂直运动是云动力的重要过程,它与云的生消演变紧密地联系在一起,比如上升气流有利于云的形成和发展,而云的凝结和蒸发又影响着空气的垂直运动。气象卫星能够覆盖高原上的无人区进行观测,但是卫星无法穿透云内部并且资料的分辨率不足以满足对小尺度云的动力和微物理研究。Ka波段毫米波云雷达在测云方面比其他测云仪器更有优势,但是雷达垂直探测时,返回的平均多普勒速度的运动信息同时包括粒子的下落末速度和空气的垂直运动速度,如何将二者分离并反演一直是雷达气象学中的一个重点和难点。如果能够把平均多普勒速度中的空气垂直运动速度去除,就能够得到与粒子下落过程直接相关的粒子下落末速度。

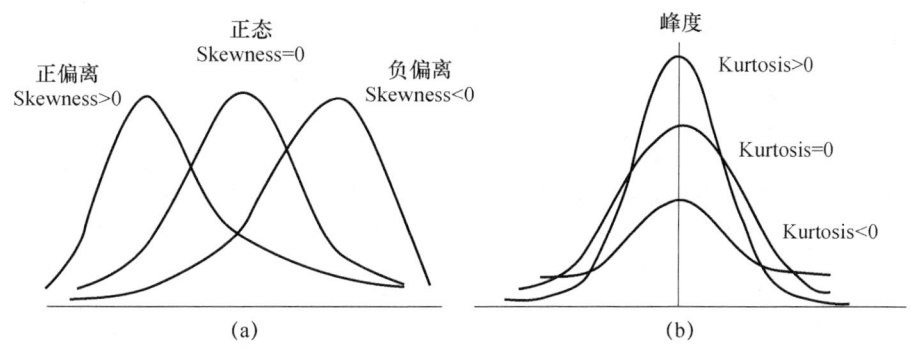

图 4.8　不同形态云信号功率谱的偏度(a)和峰度(b)

关于空气垂直运动速度的计算,许多学者都进行了相关的研究。Battan等(1964)提出了速度低端法,该方法假设雷达能探测到的最小粒子的下落末速度理论值,并将实测速度与该理论值进行比较,两者的差值即为空气的垂直运动速度,但是此种方法由于受到雷达噪声以及湍流的影响而导致精度较差。Rogers(1964)提出的 W_0-Z 关系法,该方法利用雷达回波强度(Z)计算粒子下落末速度(W_0),再用实测的速度减去 W_0 即得到空气垂直运动速度,但是这种方法中附带的假设条件包含了粒子的滴谱分布,粒子下落末速度与粒子直径的关系,且这两个假设条件在一般情况下很难接近真实情况,因此存在较多的不确定性和误差。还有一些研究利用特殊情况下的功率谱来反演空气的垂直运动速度,如 Luke 等(2013)利用混合云内毫米波云雷达功率谱双峰的结构,将一个小谱峰作为示踪,从而反演出了空气垂直运动速度。随着毫米波雷达的发展,人们开始利用毫米波云雷达功率谱数据来研究云内的大气运动,由于毫米波雷达波长短,小粒子的后向散射截面较大,因此毫米波云雷达对小粒子更加敏感,当雷达探测体积内有很小的云粒子时(如小液滴或冰晶),这些粒子可被当作大气运动的示踪物,即小粒子示踪法。Shupe等(2008)利用这种方法反演了北极地区层状云内的空气垂直运动速度,并将其结果与飞机的观测结果对比,发现两者非常一致。本节在反演空气垂直运动速度时选取的方法就是小粒子示踪法,小粒子示踪法的具体原理如下。

① 小粒子示踪法的原理

毫米波云雷达功率谱反映了探测体积内不同粒子多普勒速度的回波功率分布,而粒子的多普勒速度是自身下落末速度和空气垂直运动速度的叠加,回波功率与粒子的大小和数浓度相关。空气垂直运动速度对功率谱的影响是整体发生偏移,因此多普勒速度从小到大对应着粒子尺寸从小到大。对于功率谱左侧的第一个谱点信号,它代表了雷达能够探测到的最小粒子的信号,如果该粒子足够小,则它自身的下落末速度相对于空气的垂直运动速度是可以被忽略的,因此可以被作为示踪物来反演空气的垂直运动速度,此种方法就叫作小粒子示踪法(Zhao 等,2008)。小粒子示踪法的空气垂直运动速度识别方法如图 4.9 所示。

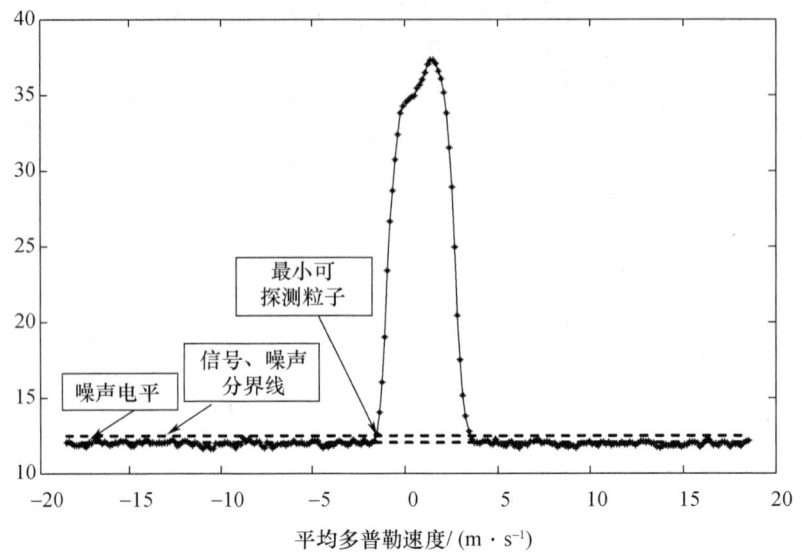

图 4.9　小粒子示踪法空气垂直运动速度识别图

② 小粒子示踪法的有效性分析

小粒子示踪法中有两个关键的问题需要解决:一是多小的云粒子可以被拿来作为空气垂直运动速度的示踪物。为了解决这个问题需要知道粒子的大小与下落速度的关系,研究表明,单个云粒子的下落末速度(V_t)与粒子横截面等效球形半径的关系式如下:

$$V_t = \frac{K_1 r^2}{f}, \quad K_1 = 1.19 \times 10^6 \text{ cm}^{-1} \cdot \text{s}^{-1}, r < 40 \text{ }\mu\text{m} \tag{4.24}$$

$$V_t = \frac{K_2 r}{f}, \quad K_2 = 8 \times 10^3 \text{ s}^{-1}, 40 \text{ }\mu\text{m} < r < 0.6 \text{ mm} \tag{4.25}$$

式中,r 为粒子半径,K_1 和 K_2 分别为 Stokes 和非 Stokes 区域的经验系数,f 为粒子形状因子。Zhao 等(2008)研究表明,对于液态球形粒子和不同形状的冰晶,f 与粒子半径有如下的关系:

$$f = \frac{\text{冰晶的下落阻力}}{\text{等效横截面球形粒子的下落阻力}}$$

液态球形粒子　　　　　　　　　　$f = 1$ 　　　　　　　　　　　　(4.26)

柱状冰晶　　　　　　　　$f = 3.3 r^{0.28}, \quad r < 100 \text{ }\mu\text{m}$ 　　　　　　　(4.27)

　　　　　　　　　　　　$f = 2.3 r^{0.12}, \quad r \geqslant 100 \text{ }\mu\text{m}$ 　　　　　　　(4.28)

板状冰晶　　　　　　　　$f = 3.4 r^{0.25}$ 　　　　　　　　　　　　(4.29)

对于毫米波云雷达而言,雷达速度分辨率相对积云内的空气垂直运动速度一般可差一到两个数量级,完全可以忽略,因此我们认为下落末速度小于雷达速度分辨率内的小粒子可被作为示踪物(这样反演的误差可控制在速度分辨率以内)。这部毫米波云雷达的降水模式、卷云模式、边界层模式的速度分辨率分别为 0.1448,0.0724,0.0362 m·s^{-1}。将三种模式的速度分辨率代入式(4.24)、(4.25)便可得到示踪粒子的临界半径,计算得到的数据如表 4.8 所示。

第 4 章　贵州冻雨的外场观测试验及分析

表 4.8　反演空气垂直运动速度得到不同探测模式的示踪物粒子的临界半径

探测模式	速度分辨率 /(m·s^{-1})	被作为示踪物的粒子临界半径/μm		
		板状冰晶	球形液滴	柱状冰晶
降水模式(PR)	0.1448	16.20	34.88	13.14
卷云模式(CI)	0.0724	10.90	24.67	8.78
边界层模式(BL)	0.0362	7.34	17.44	5.87

小粒子示踪法中的另一个关键的问题是雷达探测体积内这种小粒子是否存在,如果存在的话是否能被雷达探测到。为了解决此问题,需要从理论上计算这些小粒子在第一个谱点上造成的回波强度,并考察其是否在雷达的探测能力之内。云的滴谱分布通常可以用指数函数来描述如下:

$$N(D) = N_0 \exp(-\lambda D) \quad (4.30)$$

式中,$N(D)$(单位:m^{-3}·mm^{-1})为滴谱分布,N_0 为滴谱数密度(单位:m^{-3}·mm^{-1}),D 为云滴直径(单位:mm),λ 为谱形参数。其中 N_0 取 100 cm^{-3}·mm^{-1},λ 取 0.1。

其中回波强度的定义式如下所示:

$$\mathrm{dBz} = 10 \times \lg \left[\sum_{i=1}^{i=n} D^6 N(D) \Delta D \right] \quad (4.31)$$

将表 4.8 计算的可作为示踪物的临界半径及式(4.30)计算的 $N(D)$ 代入式(4.31)得到的临界半径内粒子的回波强度 Z_least 如表 4.9 所示。当功率谱左侧最小可探测信号的回波强度(第一个谱点代表临界半径内所有粒子的回波贡献)不大于 Z_least 时,认为存在可被示踪的小粒子。

表 4.9　示踪粒子的回波强度阈值

探测模式	速度分辨率 /(m/s)	回波强度/dBz		
		板状冰晶	球形液滴	柱状冰晶
降水模式(PR)	0.1448	−14.64	−4.2	−18.69
卷云模式(CI)	0.0724	−29.44	−13.03	−34.43
边界层模式(BL)	0.0362	−46.68	−28.01	−50.14

- 降水粒子半径的确定

降水粒子在下落过程中粒子半径的确定对于指示下落过程中降水粒子的发展变化具有重要意义,可以使我们从微观的角度来了解降水过程的发展变化过程。

降水粒子半径是描述云滴尺度的重要特征参量,粒子半径的大小及分布对于天气现象的精细化监测、预报及人工影响天气具有十分重要的作用。而关于粒子半径方面开展的相关研究主要是云、云雾的粒子半径方面的研究,Twomey 等(1989)利用统计的方法将近红外区的几个波长的反射辐射反演了云的光学厚度和有效粒子半径。Nakajima 等(1990)利用 0.75 μm 和 2.16 μm 波段的太阳反射辐射反演了云的光学厚度和有效粒子半径。赵凤生等(2002)建立了一种利用 AVHRR 的 0.64 μm 和 3.75 μm 波段通道测量的辐射率同时反演云的光学厚度和云滴有效半径的迭代方法,并将此种方法用于分析中国东海上空冬季层积云的辐射特性。

平均多普勒速度去除空气垂直运动速度后可以得到粒子的下落末速度,本章利用下落末速度与粒子半径的关系,再利用单个云粒子的下落末速度与粒子横截面等效球形半径的关系

[式(4.24)、(4.25)](Snider,1980;Westwater 等,1980)便可得到降水粒子半径。

$$r = \frac{V_t f}{K_1}, \quad K_1 = 1.19 \times 10^6 \text{ cm}^{-1} \cdot \text{s}^{-1}, r < 40 \text{ μm} \qquad (4.32)$$

$$r = \frac{V_t f}{K_2}, \quad K_2 = 8 \times 10^3 \text{ s}^{-1}, 40 \text{ μm} < r < 0.6 \text{ mm} \qquad (4.33)$$

式中,r 为粒子半径,K_1 和 K_2 分别为 Stokes 和非 Stokes 区域的经验系数,f 为粒子形状因子,对于液态球形粒子和不同形状的冰晶,f 按式(4.26)—(4.29)求取。对于几种状态的粒子的形状因子与粒子半径的关系,画出的三种状态的粒子分别对应的下落速度关系如图 4.10 所示。再利用降水过程具体的降水粒子的情况选用相对应的公式便可得到相对应的粒子半径随下落高度的变化情况。

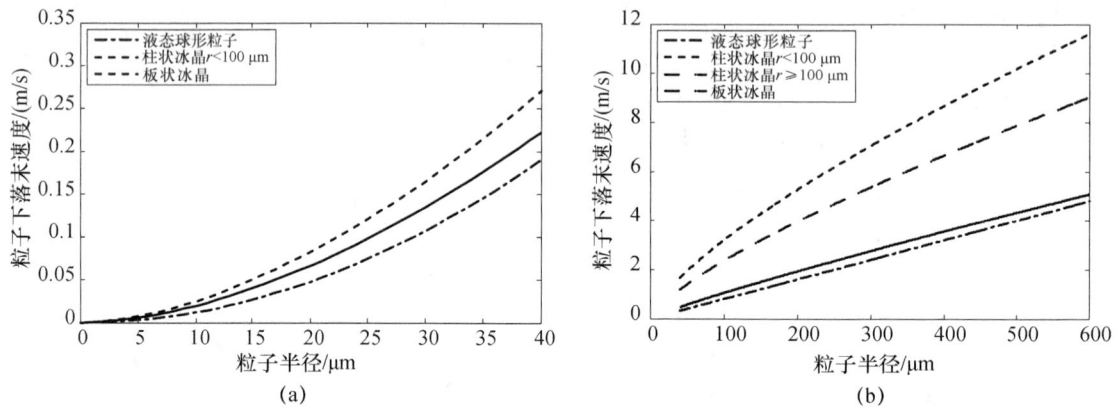

图 4.10　(a)式(4.32)与(b)式(4.33)的三种状态粒子分别对应的下落速度

- 云中液态水含量、冰水含量

①云中液态水含量

在最初的研究阶段,人们大多用被动的探测手段来对云内液态水含量(liquid water content,LWC)进行相关的研究,而从 20 世纪 70 年代开始,地基微波辐射计就被应用到大气水和云水的探测和研究中。Snider(1980)、Westwater 等(1980)最早对云中液态水含量这方面的内容进行了一系列相关的研究;Greenwald 等(1995)提出了利用微波遥感的数据反演云中液态水的路径;Nakajima 等(1990)给出利用微波辐射计来反演云特征的相关的理论依据;Han 等(1994)推断了近地面的有效粒子半径的大小;Taylor 等(1995)利用机载红外微波辐射仪数据推导了云的光学厚度和有效粒子半径的大小,利用微波辐射计反演云中液态水的双通道算法已经发展成了较为精确的反演算法。虽然利用卫星、激光雷达、微波辐射计、机投探空仪以及云高仪都可以获得云的相关信息,但是他们普遍存在着时、空间分辨率较低的问题,因此不能够穿透厚云的表层探测其垂直、水平尺度及内部的结构,不能够准确反映时刻变化的云参数的相关信息。

而随着雷达技术的发展,使用雷达来进行云中液态水含量的主动探测已经成为现实,毫米波云雷达的工作波长在毫米波段,通过毫米波云雷达观测的云的回波可以分析云的宏观和微观特征,毫米波云雷达具有更高的灵敏度,并且可以探测直径远小于雷达波长的粒子,探测范围从直径为几微米的云粒子到弱降水粒子,因具有穿透云的能力因此能够描述云内部的物理结构,并且能够连续监测云的垂直剖面的变化,可以清楚地反映云的水平和垂直结构,因此成为遥感云十分有效的手段之一。

用雷达反演云中液态水含量以及云粒子有效半径大小也是测云雷达的热门研究方向之一,并且一些发达国家已经有了一定的研究进展。Atlas(1954)和Sauvageot 等(1987)在这方面的研究中做出了巨大的贡献,他们结合 35 GHz 雷达和飞机实测的谱参数数据,得出雷达反射率因子、粒子有效半径、云内液态水含量三者之间的关系;Kropfi 等(1990)利用一部地基 35 GHz 雷达做过类似反射率因子、粒子有效半径、云中液态水含量关系的相关研究;Frisch 等(1995)观测了大西洋群岛上空的层云,并对观测数据进行了相关的研究;Matrosov(2004)探讨了基于雷达反射率因子的估测海洋性层云含水量的方法,并比较不同的降水云和非降水云强度界限时云内液态水含量的相关变化。

国内,黄润恒等(1987)开发利用双波段微波辐射计遥感云天大气的水汽总量和云中含水量的方法,提出了一种基于各辐射物理量之间统计关系的反演方法,并用于实际资料的反演。魏重等(2001)利用地基微波辐射计探测降水云的液态水含量,给出了用一维雨天大气辐射传输模式模拟得到的反演水汽总量和云中液态水含量的方法。应用毫米波云雷达反演液态水含量的研究在近些年刚刚起步,但是初始阶段由于受到毫米波雷达技术等方面的限制没有进行液态水含量的反演。

云中液态水含量对人工影响天气和飞机的飞行安全等方面有很大的影响,因此研究云的微物理特性非常必要。最早由 Atlas(1954)提出的雷达反射率(Z)与云中液态水含量(LWC)存在简单的二次方程的关系,当云内数浓度和粒子半径大小相差不太大的情况下,这个关系可以写为

$$LWC = \left(\frac{Z}{a}\right)^{1/b} \tag{4.34}$$

式中,Z 是雷达测得的反射率因子(单位:mm^6/m^3),a、b 为拟合系数,LWC 的单位是 g/m^3。

此后 Sauvageot 等(1987)、Fox 等(1997)和 Baedi 等(2000)进行了大量的数据统计拟合得出测云雷达反演云中液态水经验关系。表 4.10 给出了前人总结的经典的 a、b 系数。

表 4.10 经典的 a、b 系数

	a	b
Atlas(1954)	0.048	2.00
Sauvageot 等(1987)	0.030	1.31
Fox 等(1997)	0.031	1.56
Baedi 等(2000) for cloud with drizzle	57.544	5.17
CLAR'98 (1998) for cloud with drizzle	323.59	1.58

其中 Atlas、Sauvageot 和 Fox 统计的均是强度很弱的非降水云的 Z-LWC 关系,Baedi 和 CLAR'98 试验中科学家们也统计得出一套用于毛毛雨以及小雨的关系式,图 4.11 分析了不同关系式的反演结果。由于项目所选个例为有降水过程的云体,因此文中选取 Baedi 的经典系数来进行云中液态水含量的反演。

②云中冰水含量

8 mm 毫米波云雷达反演云中冰水含量(ice water content,IWC)的关系式如表 4.11 所示,表中不同关系式反演的结果如图 4.12 所示。因本章试验观测数据对应天气情况为地面有降水的情况,故选用 Sassen(1996)关系式进行云中冰水含量的反演。

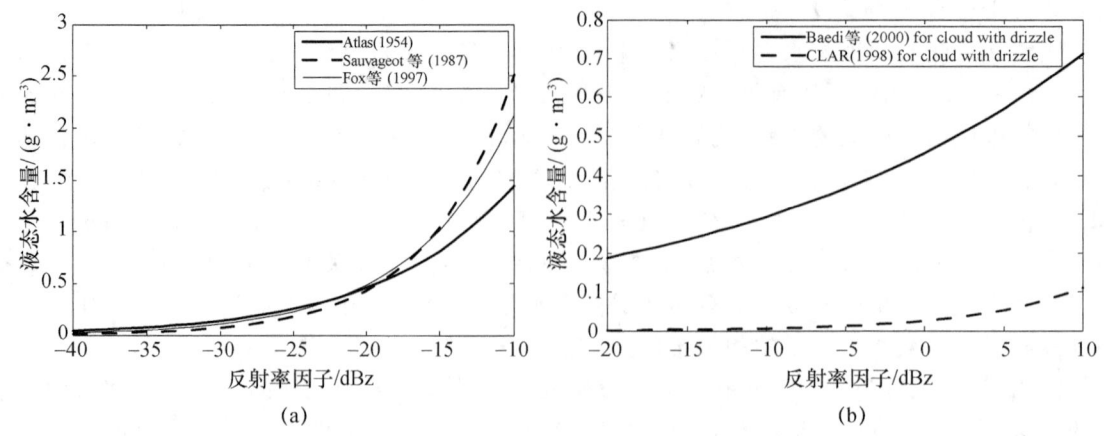

图 4.11 五个关系式反演云中液态水含量结果对比

(a)三种非降水云反演云中液态水含量;(b)两种降水云反演云中液态水含量

表 4.11 云中冰水含量关系式

	平台	雷达波长/mm	粒子分布及地面降水情况	Z-IWC 关系
Sassen(1987)	地基	8	地面无降水的冰晶粒子	$IWC=0.12Z^{0.696}$
Schneide(1995)	地基	8	模式设定的粒子分布	$IWC=0.097Z^{0.696}$
Sassen(1996)	地基	8	地面降水的冰晶粒子	$IWC=0.086Z^{0.696}$

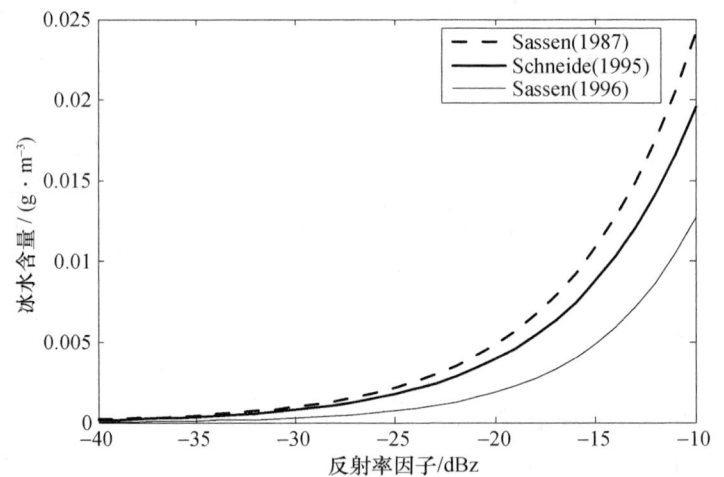

图 4.12 三个关系式反演云中冰水含量结果对比

(4)CloudSatCPR 雷达

目前,可以提供的标准产品有很多,文中主要利用 CPR 现有产品中的云几何廓线、云分类、云内冰水含量以及云内降水性质进行云结构的分析。

• 衰减订正

与波长较长的测雨雷达相比,毫米波雷达受液态水的衰减很严重。衰减作用造成回波面积减小,在远距离处云或降水的雷达观测值比实际小。因此在利用毫米波雷达反射率因子(Z)反演各种产品、研究云内微物理特性之前,必须对雷达回波强度进行衰减订正。

毫米波雷达的衰减主要为大气吸收和云内液态水衰减两个部分。大气的吸收主要为氧气吸收与水汽吸收之和。氧气在大气中的含量随时间、地点变化很小；与氧气相比，大气中所含水汽的百分比很小，但大气中水汽含量，随时间、地点和条件不同，有较大变化。水汽来自江河湖海及潮湿物体表面的水分蒸发，所以高度越高，空气中的水汽含量越低。水汽绝大部分集中在对流层下半部，随高度急剧递减，在 1.5～2 km 高度，减少为地面的 1/10，再向上，含量更低。近地面，主要是水汽的吸收衰减，而大约 6 km 以上，由于水汽随高度的急剧递减，主要是氧气的吸收衰减作用。云水的衰减与其滴谱无关。液水云的衰减随温度的递减而增加，云水衰减量与云的平均温度密切相关，因此计算云水的衰减必须考虑温度的影响。

根据 Stepanenko 等（1987）吸收模式，得到氧气和水汽对于 3 和 8 mm 电磁波双程衰减公式：

① 水汽

$$A_{H_2O}(dB) = 0.077 Q_t (P_0/1013)(293/T_0)^{1.5} \times [1 - \exp(-0.42h)]$$

(3 mm)(4.35)

$$A_{H_2O}(dB) = 0.013 Q_t (P_0/1013)(293/T_0)^{1.5} \times [1 - \exp(-0.42h)]$$

(8 mm)(4.36)

② 氧气（$h<15$ km）

$$A_{O_2} \approx (P_0/1013)^2 (293/T_0)^2 \times [(7.02 \times 10^{-2} h) - (4.81 \times 10^{-3} h^2) + (1.22 \times 10^{-4} h^3)]$$

(3 mm)(4.37)

$$A_{O_2} \approx (P_0/1013)^2 (293/T_0)^2 \times [(5.36 \times 10^{-2} h) - (3.66 \times 10^{-3} h^2) + (9.95 \times 10^{-5} h^3)]$$

(8 mm)(4.38)

③ 云内液态水

$$A_{LW}(dB) \approx 7.56 \times Q_{LWP}(h)[1.0 + (293 - T) \times 0.012] \quad (3 \text{ mm})(4.39)$$

$$A_{LW}(dB) \approx 1.27 \times Q_{LWP}(h)[1.0 + (293 - T) \times 0.03] \quad (8 \text{ mm})(4.40)$$

式中，Q_t 为水汽总量（单位：kg/m²），P_0、T_0 分别为近地面的大气压强（单位：hPa）和开尔文温度，h 为海拔高度（单位：km），Q_{LWP} 为理想高度上单程液水路径（单位：kg/m²），T 为开尔文温度。这些参数可以由探空资料、卫星 MODIS 资料以及微波辐射计得到。有了这些衰减系数，就可以对毫米波雷达测得的回波强度值进行订正。在对雷达回波进行衰减订正后，就可以用 Z 结合其他探测手段共同反演供研究用的产品。

• 产品反演方法

① 云几何廓线

首先，假设每一个有效照射体积的后向散射截面内水凝物粒子分布均匀。CPR 雷达垂直天底不断发射波长为 3 mm 的电磁波，接收探测目标的后向散射能量。由于 CPR 雷达的探测灵敏度是 −28 dBz，因此当有云层的强度在该值以下或附近时，常常会丢失，但实际上这部分信息是存在且重要的。Clothiaux 等（1988）在给定脉冲重复频率为 4300 Hz、平均时间间隔为 0.16 s 的情况下，根据返回的功率谱是否服从高斯分布的关系确定丢失的云信息。然后，结合 MODIS 反演的云簇结果进行对比，最终确定云的水平和垂直分布（Ackerman 等，1998）。该产品的作用是，检验雷达探测得到的回波是气象回波或是噪音，对非噪音信号进行量化，将 CloudSat 与 MODIS 的探测结果进行对比，将云区识别范围最大化。有了雷达反射率因子后，根据其强度的大小，可以直观了解云垂直剖面图，很容易判断出云层内部结构随高度的变化的情况。在此基础上，再进行各种产品的反演。

②云水、云冰含量和云内有效粒子半径

首先利用冰和水对电磁波不同的退偏振特性，联合 CPR 雷达探测的云粒子反射率强度与 CALIPSO 卫星上搭载的激光雷达探测得到的云消光系数，将云相态分为冰云、水云和混合云。然后，假设水云或冰云的滴谱分布，根据云水含量（LWC）、云冰含量（IWC）、有效粒子半径（r_e）、反射率分别与滴谱的关系，建立雷达反射率因子与云水含量（LWC）、云冰含量（IWC）、有效粒子半径（r_e）的关系：$CLW(g \cdot m^{-3}) = aZ^b(mm^6 \cdot m^{-3})$、$CI(mg \cdot m^{-3}) = cZ^d(mm^6 \cdot mm^{-3})$、$r_e(\mu m) = pZ^q(mm^6 \cdot m^{-3})$，其中 $a、b、c、d、p$ 和 q 是与云滴谱特性有关的参数，结合其他卫星和模式得到的云参数，利用统计、拟合得到。

③云分类

不同类型的云有不同的云物理特性，对于大气运动、天气和气候变化有不同的影响。传统的分类方法多采用目测云底的高度将云分为低云、中云和高云。这种笼统的分类很粗略，远远不能满足研究云特性的需求。因此，很有必要将云按照宏、微观特性进一步分类。首先 CPR 雷达联合 MODIS 给出了云内最大反射率强度、最大反射率的平均高度、相应云内温度，结合地面降水实况，初步将云分为高云、中云、低云和降水云；然后用云层厚度、水平尺度、垂直尺度、云顶温度、云底温度等参数用模糊逻辑法（Penaloza 等,1996）将云分为：高层云、高积云、层云、层积云、积云、雨层云以及对流云。有了云类型，就很容易确定天气系统是否会降水。

4.2 贵州冻雨过程垂直结构特征的观测分析

4.2.1 资料选取

利用贵州现有的两个探空站贵阳（海拔高度,1224.3 m）和威宁（海拔高度,2236.2 m）的观测资料,08 和 20 时同时出现冻雨作为有冻雨天气。选取 1990—2008 贵阳 94 次、威宁 261 次探空资料进行统计分析，统计项目有：温度场（地面温度、锋面逆温层底部温度及温度露点差、锋面逆层温顶部温度及温度露点差、600 hPa 温度、500 hPa 温度）、"一层模式""两层模式"及相应的冷垫厚度、暖层高度及厚度等。

"一层模式"是指 600 hPa 高度以下至地面的中低空处于冷湿的环境，各层气温低于 0 ℃。"二层模式"是指冷垫与暖层共存，即在冷垫之上存在一层暖湿层或融化层。与"一层模式"的差异在于逆温层顶部处温度高于 0 ℃ 的暖湿环境中。

4.2.2 统计分析

根据中低空温度场及两种垂直模式温度要素统计（表 4.12）表明：

（1）地面平均气温不宜过低，主要集中于 −3～0 ℃。地面平均气温，贵阳为 −1.4 ℃，威宁为 −2.0 ℃。表明略低于 0 ℃ 的气温是冻雨形成的有利温度条件。

（2）低空逆温结构显著，逆温区浅薄，但温度梯度显著。贵州冬季产生冻雨的主要天气系统是云贵之间存在一条准南北走向的滇黔准静止锋，在垂直结构上表现为低层有较明显的锋面逆温存在。威宁的逆温层底、逆温层顶平均高度分别是 732,693 hPa，贵阳的逆温层底、逆温层顶平均高度分别是 788,710 hPa，表明锋面逆温结构主要出现在 800～700 hPa。逆温区厚度只有 39～78 hPa，但逆温梯度却达 5～7 ℃。

(3) 威宁上空的逆温层底部距离地面比贵阳上空的逆温层底部距离地面近，但两地的逆温层顶部高度接近。威宁的逆温层底部平均位于 732 hPa 处，距离地面只有 46 hPa，贵阳的逆温层底部距离地面平均高度有 96 hPa。这种差异与西部较高的海拔高度以及西部暖湿气流有关。

(4) 贵阳的逆温层温差大于威宁的逆温温差。贵阳的逆温温差是 6.9 ℃，威宁的逆温温差是 5 ℃。

(5) 锋区向上伸展的平均高度低于 600 hPa。定义温度露点差≥4 ℃特性层的高度表示锋区向上伸展的高度，贵阳与威宁上空锋区向上伸展的平均高度分别为 640，646 hPa。这个高度高于逆温层顶的平均高度，这是由于在锋区上有沿着锋面上升的暖空气，其伸展高度高于逆温层的平均高度。定义温度露点差≤4 ℃的区域为锋上云，逆温层内的云层称为锋面云。贵阳上空锋上云降水造成冻雨的比例高于威宁的比例，而在威宁锋面云降水造成冻雨的比例明显高于锋上云造成的比例。

(6) 600 hPa 以上水汽少，不利于中高空水汽凝结。在 600 hPa 高度，贵阳和威宁的温度露点差分别为 12.2，11 ℃，相对湿度分别为 38%、42%。在 500 hPa 高度，贵阳和威宁的温度露点差分别为 30，26 ℃，相对湿度分别为 5%、9%。这种情况下对于水汽的凝结是非常不利的。

(7) 两种模式共同存在。威宁以没有融化层的"一层结构"为主，贵阳"一层结构"和"二层结构"均存在。在"一层模式"中，贵阳冷垫的厚度为 250 hPa、威宁为 163 hPa，平均厚度为 206.5 hPa；"二层模式"中，贵阳冷垫的厚度为 137 hPa、威宁为 62 hPa，冷垫平均厚度为 89 hPa。两地暖层厚度分别为 70，50 hPa，平均厚度为 69 hPa。

表 4.12 中低空温度场及两种垂直模式温度要素统计结果

要素	地面平均温度/气压	逆温层底部平均温度/高度	锋面逆温层顶部平均温度/高度	逆温层上 $T-T_d \geq 4$ ℃的平均高度	600 hPa 平均温度/温度露点差	500 hPa 平均温度/温度露点差
贵阳	~1.4 ℃/884 hPa	~6.2 ℃/788 hPa	0.7 ℃/710 hPa	640 hPa	~2.2 ℃/+12.2 ℃	~8.0 ℃/+30 ℃
威宁	~2.0 ℃/778 hPa	~4.6 ℃/732 hPa	0.4 ℃/693 hPa	646 hPa	~2.0 ℃/+11.0 ℃	~7.8 ℃/+26 ℃

要素	一层模式逆温层底温度/温度露点差/高度	一层模式逆温层顶温度/温度露点差/高度	一层模式温度露点差≥4 ℃的平均高度/厚度	二层模式逆温层底温度/温度露点差/高度	二层模式逆温层顶温度/温度露点差/高度	二层模式冷垫高度/厚度	二层模式暖层厚度
贵阳	~6.5 ℃/1.5 ℃/784.2 hPa	−2.4 ℃/1.6 ℃/709.7 hPa	636 hPa/250 hPa	~4.6 ℃/1.6 ℃/805.4 hPa	2.5 ℃/1.8 ℃/735 hPa	763 hPa/116 hPa	88 hPa
威宁	~5.5 ℃/1.6 ℃/723 hPa	−1.4 ℃/1.8 ℃/681.8 hPa	617 hPa/163 hPa	−3.3 ℃/1.8 ℃/736.3 hPa	2.65 ℃/2.5 ℃/698 hPa	715 hPa/62 hPa	50 hPa
平均	~6.0 ℃/1.6 ℃/753.6 hPa	~1.9 ℃/1.7 ℃/695.8 hPa	626.5 hPa/206.5 hPa	~4.0 ℃/1.7 ℃/770.9 hPa	2.58 ℃/2.2 ℃/716.5 hPa	739 ℃/89 hPa	69 hPa

4.2.3 垂直结构特征

Stewart 等(1985)提出冻雨产生的概念模式(即三层模式)，如图 4.13a 所示。图 4.13b 和图 4.13c 是在表 4.12 统计分析的基础上建立的两类贵州冻雨垂直模式。

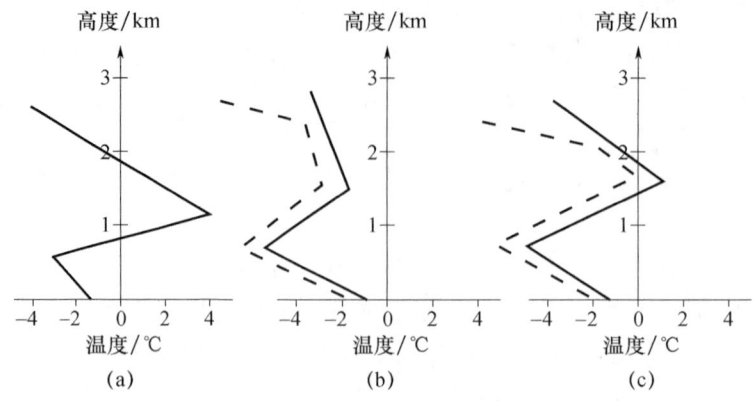

图 4.13 (a)"三层"冻雨模式,(b)"一层模式"冻雨模式,(c)"二层模式"冻雨模式

(黑色实线是温度,短虚线是露点温度)

(1)"一层模式"特征

"一层模式"中逆温层底部的温度在-7~-5 ℃,平均为-6.0 ℃,温度露点差平均为1.6 ℃。逆温层顶部的温度、温度露点差平均分别为-1.9,1.7 ℃。可见,大气处于冷湿的环境中,有利于降水粒子在空中以过冷却状态出现,从而形成单一的过冷却层。为表述"一层模式"中冷云向上伸展的高度,近似取曲线中温度露点差≥4 ℃所在特性层的高度为冷云顶部高度,"一层模式"中冷云向上伸展的高度平均达到 626.5 hPa。由于整层处于冷湿的环境当中,即称之为"冷垫"。冷云伸展的高度和厚度就是冷垫伸展的高度和厚度,高度约为 626.5 hPa、厚度约为 206.5 hPa。表明"一层模式"具有较厚的冷垫。由于冷垫高度位于 600 hPa 以下(即4000 m 左右),贵州出现冻雨的地区海拔高度大多出现在 1~2 km,因而冷垫的厚度深达 2~3 km。"一层模式"逆温层底部和逆温层顶部的温度露点差均小于 2 ℃,大气接近饱和状态,因而"一层模式"的冷垫是湿冷垫。

(2)"二层模式"特征

"二层模式"中逆温层底部的温度和温度露点差平均分别为-4.0,1.7 ℃,表明水汽在逆温层底部是处于冷湿环境当中。逆温层顶部的温度和温度露点差平均分别为 2.58,2.2 ℃,有助于处于暖区逆温层顶附近的降水以液态的形式存在,并使大气保持暖湿状态。冷垫的平均高度为 739 hPa,位于 700 hPa 以下,平均厚度接近 90 hPa。冷垫之上的暖层约 70 hPa。表明"两层模式"具有较浅的冷垫和更薄的暖层。

(3)"三层模式"特征

"三层"模式指大气在垂直结构上由上而下具有冰晶层、暖层和冷层。该模式指出冻雨是由于高空有雪花或冰晶降落,进入暖层后冰晶融化,再下降到冷层,形成过冷却水,从而形成冻雨。"三层"模式的大气层结曲线与"暖逆温型"冻雨的层结曲线相似,由于没有温度露点曲线,故不能较好表现大气的干湿状态。

4.3 冻雨与降雪层结特征比较与判别研究

降雨相态的判别是贵州冬季天气预报的重要内容。为比较冻雨和降雪两种不同降雨相态下的层结结构特征,筛选了 2008—2013 年 9 个探空站(威宁站、贵阳站、马坡岭站、怀化站、桂林站、郴州站、赣县站、安庆站、南昌站),并剔除了个别层结过于稀疏的探空数据,总共统计出了 86 条降雪个例与 210 条冻雨个例,针对这些个例,分析了冻雨与降雪的云底高度、云顶高度以及云厚的区别。其中,云底高度根据抬升凝结高度得到,云顶高度根据相对湿度取得,以不低于 84% 的相对湿度作为判断云顶的阈值,云厚为两者相差。

4.3.1 冻雨与降雪过程云底高度、云顶高度、云厚比较

首先对比全部站点降雪与冻雨的云底高度,如图 4.14 所示,对于全部站点而言,冻雨云底高度平均值大于降雪云底高度的平均值,冻雨与降雪的云底高度变化范围较大。冻雨云底高度大多集中在 875~775 hPa,降雪集中在 1000~850 hPa。根据统计分析,冻雨天气的云底高度分布整体高于降雪天气,但这可能是由于在高海拔地区多发生冻雨天气,而在低海拔地区多发生降雪天气。本研究统计个例中有 50.5% 的冻雨发生在高海拔地区——威宁,而有 67.8% 的降雪发生在低海拔地区。

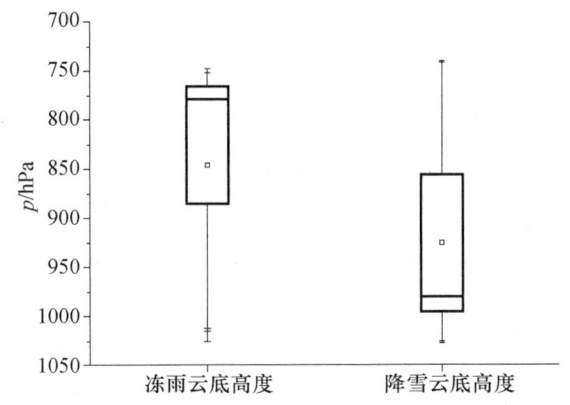

图 4.14 全部站点冻雨与降雪云底高度对比

因此,下面将云底高度分为三个类型讨论,威宁站海拔高度为 2236 m,代表高海拔地区;贵阳站海拔高度 1074 m,代表中等海拔高度地区;其他各站为低海拔地区,海拔高度在 46~261 m,站点包括马坡岭站、怀化站、桂林站、郴州站、赣县站、安庆站、南昌站。

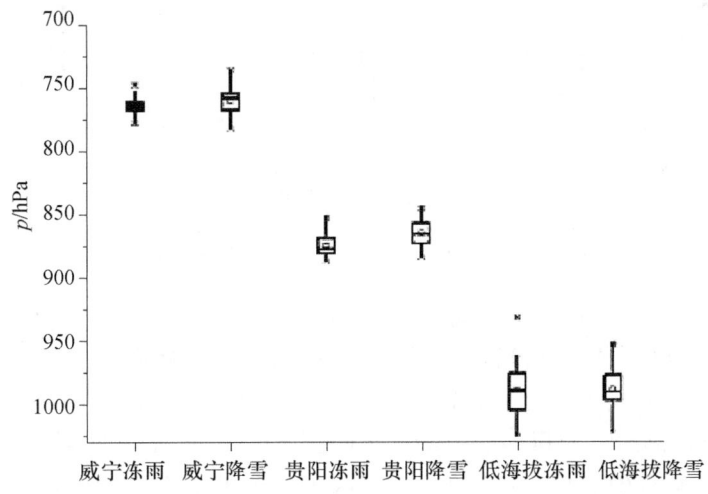

图 4.15 不同海拔冻雨与降雪云底高度对比

由图 4.15 可知,根据海拔高度分类的云底高度较为稳定,说明海拔高度的差异是造成云底高度差异的主要原因。在中高海拔地区,降雪天气的云底高度分布整体略高于冻雨天气,这与全部站点降雪与冻雨的云底高度分布情况相反,说明在不受海拔高度影响的情况下,冻雨的云底高度较低。另外,在中高海拔地区,冻雨和降雪天气的云底高度分布较低海拔地区较为集中,这可能是因为低海拔地区包含了多个站点,其中站点的海拔高度最大相差 215 m。

为了讨论冻雨与降雪云顶高度的区别,根据冻雨与降雪的云顶高度绘制箱型图(图 4.16),不同海拔高度上冻雨与降雪的云顶高度情况如图 4.17 所示。

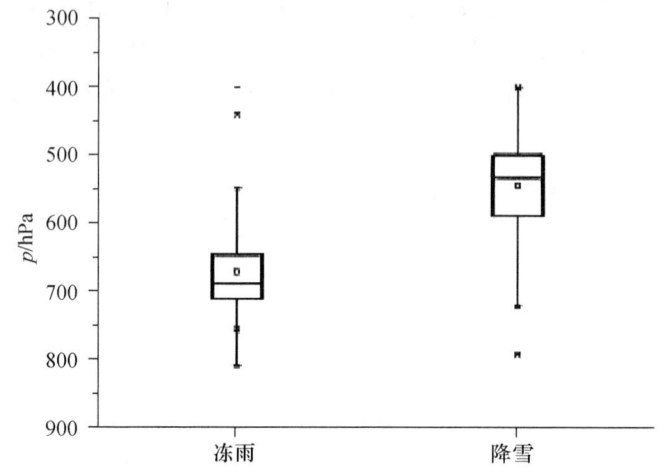

图 4.16　全部站点冻雨与降雪云顶高度对比

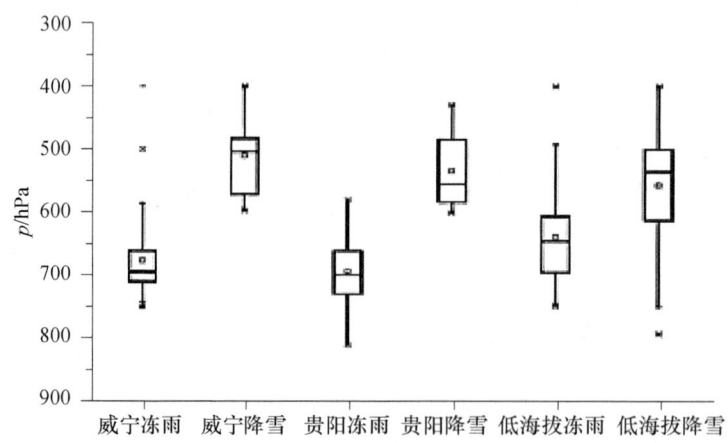

图 4.17　不同海拔冻雨与降雪云顶高度对比

对于全部站点而言,冻雨的云顶高度比降雪低,主要集中在 700 hPa 左右,降雪集中在 650 hPa(图 4.16),与全部站点云底高度图(图 4.14)相比,云顶高度的分布较集中,根据云顶高度能更好地区分冻雨与降雪天气。在各海拔高度上,降雪的云顶高度均高于冻雨(图 4.17),这一特征与全部站点云顶高度的情况相同。同时,通过比较图 4.16 和 4.17 可以发现,云顶高度基本不受站点的海拔高度影响,不会因为地形因素而被抬升,这跟云底高度的特征不同。

另外，本节还比较了冻雨与降雪的云层厚度，同样根据三种海拔高度分类（图4.18）。可以看出，在高、中、低三种海拔高度上，降雪天气的云层厚度都分别大于冻雨天气的云层厚度，随着海拔高度的降低，冻雨或降雪天气的云层厚度逐渐增加，在海拔高度最高的威宁站形成冻雨需要的云层厚度平均在100 hPa左右，而低海拔地区平均需要350 hPa的云层厚度。同时，海拔较高地区降雪的云层厚度仍可以大于海拔较低地区冻雨的云层厚度，高海拔地区威宁降雪天气的云层厚度总体大于中等海拔地区贵阳冻雨天气的云层厚度，贵阳地区的降雪天气云层厚度跟低海拔地区冻雨天气云层厚度大体相当。另外，同站点冻雨天气的云层厚度比降雪天气的云层厚度分布较集中。

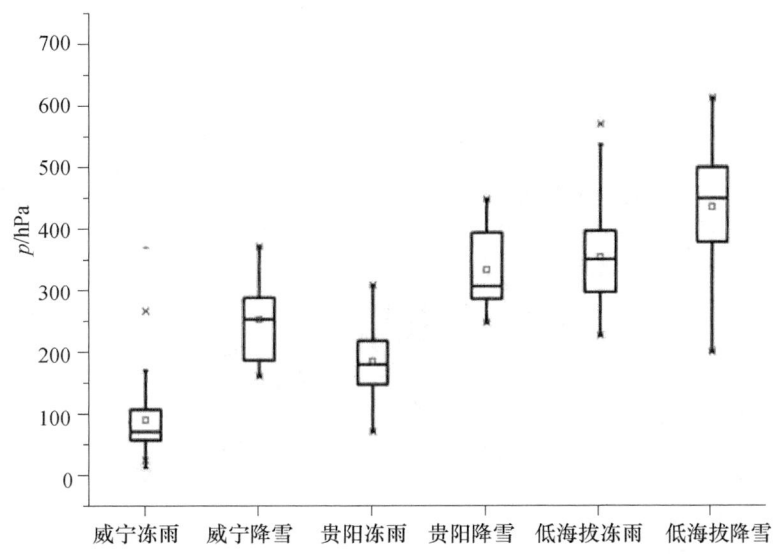

图4.18 不同海拔冻雨与降雪云层厚度对比

在各海拔高度上，冻雨平均云层厚度小于降雪云层厚度，这一特征与理论分析结果一致，发生冻雨和降雪的云层大部分都低于冻结温度，在越厚的云层中，降落的水滴越有可能被冻结成冰晶，从而形成降雪。而形成冻雨的云层厚度较薄，降水还未被冷却成冰，就接触到了地面，因而在降落过程中保持了过冷却水滴的状态。

图4.19和4.20给出了冻雨和降雪时云顶高度与云顶温度的关系。随着云顶高度的上升，冻雨与降雪的云顶温度都随之呈线性递减。冻雨天气的云顶温度总体比降雪天气高，并且集中在 $-11\sim5$ ℃，而降雪的云顶温度主要集中在 $-22\sim5$ ℃，降雪的云顶温度分布比冻雨分散（图4.19）。由图4.20可以看出，降雪与冻雨云顶温度分布既存在区别也有重叠，重叠区域基本在 $-10\sim5$ ℃的区间内。

4.3.2 冻雨与降雪两种不同降雨相态的判别

（1）根据云顶温度的区分

根据云顶温度对降雪与冻雨进行分类，将云顶温度（CTT）分为 $CTT<-10$ ℃，-10 ℃ $\leqslant CTT<-5$ ℃，-5 ℃ $\leqslant CTT<0$ ℃，$CTT\geqslant 0$ ℃ 四类，先计算了冻雨和降雪相加得到的全部个例中四类云顶温度的个例比率，再分别计算冻雨和降雪天气四类云顶温度的个例比率，如表4.13所示。

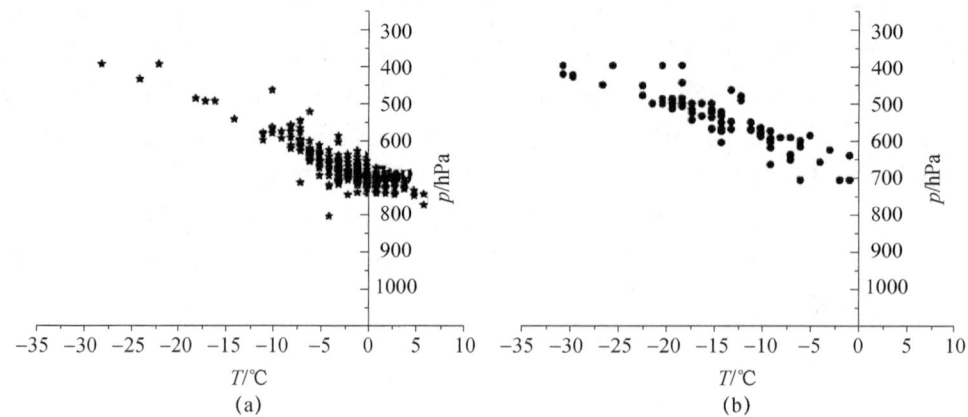

图 4.19 冻雨(a)、降雪(b)云顶高度与温度对比

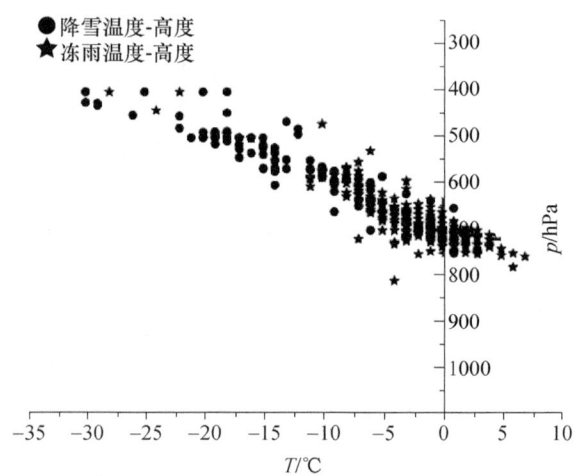

图 4.20 冻雨、降雪云顶温度与高度对比

表 4.13 冻雨和降雪云顶温度在各温度区间个数比率

云顶温度	$CTT<-10\ ℃$	$-10\ ℃\leqslant CTT<-5\ ℃$	$-5\ ℃\leqslant CTT<0\ ℃$	$CTT\geqslant 0\ ℃$
总体	22.97%	19.59%	34.46%	22.97%
冻雨	4.76%	18.10%	47.14%	30.00%
降雪	67.44%	23.26%	3.49%	5.81%

从表 4.13 中可以看出,大约有 77.14% 冻雨云顶温度 $\geqslant -5\ ℃$,95.24% 的冻雨云顶温度 $\geqslant -10\ ℃$;同时,对于降雪,67.44% 的降雪云顶温度 $<-10\ ℃$,90.7% 的降雪云顶温度 $<-5\ ℃$。根据降雪与冻雨云顶温度与高度对比(图 4.20)与表 4.13 都可看出,在 $-10\ ℃\leqslant CTT<-5\ ℃$ 的这个区间内,冻雨和降雪都有分布,无法只根据云顶温度对冻雨和降雪做出很好的判断,需要寻找一种在这个温度区间内区别冻雨与降雪的方法。

(2)对 $-10\ ℃\leqslant CTT<-5\ ℃$ 区间的区分

为了区分 $-10\ ℃\leqslant CTT<-5\ ℃$ 的冻雨和降雪,首先对个例的云顶高度和云厚进行分析。

图 4.21 给出了 $-10\ ℃\leqslant CTT<-5\ ℃$ 区间云顶高度和云层厚度的特征,可以看出,$-10\ ℃$

≤CTT<-5 ℃区间内冻雨和降雪个例的云顶高度和云层厚度分布较接近,难以用于区分冻雨与降雪天气,因此需要进一步比较冻雨和降雪的层结曲线来寻找区别。由于层结曲线逆温层受海拔高度影响较大,因此将温度层结曲线分成三类海拔进行讨论,如图 4.22、4.23、4.24 所示。

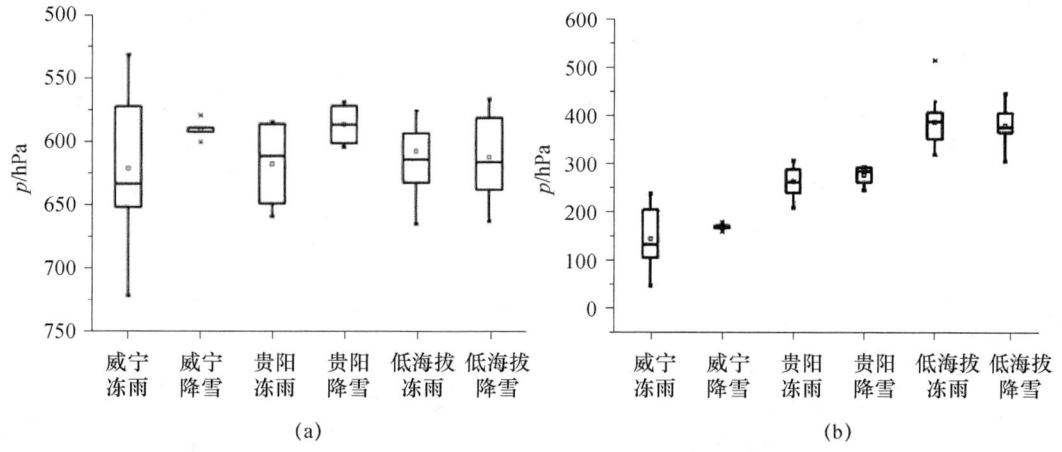

图 4.21 -10 ℃≤CTT<-5 ℃区间冻雨与降雪云顶高度(a)、云层厚度(b)对比

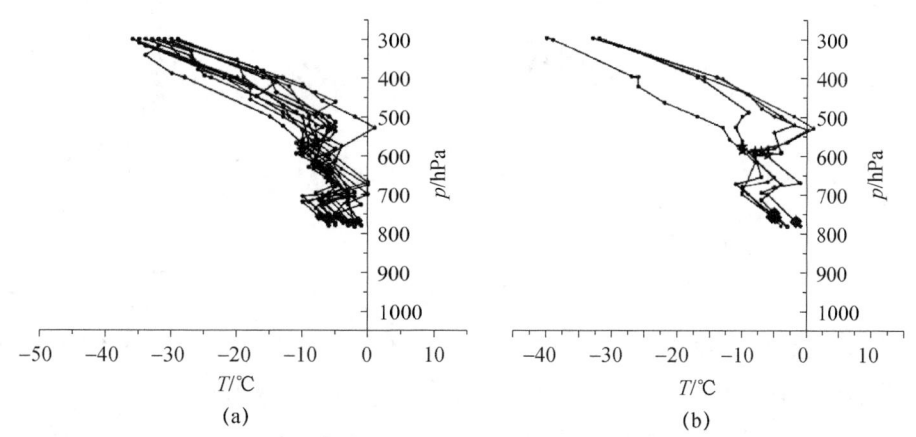

图 4.22 威宁(高海拔)冻雨(a)、降雪(b)层结曲线
(方块符号为云底高度,星型符号为云顶高度下同)

在中高海拔冻雨和降雪层结曲线的云顶和云底范围内,一般有逆温层出现,冻雨的逆温层结构较明显,厚度较大,平均逆温层顶较低,相比于降雪天气,平均层结最大温度较高,出现高于 0 ℃的暖层的概率也较大。

低海拔冻雨的层结曲线有较好的一致性,但其整体形式跟降雪天气层结曲线非常相似,云顶高度和云底高度相近,逆温层底在 900 hPa 左右,逆温层顶在 800 hPa 左右,从层结曲线图中很难区分冻雨与降雪天气,因此需对曲线进行定量化的分析。设暖层比率为高于 0 ℃的层结占整层云层的比例,冷层比率为(1—暖层比率)。

$$暖层比率 = \frac{暖层厚度}{云层厚度}$$

暖层比率表征了大气层结对降水有加热作用的层结,冷层比率表征了大气层结对降水有

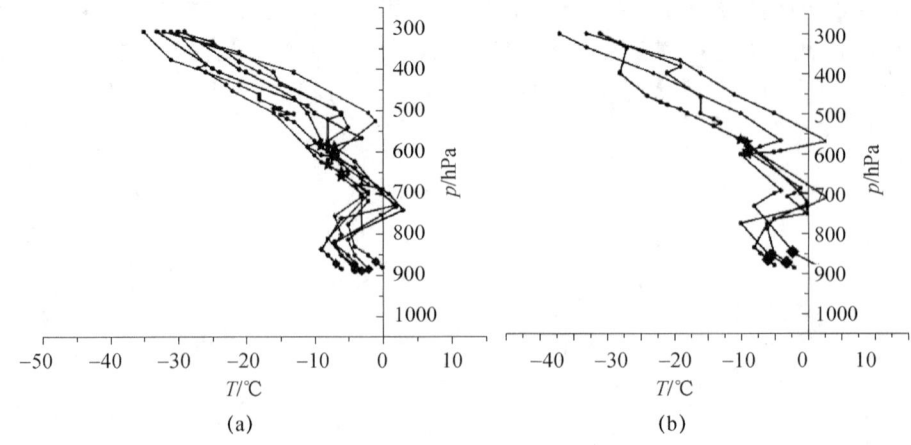

图 4.23 贵阳(中高海拔)冻雨、降雪层结曲线

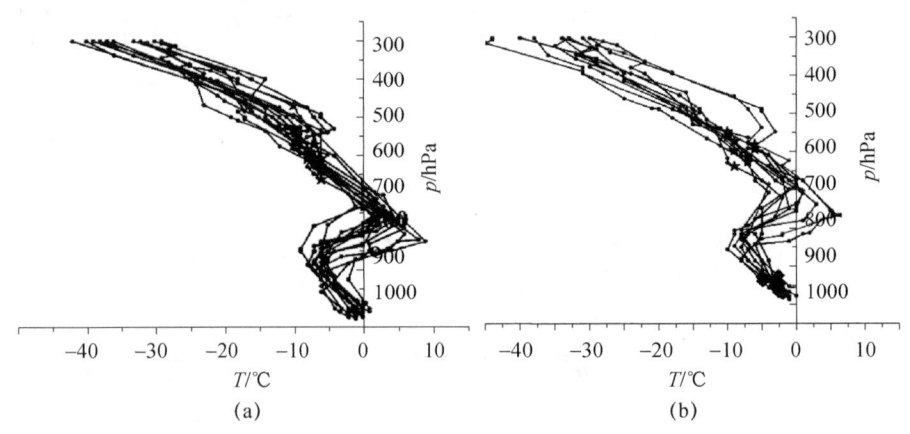

图 4.24 低海拔冻雨(a)、降雪(b)层结曲线

冷却作用的层结,理论上推测暖层比率越大,形成冻雨的可能性越大,形成降雪的可能性越小。通过计算,得到各海拔平均暖层比率与平均冷层比率,如表 4.14 所示。

表 4.14 各海拔平均暖层比率与平均冷层比率(单位:%)

	平均暖层比率	平均冷层比率
威宁冻雨	0	100
威宁降雪	0	100
贵阳冻雨	9.19	90.81
贵阳降雪	4.79	95.21
低海拔冻雨	26.23	73.77
低海拔降雪	12.50	87.50

由表 4.14 可以看出,威宁 $-10\ ℃ \leqslant CTT < -5\ ℃$ 区间的冻雨与降雪天气均不存在暖层,因此无法根据暖层比率来区分冻雨与降雪天气,贵阳、低海拔地区降雪的平均暖层比率低于冻雨,与理论分析一致,因为降雪天气有更大比例的暖层存在,使得形成冻雨的过冷水滴在下落到地面时能保持液态水状态。同时,中等海拔地区(贵阳)的冻雨平均暖层比率要小于低海拔

地区,且贵阳冻雨的云层厚度也小于低海拔地区,这说明在贵阳发生冻雨时,需要比低海拔地区较薄的暖层来加热降水物。但是贵阳站冻雨与降雪的平均暖层比率差别并不大,根据这个参量来判断冻雨和降雪也有一定困难。

考虑到大气中存在大量低于 0 ℃的过冷水滴,认为 0 ℃为液滴转化固态的分界温度可能不恰当,而暖层比率与冷层比率想要表征的物理意义分别是使大气中的所含大部分水分转化液态的层结比率与转化固态的层结比率,其分界温度可以基本区分大气中水分的固、液相态存在的层结,所以应该考虑降低区分暖层与冷层的温度。

选取-5 ℃来重新区分大气层结,参照暖层比率的定义方式,定义高于-5 ℃的层结为相对暖层,相对暖层比率为相对暖层除以云层厚度。

$$相对暖层比率 = \frac{相对暖层厚度}{云层厚度}$$

选择-5 ℃作为新的冻结温度的原因是:综合云中观测的结果表明,在低于-5 ℃的温度层结中开始出现空心柱状冰晶,高于-5 ℃时较少(Hallet 等,1974),-5 ℃为能否发生冰晶繁生机制的过度温度。在触发冰晶繁生机制的云层中,冰晶会与冰晶或其他水成物发生碰撞碎裂,使冰晶繁生,同时,过冷水滴也会在与冰粒子接触时先冻结成冰壳,而内部逐渐完成冻结时,因冻结体积增大,冰壳将发生破裂或炸碎,从而产生了大量的次生冰粒子(Stewart,1985)。

由此,得到相对暖层比率,并跟暖层比率进行对比,如表 4.15 所示。

表 4.15 各海拔平均相对暖层比率与平均暖层比率(单位:%)

	平均相对暖层比率	平均暖层比率
威宁冻雨	42.62	0.00
威宁降雪	26.68	0.00
贵阳冻雨	65.50	9.19
贵阳降雪	36.50	4.79
低海拔冻雨	73.66	26.23
低海拔降雪	58.86	12.50

根据计算得出的相对暖层和暖层比率对比可以看出,相对暖层对冻雨和降雪的区分能力要好于使用暖层比率,由于暖层比率数值在威宁的冻雨与降雪上没有差异,所以不能用来作为区分的参量,但是威宁冻雨和降雪的平均相对暖层比率出现了差异,并且冻雨的平均相对暖层比率大于降雪天气的平均相对暖层比率,也符合其定义的意义。同时,贵阳地区两种天气现象的平均相对暖层比率也比平均暖层比率相差更大,说明相对暖层比率对冻雨的区分能力比暖层比率更大。

我们尝试以合适的相对暖层比率与暖层比率来区分降雪。对于低海拔地区,当以相对暖层比率为 60%来区分冻雨和降雪时达到最优(大于 60%为冻雨,小于 60%为降雪),其正确率为 81.5%;当以暖层比率 20%来区分冻雨和降雪时达到最优,其正确率为 77.8%。对于中等海拔地区的贵阳,当以相对暖层比率 40%来区分冻雨和降雪时达到最优,其正确率为 81.8%;当以暖层比率 8%来区分冻雨和降雪时达到最优,其正确率为 54.5%,跟用相对暖层比率区分有明显下降。对于高海拔地区威宁,相对暖层比率为 17%时为最优,正确率为 78.9%,但是这个值低于威宁降雪的平均相对暖层比率,这主要是因为威宁冻雨天气的相对暖层比率浮动较大。威宁暖层比率没有差异,无法用于区分威宁地区的降雪。

(3)判别方法总结

根据以上对冻雨与降雪个例的讨论,总结的判别方法如下:首先,根据云顶温度判别,$CTT<-10$ ℃的认为是降雪天气,$CTT\geqslant-5$ ℃的认为是冻雨天气,-10 ℃$\leqslant CTT<-5$ ℃的情况下,计算相对暖层比率,按照三种海拔高度区别站点,低海拔地区,60%以上为冻雨,60%以下为降雪;中等海拔地区,40%以上为冻雨,40%以下为降雪;高海拔地区威宁,17%以上为冻雨,17%以下为降雪。根据这种最优的判别方式,本研究样本能得到的正确率为89.5%。

4.3.3 小结

根据地面观测资料与探空资料推导得到的云顶高度、云顶温度、云底高度、云层厚度以及层结曲线对冻雨与降雪天气进行了区分,得到以下结论:

(1)在各海拔上,冻雨的云底高度比降雪略低或大体相等。冻雨天气云顶高度低于降雪天气云顶高度,且云顶高度不受站点海拔高度的影响,不会因地形被抬升。随着海拔高度的降低,冻雨和降雪天气的云层厚度逐渐增大,降雪天气的云层厚度大于冻雨天气的云层厚度,说明形成冻雨天气的云层比降雪天气薄,由于下落距离较短,降水难以被冻结,因而形成冻雨。

(2)$CTT<-10$ ℃时多发生降雪天气,$CTT\geqslant-5$ ℃时多发生冻雨天气,但-10 ℃$\leqslant CTT<-5$ ℃的区间内冻雨和降雪较难区分。用相对暖层比率对此区间降雪和冻雨进行区分要好于用暖层比率,说明温度层结是否大于-5 ℃对形成冻雨或降雪的意义要大于0 ℃。

(3)总结冻雨与降雪的区分方法,使用云顶温度先对两者加以区分,再用相对暖层比率对-10 ℃$\leqslant CTT<-5$ ℃的温度区间进行区分,使用这种方法最优能使正确率达到89.5%,但是这种分类方法还需要大量的统计工作验证,同时也可以根据不同地区调整相对暖层区分温度的节点值,以取得更好的结果。

4.4 贵州冻雨过程云系特征的多源观测资料分析

本书第3章通过统计分析发现,贵州等南方地区存在"过冷暖雨"与"冰相融化"两种冻雨机制,贵州地区的"过冷暖雨"过程占到67%。另外,在3.3~3.4节中通过对两次冻雨过程的数值模拟,认为在云物质垂直结构上,贵州中部的冻雨区分别表现出两层和三层的结构特征。贵州冻雨过程真实的云系结构特征到底是怎样的呢?

2008年年初,我国南方地区广泛的雨雪冻雨灾害从1月10日一直持续到2月2日。这次严重的灾害分为四次过程:1月10—14日第一次过程;18—23日第二次过程;25—29日第三次过程;1月30日—2月2日第四次过程。其中第三次过程是属于典型的"冰相融化"冻雨过程,第四次过程属于"过冷暖雨"冻雨过程。2011年1月初,贵州再次受到仅次于2008年的冻雨侵袭,该次冻雨过程也属于典型的"过冷暖雨"冻雨过程。本节利用CloudSat卫星上的云廓线雷达(CPR)、FY-2卫星、NOAA-18卫星及C波段常规多普勒雷达等多源观测资料对中国南方冻雨天气过程进行观测分析,总结贵州和湖南冻雨的云物理形成机制,试图回答在这两种机制下贵州冻雨的云系特征和数值模式模拟的结果是否可靠的问题。

图4.25是CloudSat卫星分别在北京时间2008年1月28日02时56分、1月28日13时55分、2月9日14时20分和2月10日02时26分前后在中国地区经过的轨迹,分别用直线A、B、C、D表示。圆环表示贵阳多普勒雷达在2008年2月9日14时20分前后扫过的区域,圆

心为该雷达的位置。我们重点分析 A、B、C、D 4 个时段 CPR 的探测结果,探讨贵州、湖南冻雨天气的云物理机制;并且将 C 时段的结果与同一时间的贵阳 C 波段雷达探测结果进行对比,从而说明毫米波雷达的探测优势及局限性。

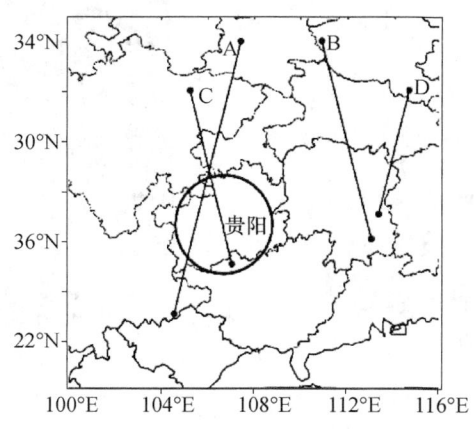

图 4.25 CloudSat 运行轨迹

[A、B、C、D 分别是该卫星在(北京时)2008 年 1 月 28 日 02 时 56 分、1 月 28 日 13 时 55 分、2 月 9 日 14 时 20 分和 2 月 10 日 02 时 26 分左右在中国地区经过的轨迹]

4.4.1 "冰相融化"冻雨过程的观测

(1)卫星、地面及探空观测

图 4.26 给出了北京时间 2008 年 1 月 28 日 03、14 时中国风云二号卫星(FY-2)得到的南方地区的卫星云顶高度图及当天 08 时长沙站探空图。可以看出,28 日从凌晨到下午贵州、湖南两省大部分区域云顶高度维持在 7 km 左右,最大超过 10 km,云顶温度低于 −20 ℃。地面观测资料(图略)显示:这些地区有大范围冻雨、降雪发生且持续时间较长。长沙站的探空图(图 4.26c)显示在 850～770 hPa 附近大气出现逆温,且 $\theta_{se950} - \theta_{se500} = -47.2$ ℃ 说明大气位势稳定。

(2)CPR 观测分析

由北京时间 2008 年 1 月 28 日 02 时 56 分和 13 时 55 分前后 CloudSat 的 CPR 探测得到云南、贵州、重庆和陕西境内部分地区云的雷达反射率因子、云内冰水含量以及云和降水类型(图 4.27),可以较清晰地看到云的水平和垂直结构:贵州和重庆大部分区域云顶高度一直维持在 7 km 以上,最大达到 10 km,其中贵州区域 26°N 以南云顶高度低于 6 km,26°～28°N 云顶高度在 6～8 km,云在水平方向也是连成一片,当天云的垂直和水平尺度均很大。

在 1 月 28 日 02 时 56 分前后卫星过境中国地区(图 4.27a,对应于图 4.25 中直线 A)时,雷达正好扫过云南、贵州、重庆和陕西部分地区。该图对应的区域跨越了从 23°—34°N 600 多千米范围,其中云体较密集的为 24°—30.5°N 和 32°—34°N 两个区域。云的平均高度在 7 km 以上,在 28°—30.5°N 重庆境内,云高达到 10 km。从其反射率看:23°—24.5°N 距离地面 3.5 km 左右存在一条厚度约 0.8 km 的 0 ℃ 亮带层(图 4.27a_1)。该层内云的回波强度较周围一定范围内大很多,平均强度达到 16 dBz,与其上、下部 1 km 处的粒子反射率比值超过 18,与张培昌等研究的雷达探测 0 ℃ 层融化带的回波特征比较得出,这是一条发展较弱的薄 0 ℃ 层亮带,结合云冰水含量(图 4.27a_2),发现此处冰水含量为 0 mg·m^{-3},说明该层全部为液态水,而其

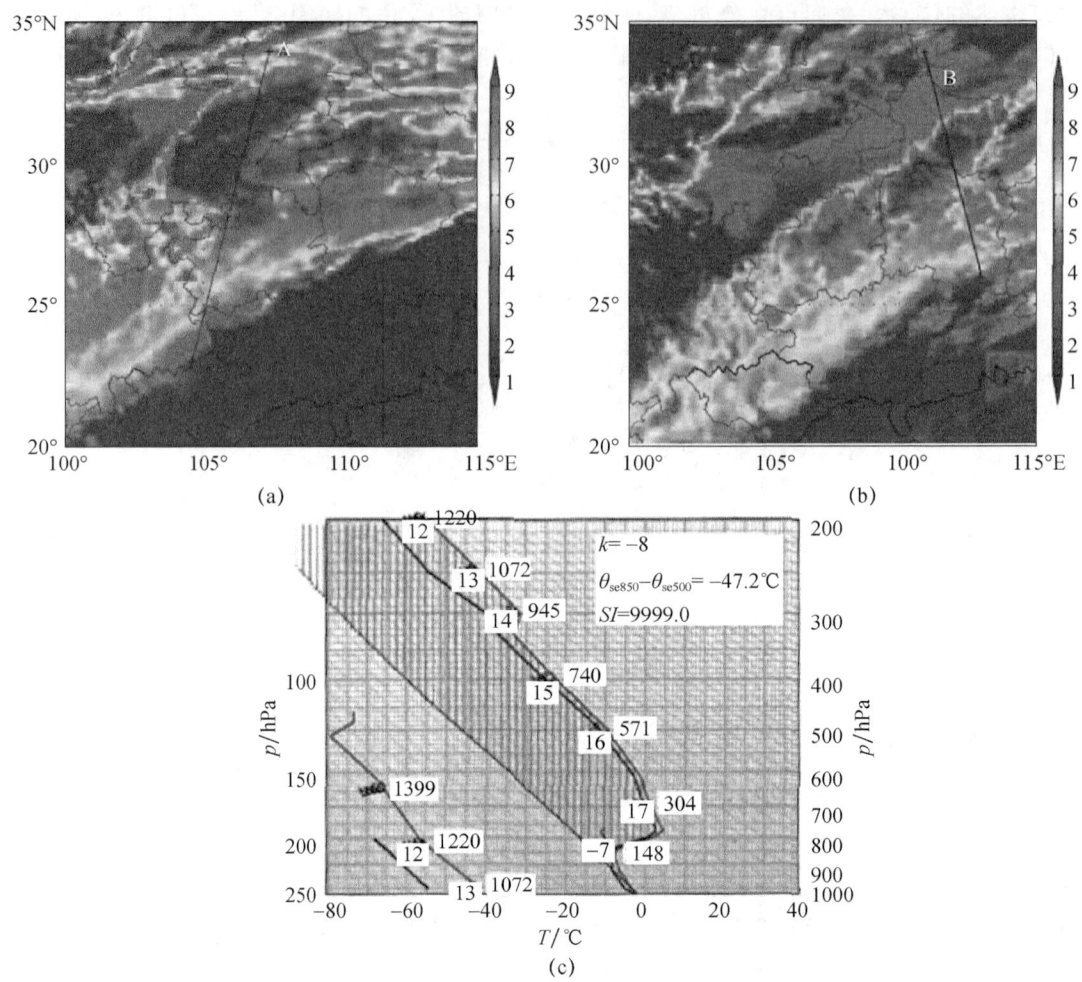

图 4.26 2008 年 1 月 28 日 03 时(a)、2008 年 1 月 28 日 14 时(b)FY-2 探测的云顶高度以及 08 时长沙站探空图(c)(单位:km)

(a 和 b 中黑色直线 A、B 分别对应于图 4.25 中 CloudSat 轨迹 A、B)

上方 1 km 以内为冰晶粒子,下方全部为液态水,因此判定 23°—24.5°N 云南省境内距离地面 3.5 km 左右存在 0 ℃层融化带。0 ℃层亮带是连续性降水的一个重要特征,很明显看出云中存在着明显的冰水转换区域:意味着在距离地面 2~4 km 处大气出现逆温,产生暖湿气流,其上降水粒子以冰晶为主,通过 0 ℃层亮带后全部转化为水滴,存在位势不稳定的潜能。除此之外,28.5°—30°N 也是回波强度相对强的地区,此处大部分地区在重庆境内,此处平均反射率强度超过 15 dBz,最大冰水含量达 450 g·m^{-3}(图 4.27a$_2$)。分析降水性质可知,29°N 以北只有小范围降雪,这是因为其上空融化层亮带较弱,而在 26°N 以南,虽然其上空存在强融化层亮带,由于地面温度高于 0 ℃,因此也只是降雨天气。

在本书 3.3 节,通过对 2008 年 1 月 28 日冻雨过程的模拟发现,沿 106.6°E 剖面在 26°—26.5°N 冻雨区的中低空暖区存在大量云水和雨水,同时高空存在冰晶和雪(图 3.26),冻雨发生时的云物理结构有明显的冰晶层、暖层和冷层,这与上述的观测事实还是比较吻合的。

1 月 28 日 13 时 55 分前后卫星过境中国(图 4.27b,对应于图 4.25 中直线 B),此时雷达正好扫过湖南、湖北和河南部分地区,且正好扫过湖南发生冻雨的地区。由图 4.27b$_1$ 可以看出:云的面积较上一时刻更大、云层更厚,垂直高度在 10 km 以上,29°—31°N 云体形成"云砧状",其内部包含好几个强度很大的云团,这种形状与夏季强对流云很相似。该时刻,距离地面 2.5~3 km 处内仍然存在 0 ℃ 层亮带,且融化层的连续性更好、雷达回波特征更加明显。此外,在 26.5°—27°N、27.5°N、28.2°—29.6°N 距离地面 7 km 的高空云团回波平均强度为 20 dBz,对应的云内冰水含量(图 4.27b_2)也相对较高,平均值近 800 mg·m^{-3},最大值出现在湖南澧县、常德、津市等地区,达 1400 mg·m^{-3}。结合降水性质(图 4.27b_3)和云分类(图 4.27b_4)发现:此刻大部分地区都是雨层云系导致产生的冰雪天气,此时地面站资料显示大部分地区温度在 0 ℃ 以下。与前一时刻比较,说明强度和厚度适当的融化层以及地面温度对于冻雨天气的形成至关重要。

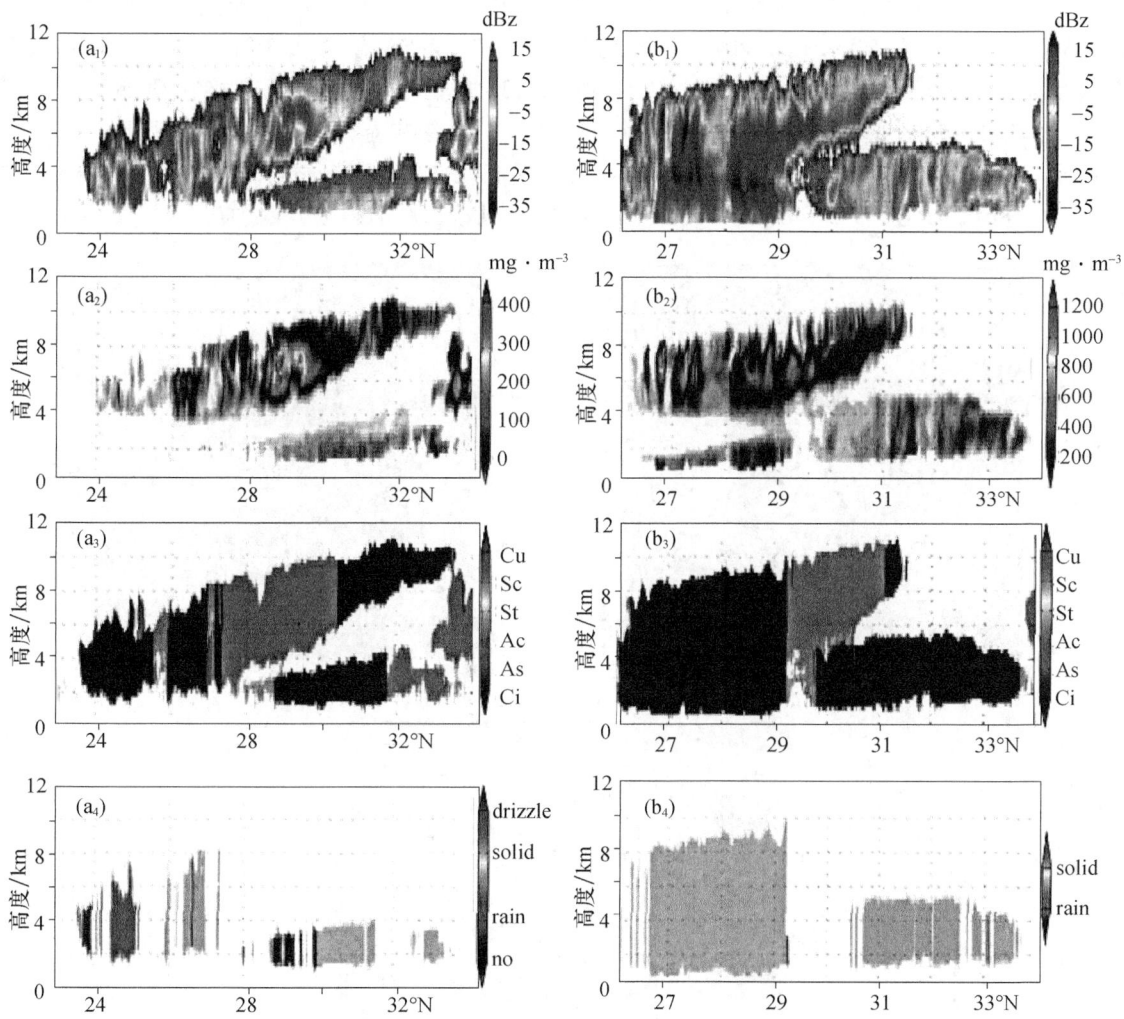

图 4.27 2008 年 1 月 28 日 02 时 56 分(a_1—a_4)、13 时 55 分(b_1—b_4)前后 CloudSat 云廓线雷达探测的(分别对应于图 4.26 中直线 A、B 区域上空)云的雷达反射率强度(a_1,b_1)、云内冰水含量(a_2,b_2)、云的类型(a_3,b_3)以及降水性质(a_4,b_4)

综合分析雷达探测的反射率强度、冰水含量等云和地面降水信息可以得出这次贵州、湖南等大范围地区出现冻雨主要是因为:上层暖湿气团触发冰相过程产生冰雪,随后下落暖区融化形成雨,与下层冷气团再次发生作用,下落形成过冷雨($-10\ ℃<T<0\ ℃$),低于 0 ℃的雨滴在温度略低于 0 ℃的空气中能够保持过冷状态,其外观同一般雨滴相同,当它落到温度为 0 ℃以下的物体上时,立刻冻结成外表光滑而透明的冰层。冻雨发生时的云物理结构有明显的冰晶层、暖层和冷层,属于典型的冻雨三层结构。

4.4.2 "过冷暖雨"冻雨过程的观测

(1)2008 年贵州"过冷暖雨"冻雨过程的观测

从 2008 年 2 月 9 日 14 时、2008 年 2 月 10 日 02 时 30 分 FY-2 卫星得到的南方地区的云顶高度图及 2 月 9 日 20 时长沙站探空(图 4.28)可以看出,这次冻雨形成的背景与上次个例有很大不同。贵州地区(24°—28°N,106°—110°E),9 日其云顶高度很低,均未超过 3 km,其他区域大部分云顶高度也在 5 km 以下,10 日贵州地区的云顶高度仍然维持在 3 km 左右,相邻省区上空云系高度有所增加,但仍然在 7 km 以下,造成云顶温度较高,不足以直接在顶部形成冰相粒子,为暖雨过程提供良好条件,地面观测资料(图略)的结果显示,9 日下午贵州地区为大范围小雨,10 日凌晨降水范围明显减小,但降水类型变为冻雨。贵阳站(图中是长沙站)的探空图(图 4.28c)显示在 850~770 hPa 附近大气出现逆温,云顶温度在 0 ℃左右。

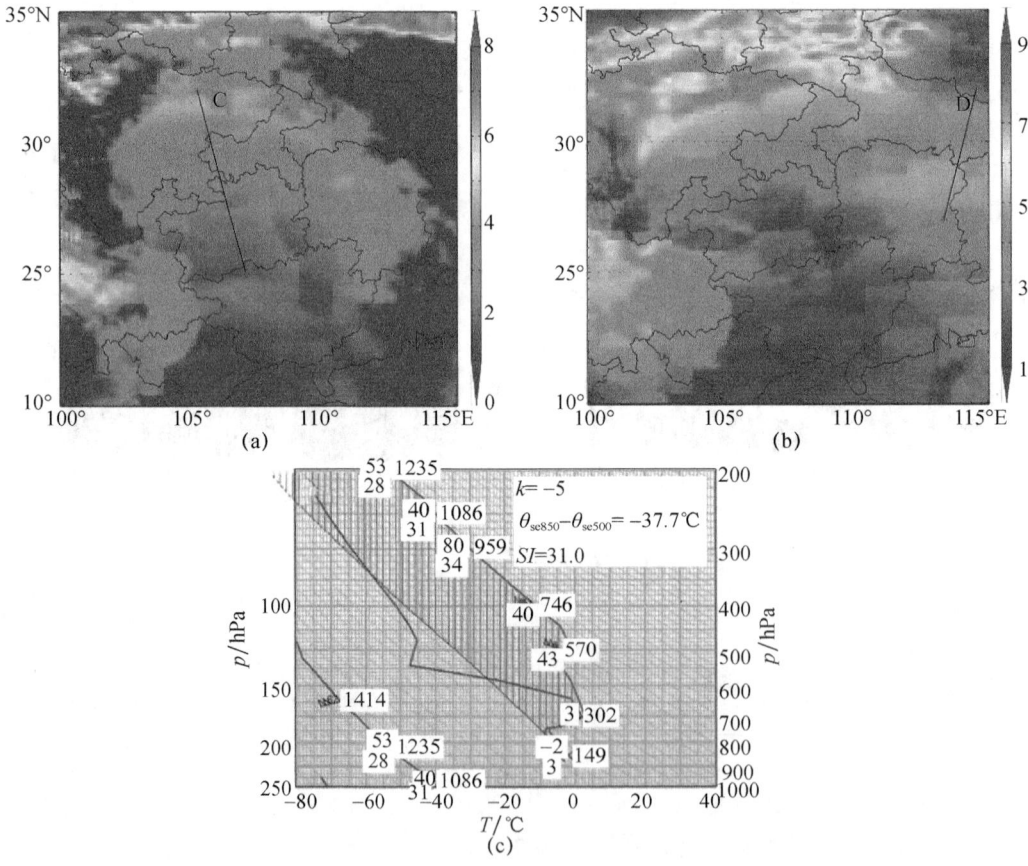

图 4.28 2008 年 2 月 9 日 14 时(a)、2008 年 2 月 10 日 02 时 30 分(b),
FY-2 卫星探测云顶高度(单位:km)以及 2 月 9 日 20 时长沙站探空图(c)
(a 和 b 中直线 C、D 分别对应于图 4.25 中 CloudSat 轨迹 C、D)

图 4.29 给出了 2008 年 2 月 9 日 14 时 20 分贵阳 C 波段多普勒雷达探测得到的 0.5°和 1.5°仰角雷达反射率强度 PPI 以及距离地面 1.5 km 和 3 km 等高面反射率强度 CAPPI,其中紫色直线表示同一时刻 CloudSat 在贵州省境内划过的区域。由该 C 波段雷达探测结果直观了解到贵州省上空云层的平均强度不超过 30 dBz,局部地区强度超过 40 dBz,北部地区没有探测到云区。对照图 4.30a,贵州省西北地区有层积云存在,整体强度很弱,在 −20~ −10 dBz,而实际地面观测资料显示有小雨发生。由此可以得出:普通的厘米波测雨雷达对于强度较弱的云探测能力大大下降,毫米波雷达可以弥补这个不足,能够监测到测雨雷达监测不到的弱云降水系统。另外,24°—26°N 可以明显看到无论距离地面 1.5 km,还是 3 km 处,CPR 探测的反射率强度均略低于 C 波段雷达探测值,由于 CPR 是垂直向下探测,因此离地面越近的地方,与 C 波段雷达探测的结果相差越大。这说明了毫米波雷达的衰减较厘米波雷达严重。

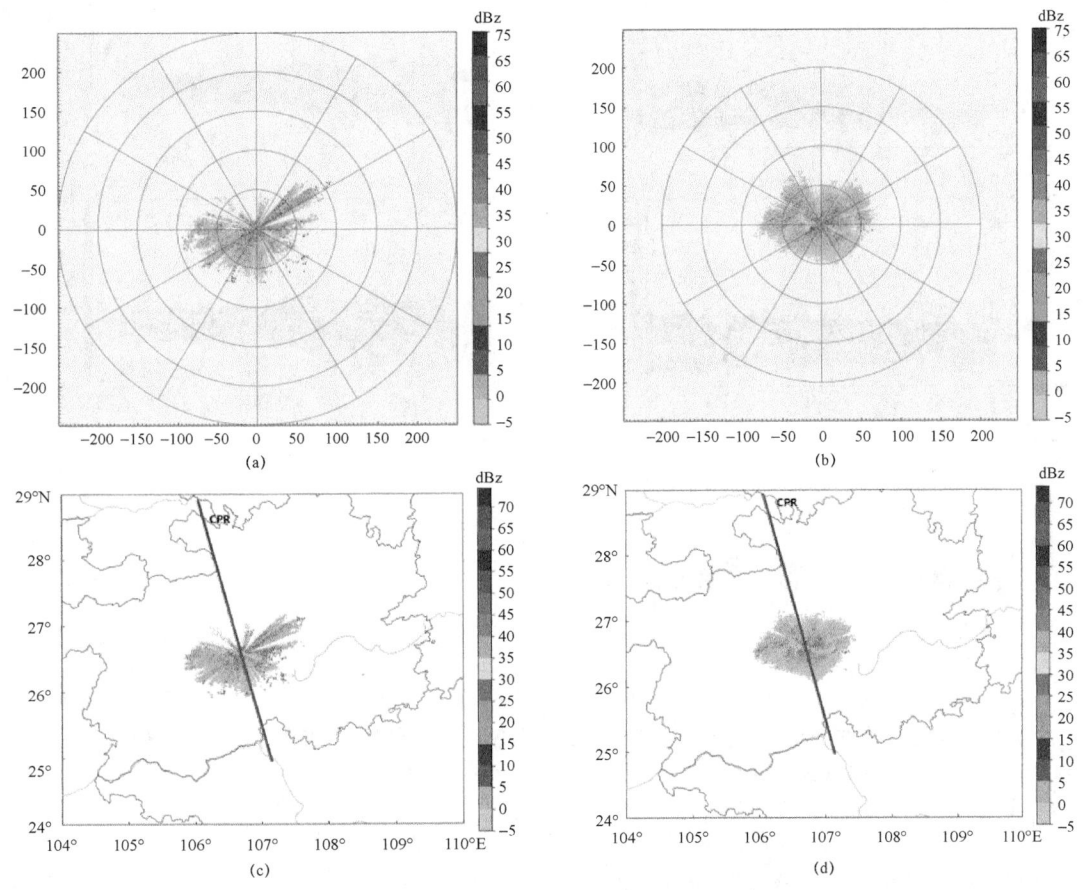

图 4.29　2008 年 2 月 9 日 14 时 20 分贵阳 C 波段多普勒雷达探测得到的 0.5°(a)和 1.5°(b)
仰角雷达反射率强度 PPI,距离地面 1.5 km(c)、3 km(d)等高面反射率强度(彩图见书后)
(黑色直线对应该时刻为 CloudSat 在贵州省境内划过的区域)

2 月 9 日 14 时 20 分前后卫星过境中国(图 4.30a,对应于图 4.25 中直线 C)时,雷达正好扫过贵州、四川、湖南 3 省部分冰雪地区。该图对应的区域跨越了 25°—32°N 约 700 km 范围,云的水平尺度较大,整体区域连成一片,但是云体垂直尺度不大,且云顶高度较低。贵州上空云体最大高度只有 4 km,云厚为 3 km 左右。云的回波反射率强度(图 4.30a_1)、云冰水含量

(图 4.30a_2)均很低:整个云层以内没有出现 0 ℃层融化带,平均反射率强度在 0 dBz 以下,最大冰水含量不超过 35 mg·m^{-3}。此刻贵州中部以南区域上空为层积云系,中北部区域上空为雨层云系,此时云雷达降水类型显示近地面均为雨水天气,并无冻雨发生,这与实际地面资料很吻合。

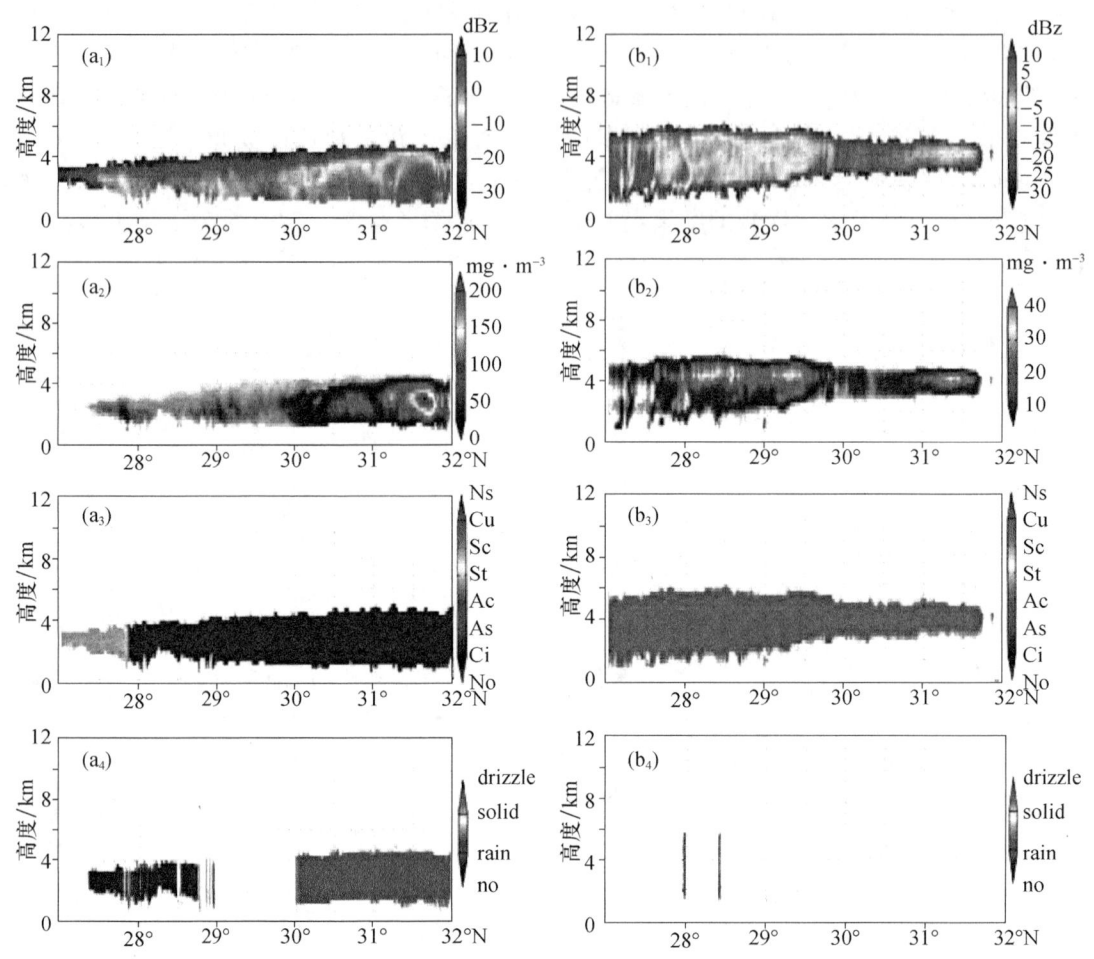

图 4.30 2008 年 2 月 9 日 14 时 20 分(a_1—a_4)、2 月 10 日 02 时 26 分(b_1—b_4)前后 CloudSat 云廓线雷达探测的(分别对应于图 4.25 中直线 C、D 区域上空)云的雷达反射率强度(a_1,b_1)、云内冰水含量(a_2,b_2)、云的类型(a_3,b_3)以及降水性质(a_4,b_4)

2 月 10 日 02 时 26 分前后卫星过境中国(对应于图 4.25 中直线 D)时雷达正好扫过湖南、湖北、河南省部分冰雪地区。该图对应的区域跨越了从 27°—32°N 约 500 km 范围,探测的区域大部分与上一时刻相同。与上一时刻不同的是:云顶高度较高,大部分高纬度地区上空为云厚不超过 2 km,最大高度不超过 6 km 的冰云,对应的回波反射率强度和云内冰水含量也较小,最大值不超过 55 mg·m^{-3}。此时,湖南上空为大面积高积云系,部分地区已经由之前持续的雨水天气变为冻雨以及雨夹雪天气,此时地面资料(图略)显示冻雨地区平均温度在 0 ℃附近。

综合雷达探测的反射率强度、冰水含量等云和地面降水信息可以得出此次南方大范围出现雨水天气,而小范围出现冻雨主要是因为:云顶发展较低,云顶温度较高,不足以形成冰相粒子,在低层冷湿空气作用下,云内产生暖雨过程形成过冷云,过冷云滴通过凝华与碰并过程尺度长大,产生过冷雨滴,低于 0 ℃ 的雨滴在温度略低于 0 ℃ 的空气中能够保持过冷状态,其外观同一般雨滴相同,当它落到温度为 0 ℃ 以下的物体上时,立刻冻结成外表光滑而透明的冰层。这个过程属于"过冷暖雨"的形成机制。

(2) 2011 年贵州"过冷暖雨"冻雨过程的观测

2011 年 1 月初,贵州再次受到仅次于 2008 年的冻雨侵袭。尤其是 2011 年 1 月 1 日 00:00 UTC 至 1 月 3 日 00:00 UTC,贵州地区的冻雨灾害使得贵州几乎所有高速公路和机场停运。从观测的地表降水类型(图 4.31)看,降水的带状分布过程非常明显,2011 年 1 月 1 日和 2 日,贵州中部(26°—27.5°N)有一东西走向的冻雨带,其北侧和南侧分别为降雪和降雨。单站探空曲线(图 4.32)表明,冻雨期间近地面低于 0 ℃,其上有高于 0 ℃ 的逆温层,大约在 700 hPa 附近。

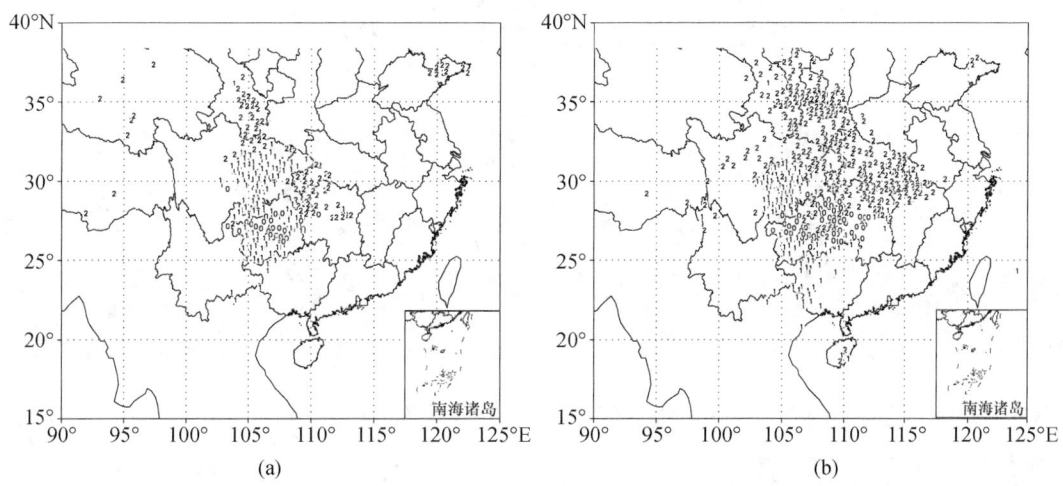

图 4.31 2011 年 1 月 1 日(a)和 2 日(b)的 00:00 UTC 观测的地面降水类型
(0:冻雨,1:降雨,2:降雪)

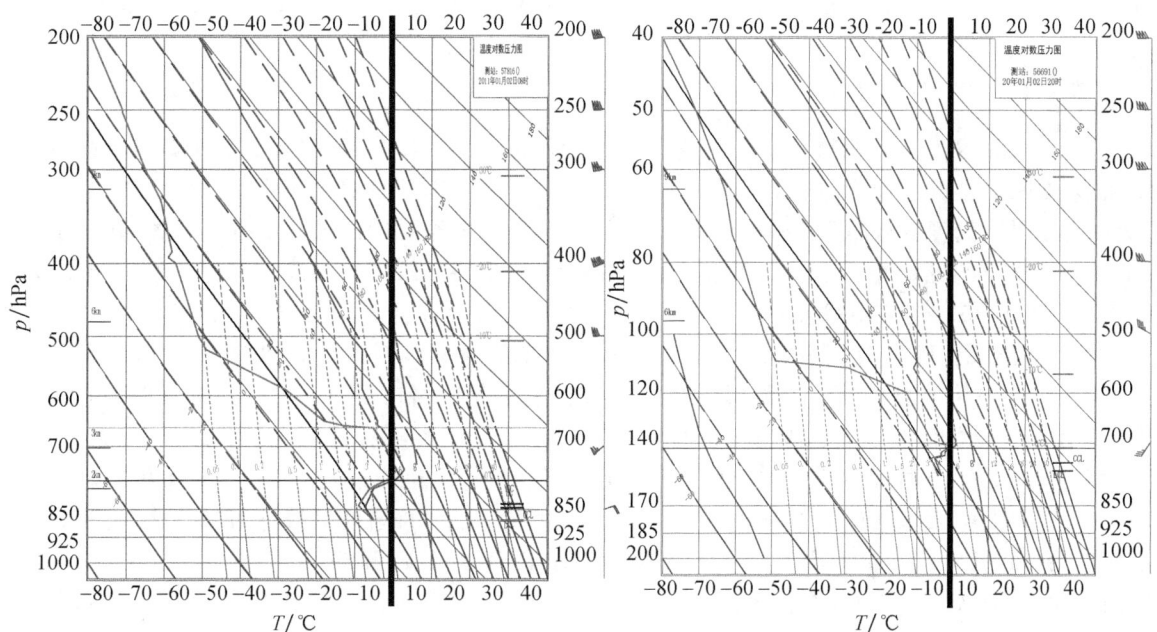

图 4.32 2011 年 1 月 2 日 00:00 UTC 冻雨时段贵阳(a)、威宁(b)的探空曲线

CPR 观测。从 CloudSat 观测到的 2011 年 1 月（图 4.33）冻雨过程云雷达反射率和云分类图上可以看到，贵州冻雨期间其上空云系非常浅薄均匀，大部分为层积云，高度在 2 km 以下，层积云以上没有中云或高云。

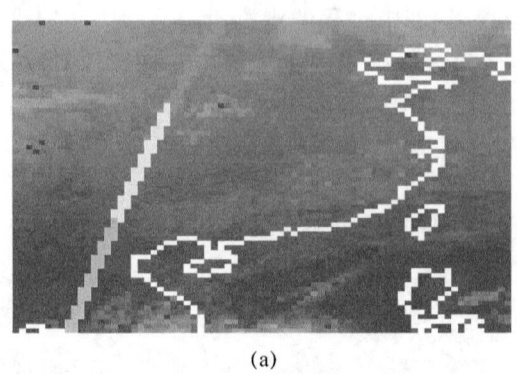

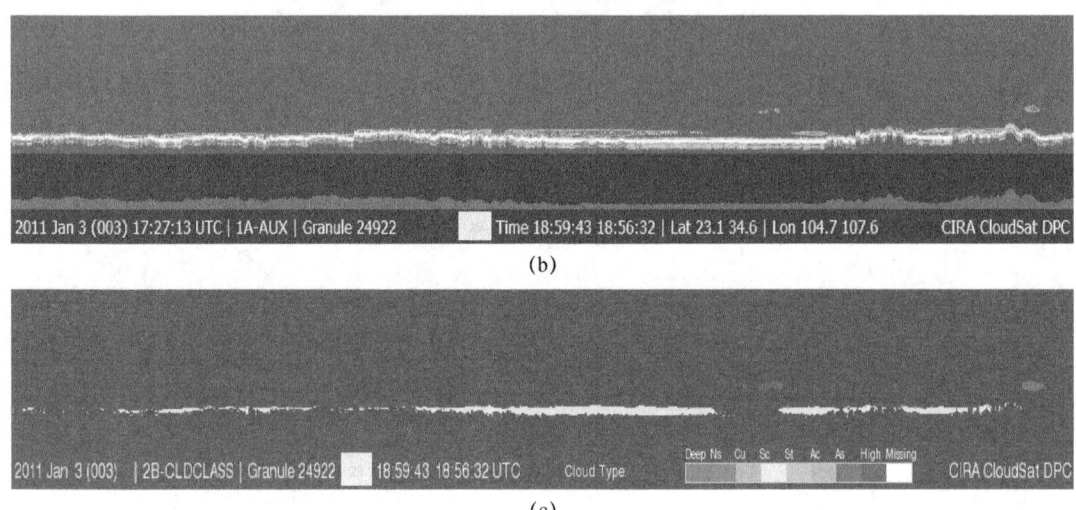

图 4.33 CloudSat 观测到的 2011 年 1 月冻雨过程的扫描区域(a)、云雷达反射率(b)和云分类(c)

C 波段雷达及卫星观测。由贵州遵义雷达的回波图（图 4.34）可以看到，2011 年贵州冻雨过程冻雨区上空的雷达回波非常弱的，基本都是 5 dBz 以下的层状云带状回波（图 4.33b、4.34），且回波高度都较低，基本都在 3 km 以下。配合其弱雷达回波，从云状上看，基本上也都是均匀分布的低层层状云，几乎没有高云的存在（图 4.33b）。从 NOAA-18（图 4.35a）和 FY-3A（图 4.35b）气象卫星监视显示出冻雨云系为较均匀的层云，没有对流云出现。

冻雨天气的 TBB 及空中云水分布特征。静止锋系统影响时，冻雨表现出的弱降水特征在 FY-2E 红外黑体亮温(TBB)上能够直观地显现出来。2011 年 1 月 1—3 日贵州出现强冻雨期间，TBB 上显示贵州上空受到稳定的中低层云覆盖，贵州大部分地区的 TBB 在 $-10 \sim 0$ ℃（图 4.36a—c）。这种温度分布说明云中冰相粒子极少，有利于过冷水滴在云内发生碰并增长。从贵州上空云水的时间高度演变（图 4.36d）可见，云水的温度对降水相态的影响是显著的：12 月 31 日—1 月 1 日天气实况是小雨转冻雨，图 4.36d 显示 31 日云水的温度在 700 hPa 以下均处于 0 ℃以上的暖区中，到 1 月 1 日，650—800 hPa 云水的温度为 $0 \sim 2$ ℃，具有暖云结构，但随着低层冷空气加强，800 hPa 以下气温降至 0 ℃以下，当日气象站观测到冻雨；到了 2 日，当云水含量达到最高时，随着冷空气不断加强，云水所处环境温度不断下降，700 hPa 以

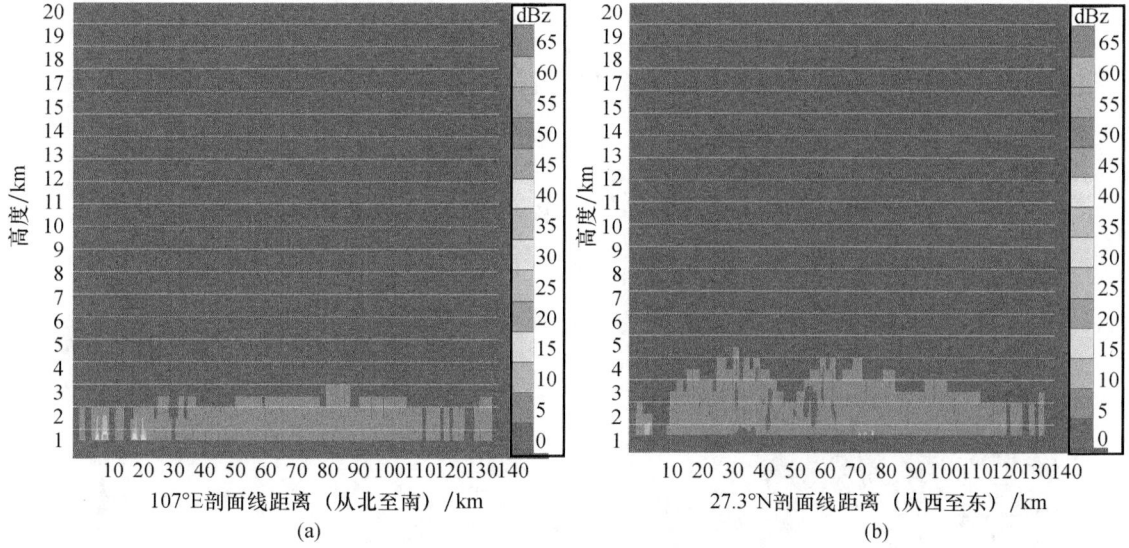

图 4.34　贵州遵义雷达观测的 2011 年 1 月 1 日 01:00 UTC 沿
107°E(a)和 27.3°N(b)的雷达反射率垂直剖面

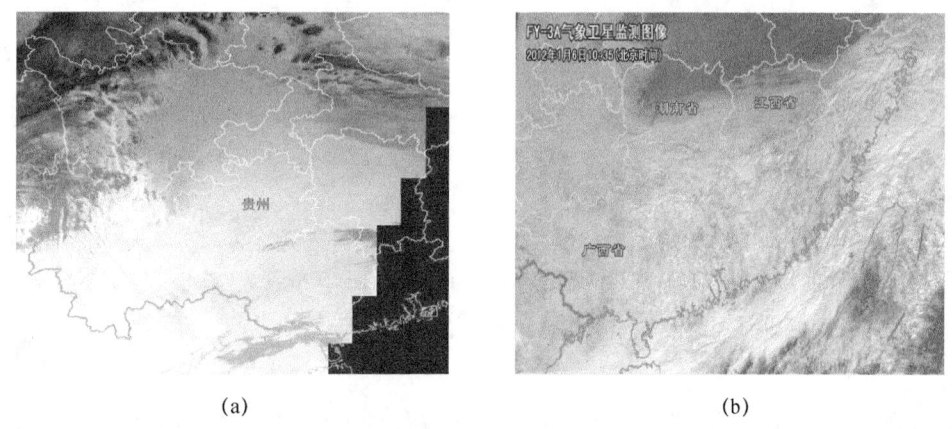

图 4.35　NOAA-18 卫星观测的 2011 年 1 月 1 日 11:38 UTC(a)和 FY-3A 卫星观测到的
2012 年 1 月 6 日 02:35UTC(b)冻雨时段的云图

上几乎都在 $-10\sim0$ ℃,而低层的气温则为 -2 ℃左右,但中间仍保留了一部分 0 ℃以上的暖层,满足 Huffman 等(1988)提出的冻雨形成机制("暖云过程")。

从云水在空中所处位置(图 4.36)分析,贵州冻雨区云层较薄,几乎集中在 600 hPa 以下、800 hPa 以上,且云中云水含量低,在 31 日 20:00—1 日 20:00 为 1×10^{-3} g·kg^{-1} 以上,最大中心达 4×10^{-3} g·kg^{-1},表明冻雨具有弱降水的特征,冻雨是通过云中过冷水滴的暖云机制形成的。

在本书 3.4 节,通过对 2011 年初的冻雨过程的数值模拟(图 3.35)可以看到,从沿 107°E 的垂直剖面上看,贵州冻雨区(26°—28°N)上空逆温结构很明显,基本以云水和雨水为主,它们较均匀地分布于 700 hPa 以下,而冰晶和雪等其他固态水成物都分布在 28°N 以北的区域,该次冻雨过程在贵州地区属于"二层结构"。这与以上的观测结论是基本吻合的。

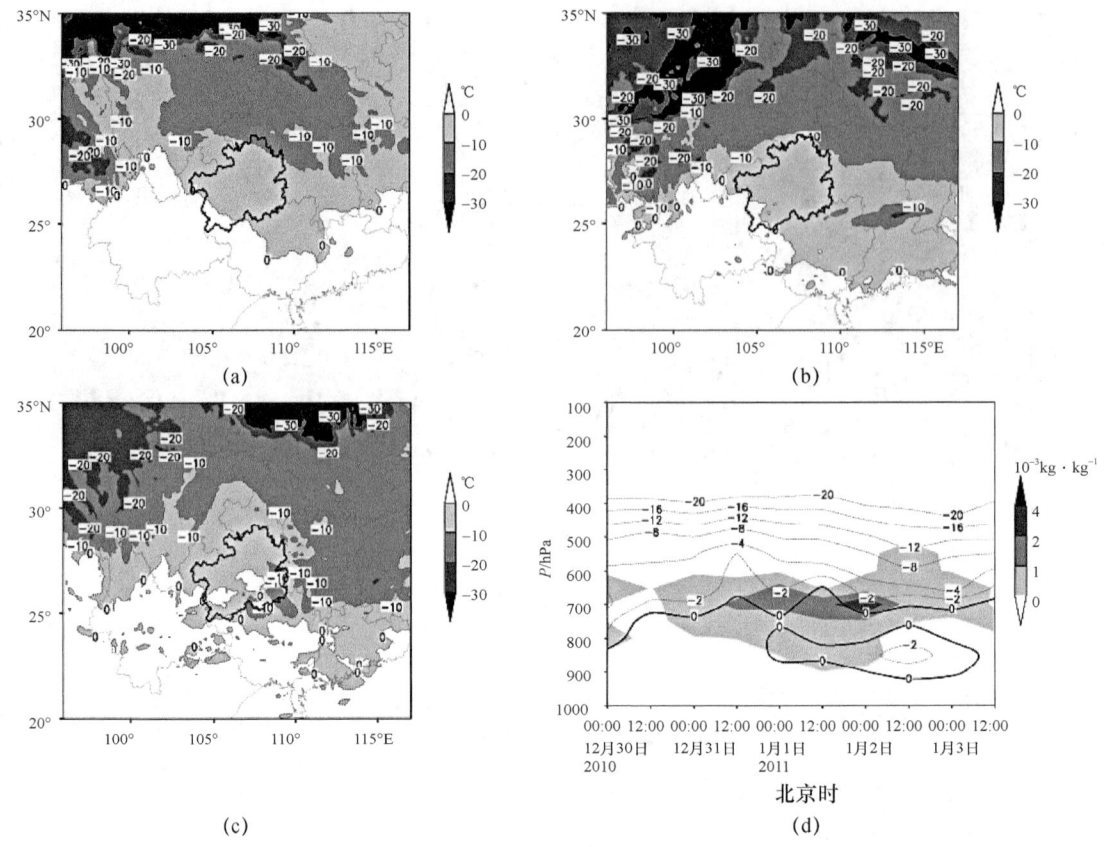

图4.36 2011年1月1日08:00(a)、2日08:00(b)、3日08:00(c)FY-2E的TBB分布,以及(d)2010年12月30日08:00—2011年1月3日20:00贵州区域(24°—29°N,103°—110°E)NCEP/NCAR再分析资料的温度场(等值线,单位:℃)与空中云水含量(阴影)的高度-时间剖面

4.4.3 小结

本节重点利用CloudSat卫星上搭载的3 mm波长的毫米波雷达(CPR)对2008年1月28日、2月10日及2011年1月2日的冻雨天气进行分析,并且结合个例选取贵州C波段天气雷达进行对比。结合测云雷达得到的回波强度、云内冰水含量、降水性质、云分类4个产品分析研究,得到以下结论:

(1)毫米波雷达具有较高的时、空分辨率,能够穿透云粒子获得清晰的云水平和垂直结构,探测云的内部特征。它除了可以提供云顶、云底高度、云层厚度、水平尺度等云的宏观物理参量外,还可以提供云内冰水含量等微观物理参量,为大气物理和大气探测的研究提供详细而重要的云信息,其在冻雨天气研究中有很大的应用潜力。

(2)0 ℃层亮带是连续性降水的一个重要特征,它反映了云中存在着明显的冰水转换区域,其上降水粒子以冰晶为主,通过0 ℃层亮带后全部转化为水滴,亮带的出现也表明了降水中气流稳定。毫米波雷达能够很好地反映0 ℃层亮带的垂直结构特征,具体表现在其周围的回波强度均小于这一层,融化中心的雷达反射率与其上面约500 m处雷达反射率之比和与其下面雷达反射率比值,分别为15~30及4~9。因此,毫米波雷达可以用来研究云内0 ℃层亮带的形成机制,这对探讨降水机制以及人工影响局部天气均有重要意义。

(3) 2008 年 1 月 28 日贵州中部以北、湖南冻雨和 2 月 10 日、2011 年 1 月 2 日贵州冻雨的形成机制不同,前者属于"冰相融化"过程,具有典型的三层结构:上层暖湿气团触发冰相过程产生冰雪,随后下落暖区融化形成雨,与下层冷气团再次发生作用,下落形成过冷雨。后者属于"过冷暖雨"过程,具有二层结构:云顶温度较高,不足以形成冰相粒子,在低层冷湿空气作用下,产生暖雨过程,形成过冷云,云滴通过凝华与碰并过程变成过冷雨滴。过冷雨降落到温度较低的物体后就迅速结冰。这是冻雨天气形成的两种典型云物理机制(表 4.16)。以上的观测结论与本书 3.3、3.4 节的模拟结果基本吻合。

表 4.16 冻雨形成的两种机制

	冻雨形成的云物理机制
冰相融化	上层暖湿气团:(冰相过程)冰雪(下落暖区融化)雨 下层冷气团:雨下落成过冷雨 ($-10\ ℃<T<0\ ℃$)
过冷暖雨	低层湿空气:过冷云(暖雨过程)-过冷雨 云顶温度高,冰相不发展

(4) 相比于厘米波测雨雷达,毫米波雷达凸显出探测非降水及弱降水云的能力。然而它也有自身的不足和应用的局限性,比如:星载 CPR 在获取云廓线资料时,靠单一的雷达是远远不够的,需要与其他多颗卫星、包括 MODIS 等仪器共同反演。此外,毫米波雷达还存在衰减严重的缺点,在 2008 年 1 月暴雪期间,地面雷达观测到最强回波超过 45 dBz,这些强回波表明有不少湿雪黏在一起形成湿雪团,此时 CPR 雷达衰减非常大,这种衰减作用是无法被订正的。因此,在观测强对流天气系统时,最好能联合两者共同使用,毫米波雷达用以研究降水前以及弱降水时天气系统和云层特性,厘米波雷达用以研究强降水天气系统及云层特征,二者可以取长补短,相得益彰。

4.5 贵州西部冻雨雨雪过程的毫米波云雷达回波特征分析

通过上一节的讨论,认为毫米波雷达具有较高的时、空分辨率,能够穿透云粒子获得清晰的云水平和垂直结构,探测云的内部特征,其在冻雨天气研究中有很大的应用潜力。但由于 CloudSat 卫星扫描方式的局限性,导致对云系观测的连续性存在较大的困难。本节通过布设在威宁的一部 Ka 波段毫米波云雷达的连续观测资料,分析贵州西部冻雨雨雪过程独特的云系特征。

4.5.1 贵州西部毫米波云雷达冻雨、降雪回波特征分析

从功率谱数据中提取五个谱矩量中的回波强度、速度谱宽两个参数指标,下面针对这几个参数指标对冻雨、雨雪过程进行回波特征方面的分析。

根据式(4.19)、式(4.21)从功率谱数据中提取反射率因子、速度谱宽参数,对这些参数进行时间-高度和 500 个径向数据的概率分布及时间平均的垂直廓线绘制如图 4.37 所示。从反射率因子图上可以发现冻雨的回波特征主要是片状不均匀结构,反射率因子主要集中在 $-20\sim0$ dBz,而降雪的丝缕状结构明显,反射率因子主要集中在 $0\sim20$ dBz。2014 年 12 月 10

日 1.2～0.9 km 高度、12 月 12 日 1.2～1.0 km 高度、12 月 27 日 0.8～0.6 km 高度的粒子下落高度范围内速度谱宽增大，表明小粒子在该段增长较快，12 月 10 日 0.9～0.8 km 高度、12 月 12 日 1.0～0.8 km 高度、12 月 27 日 0.6～0.4 km 高度的粒子下落高度范围内速度谱宽减小，在此范围内大粒子的含量增长到与小粒子相当的程度，随后粒子以该状态下落。此次观测的贵州威宁地区冻雨过程的云顶高度在 1.2～1.3 km，发展较低，降雪过程的云顶高度较冻雨过程高出很多，发展到 4.5～6.5 km。

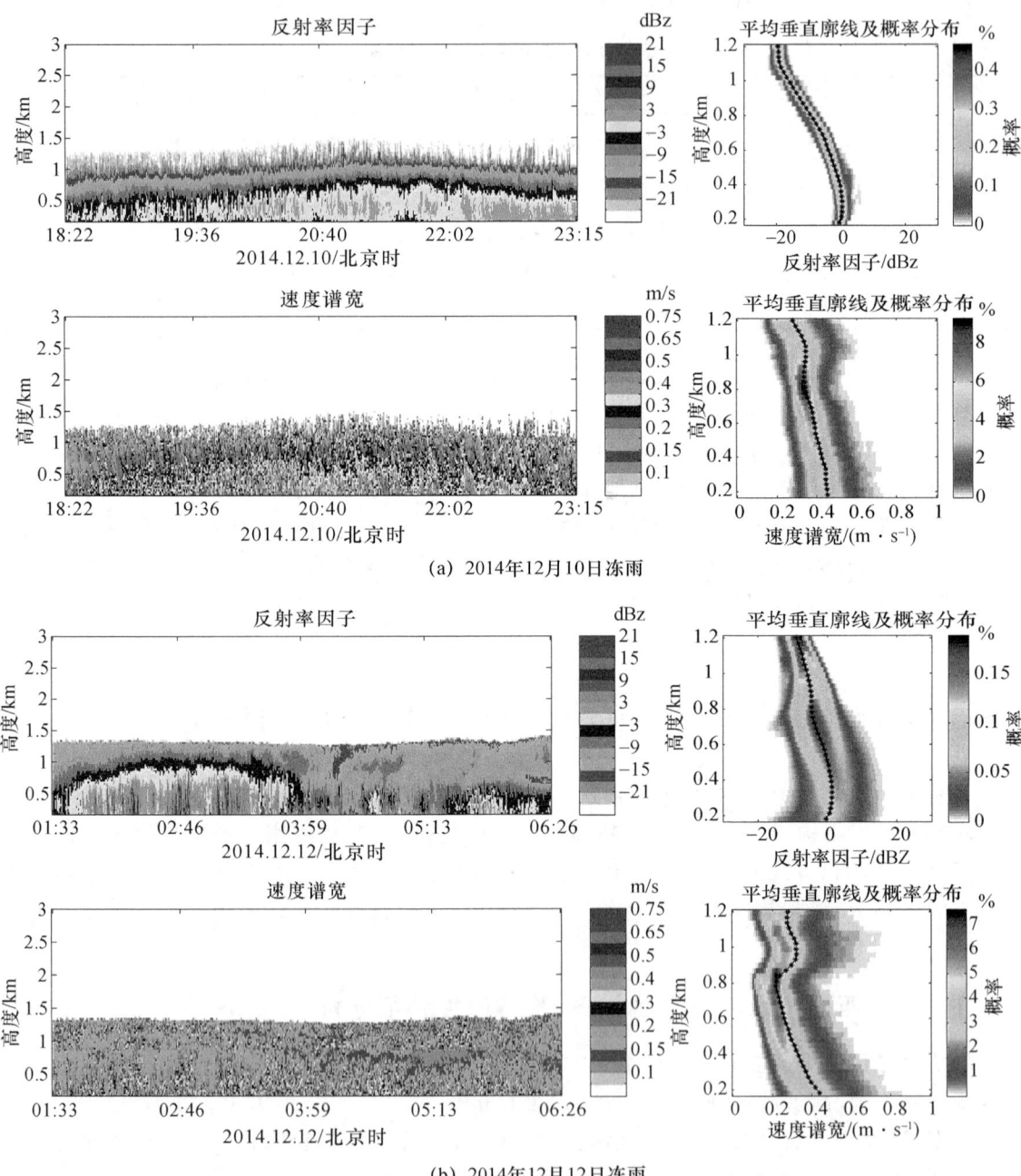

(a) 2014 年 12 月 10 日冻雨

(b) 2014 年 12 月 12 日冻雨

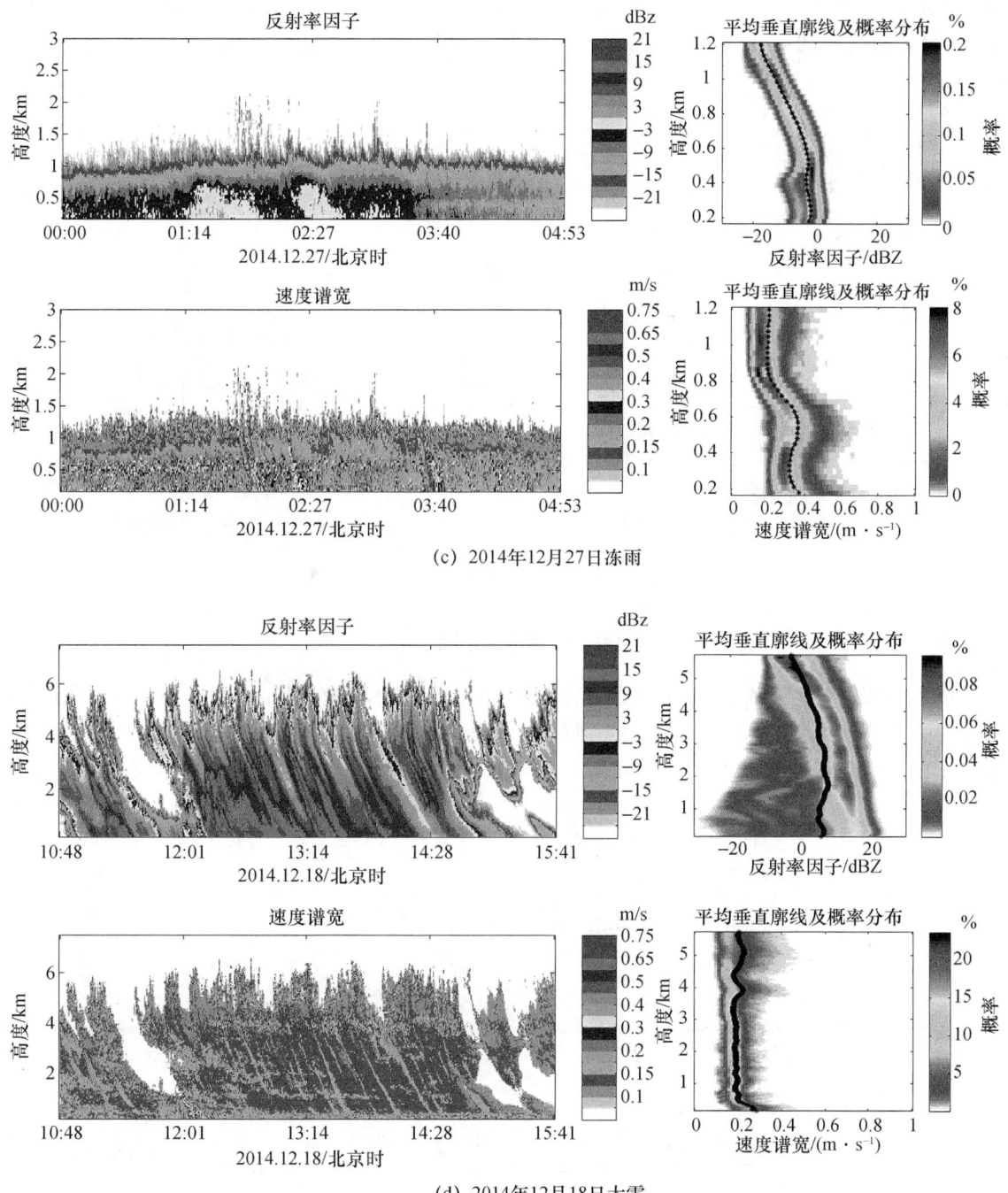

(c) 2014年12月27日冻雨

(d) 2014年12月18日大雪

图 4.37 反射率因子、速度谱宽及对应时间平均的概率、垂直廓线

4.5.2 贵州西部冻雨、雨雪过程回波强度概率分布

为了更直观地比较冻雨和降雪在回波强度上的分布特征,对 2014 年 12 月 10 日、12 月 12 日及 12 月 27 日的冻雨过程及 12 月 18 日的降雪过程回波强度的概率分布进行了如图 4.38 所示的统计分析:从图中可以发现,冻雨过程的回波强度主要分布在 $-20\sim 5$ dBz,降雪过程的

回波强度主要分布在 $-5\sim20$ dBz,冻雨过程较降雪过程的回波强度弱 $10\sim20$ dBz。其中由图 4.38a 得到的冻雨的回波强度的均值为 -10 dBz,由图 4.38b 得到的降雪的回波强度的均值为 10 dBz。

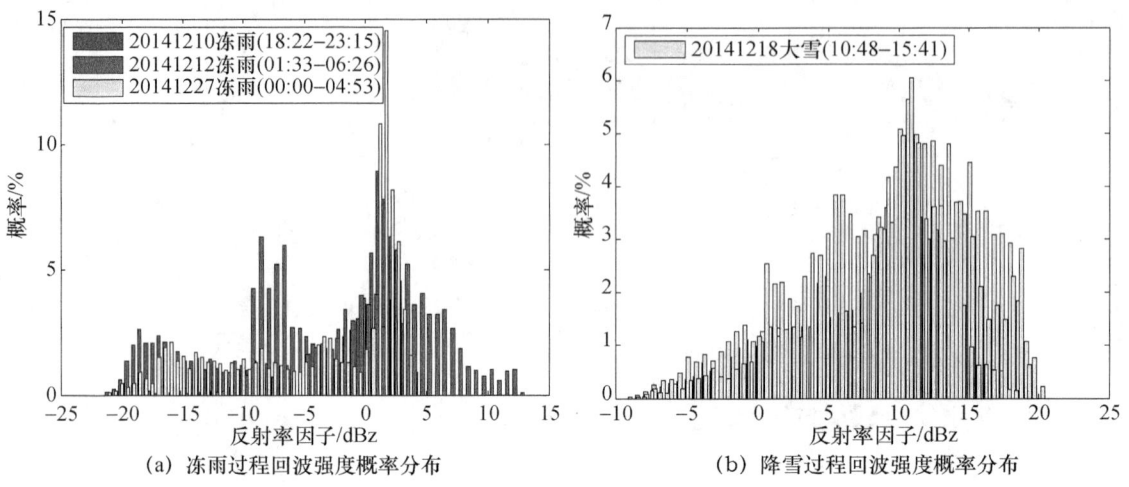

(a) 冻雨过程回波强度概率分布

(b) 降雪过程回波强度概率分布

图 4.38　冻雨(a)及降雪(b)过程的回波强度概率分布

4.5.3　贵州西部冻雨雨雪过程云顶、云底特征

对贵州西部观测的冻雨过程和降雪过程的云顶、云底高度做统计,绘图如图 4.39 所示:冻雨过程的云顶发展低,整个冻雨过程云顶位置平稳,降雪过程云顶位置高出冻雨过程很多,且降雪过程云顶高度随时间的变化较冻雨过程大。

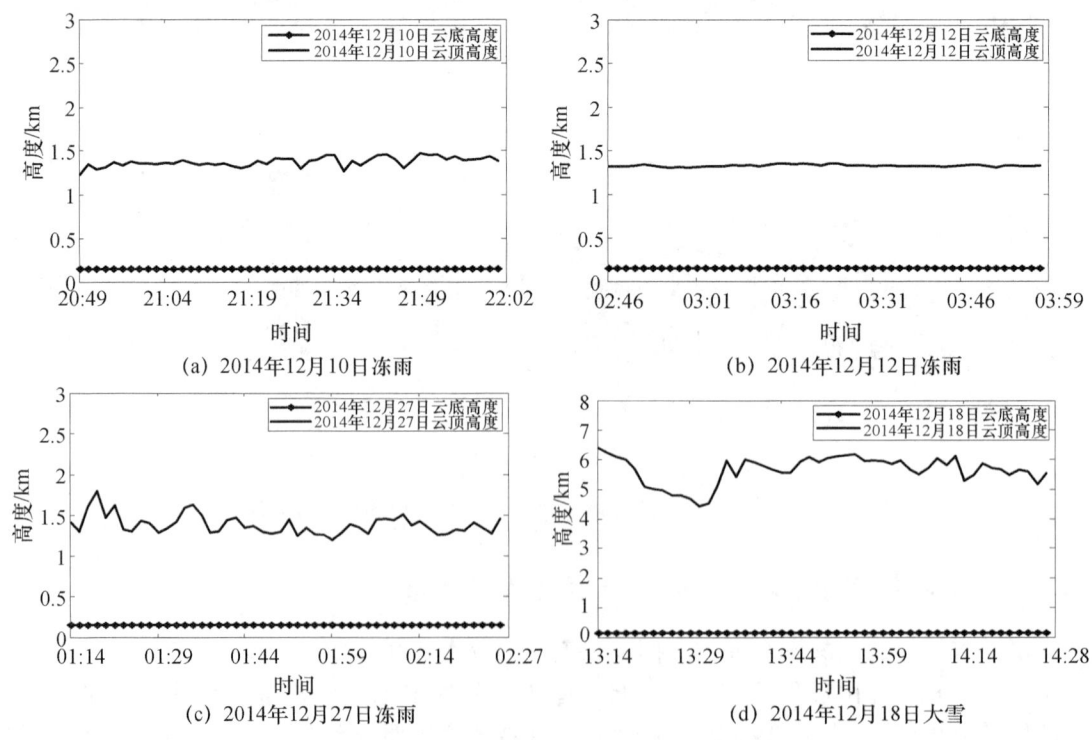

(a) 2014年12月10日冻雨

(b) 2014年12月12日冻雨

(c) 2014年12月27日冻雨

(d) 2014年12月18日大雪

图 4.39　冻雨及降雪过程云底、云顶高度

4.5.4 小结

本节对贵州威宁的冻雨和降雪的回波特征进行相关数据分析,得到冻雨的回波特征是片状不均匀结构并混杂有丝缕状纹理,而降雪的丝缕状结构明显。对贵州冻雨和降雪的回波强度概率分布、时间-回波强度图及云顶高度概率分布进行了分析,贵州冻雨过程的回波强度较降雪过程明显弱,主要分布在 $-15 \sim 5$ dBz,降雪过程的回波强度在 15 dBz 附近。贵州冻雨过程的云顶高度集中在 1.2~1.3 km,而降雪过程的云顶高度集中在 4.5~6.5 km。

4.6 贵州西部冻雨雪过程的微物理和动力特征分析

本节利用国内新型固态 Ka 波段毫米波云雷达 2014 年冬季在贵州威宁观测的功率谱数据,对其提取了反射率因子、速度谱宽及反映相态变化的偏度参数,反演了空气垂直运动速度,得到了粒子的下落末速度,进而得到降水粒子的平均半径,并反演了云中液态水含量和冰水含量,最后综合探空数据、反射率因子、速度谱宽、偏度、粒子平均半径等参数对冻雨和降雪的微物理和动力过程进行了联合分析。

4.6.1 冻雨和降雪的大气层结特征分析

探空数据能够获取观测时段测站上空的温度和水汽分布情况等信息,对于从垂直方向的温度及空气相对湿度等层面分析其对降水粒子的发展变化有十分重要的作用。

毫米波云雷达观测期间开展 08 时和 20 时探空,获取观测期间每日两次的探空数据。根据四次天气过程的降水时间,选取与之接近的 08 时数据作为对比资料。利用 MICAPS 的 $T\text{-}\lg p$ 分析工具对该资料进行对比分析(图 4.40),图中实线表示温-压曲线(T),反映测站上空温度的垂直分布状况;虚线表示露-压曲线(T_d),反映测站上空水汽的垂直分布状况。2014 年 12 月 10 日冻雨过程的探空数据(图 4.40a),在 700 hPa(3 km)至 500 hPa(5.5 km)范围内,温度的垂直递减率小,气温基本维持在 -5 ℃左右,从 650 hPa(3.5 km)开始温-压曲线与露-压曲线接近,空气趋于饱和,冰晶粒子开始形成,但由于气温从 500 hPa(5.5 km)开始就维持在 -5 ℃左右,故粒子的液态混合比大于固态混合比,且近地面温度在 -2 ℃左右,下落至地面时以冻雨的形式存在。2014 年 12 月 12 日冻雨过程的探空数据(图 4.40b),在 550 hPa(5 km)附近探空数据的温度接近 0 ℃且存在一个明显的逆温层,在 650 hPa(3.5 km)附近温度下降至 -10 ℃左右,温-压曲线与露-压曲线接近,空气趋于饱和,且此时近地面时温度又上升至 -5 ℃左右,故降水粒子一直维持过冷雨滴的状态至下落到地面,降落至地面时因地表温度低于 0 ℃而形成冻雨。2014 年 12 月 27 日冻雨过程的探空数据(图 4.40c),在 600 hPa(4 km)时温-压曲线与露-压曲线接近,空气趋于饱和,且此时的温度在 -10 ℃左右,形成冰晶,但在降落过程中温度升高,在 680 hPa(3.2 km)时有一个小的逆温层,温度由 $-5 \sim -3$ ℃再至地面的 -2 ℃,形成过冷雨滴降落。2014 年 12 月 18 日的大雪过程的探空数据(图 4.40d),从 400 hPa(7 km)开始温-压曲线与露-压曲线接近,空气趋于饱和,对应的温度在 -30 ℃左右,形成大的冰晶粒子,到 700 hPa(3 km)附近时出现逆温层,温度由 $-5 \sim -3$ ℃再到近地面的 -2 ℃,因固态混合比很大,一直到降落至地面是雪。

综上四次天气过程对比分析表明,冻雨和降雪在 $T\text{-}\lg p$ 图上的共同点都是存在明显的逆温层。不同之处在于:降雪过程中的 500 hPa 附近高空气温较低(低于 -10 ℃),固态混合比较大,且近地面温度不足以使其部分融化;而冻雨过程中的 500 hPa 附近高空气温并不低(−10～0 ℃),液态混合比较大,且近地面温度不足以使其冻结。另外,冻雨过程之间对比分析表明,冻雨 T-lg$p$ 图上一般逆温层位于 700 hPa 附近(图 4.40a、b),逆温层顶气温一般 −3 ℃ 左右,层底(近地面)气温一般在 −7 ℃ 左右,是冻雨形成过程的典型探空结构;而有时逆温层较高,可达 550 hPa(图 4.40b),层顶气温逼近 0 ℃,几近成为水滴,但是由于底层(近地面)气温低于 −10 ℃,水滴在降落到地面前转为过冷却状态,进而造成冻雨,且冻雨过程在整个下落过程中没有高于 0 ℃ 的温度层。因此,判断是否能够造成冻雨的 T-lg$p$ 图关键指标:一是分析是否有逆温层;二是分析降水粒子在落地之前是否处于过冷却状态。冻雨和降雪过程的云顶高度及对应的温度如表 4.17 所示。

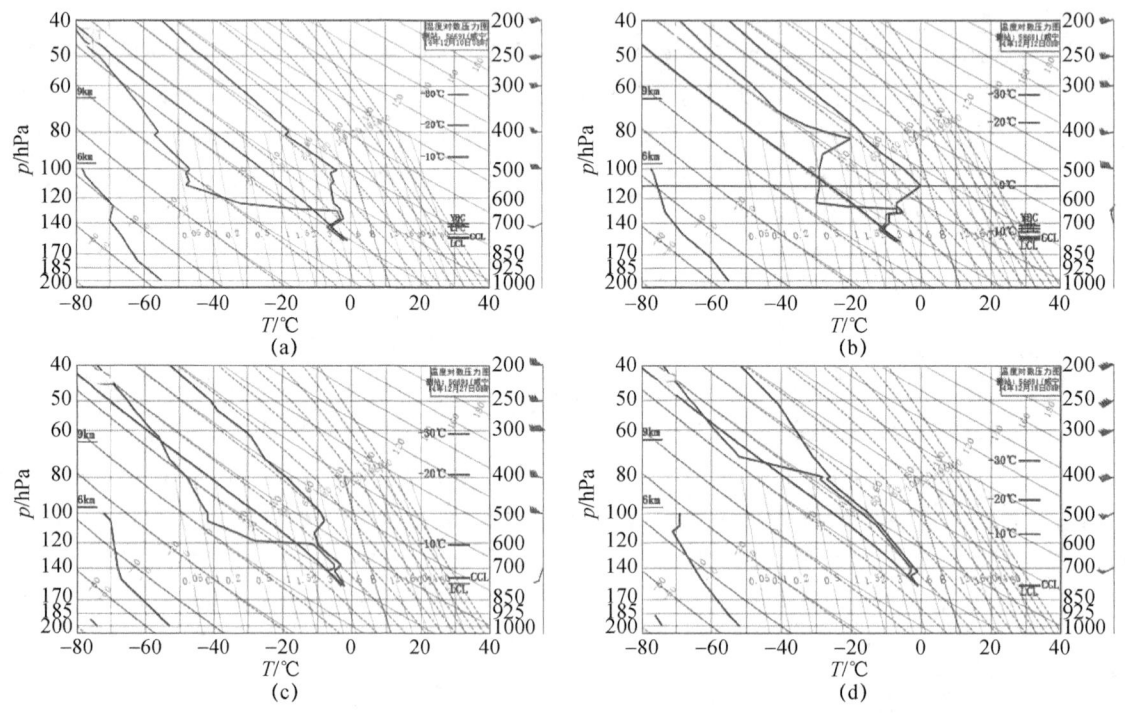

图 4.40　2014 年 12 月 10 日(a)、12 日(b)、27 日(c)冻雨和 18 日(d)大雪过程探空数据 T-lg$p$ 图
(彩图见书后)

表 4.17　冻雨和降雪过程的回波顶高及对应的温度

	观测日期及对应的天气情况			
	12 月 10 日(冻雨)	12 月 12 日(冻雨)	12 月 27 日(冻雨)	12 月 18 日(大雪)
云顶高度(相对雷达高度)/m	1246	1329	1267	5557
云顶温度/℃	−3.8	−5.1	−6.1	−31.3

4.6.2　功率谱数据

功率谱的谱宽、峰值点、左端点、右端点随下落高度的变化能够反映不同下落高度上粒子状态的变化,因此对功率谱数据提取谱宽、峰值点、左端点、右端点进行如图 4.41 所示的绘制并进行分析,对于研究降水粒子在下落过程中的变化有重要的意义。

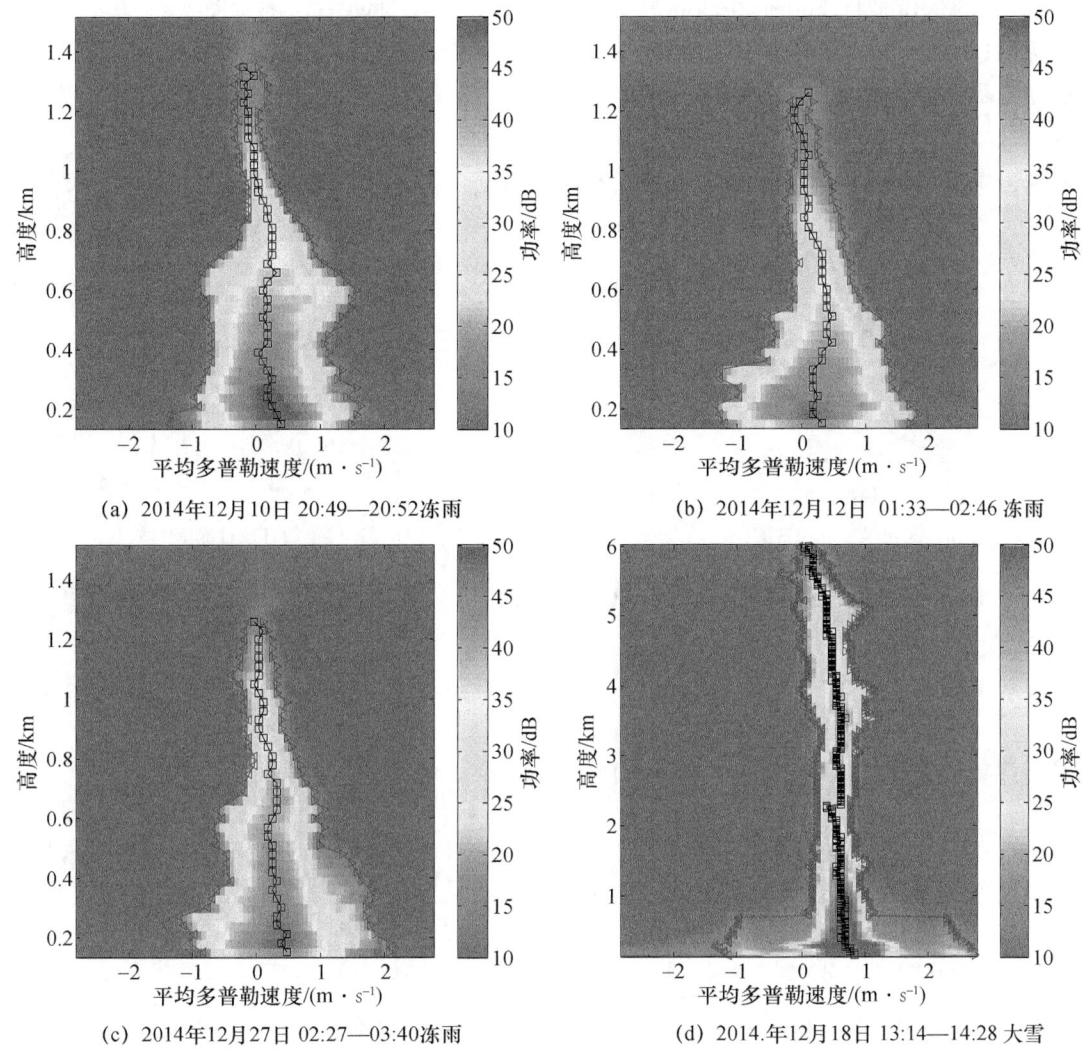

图 4.41 贵州地区功率谱数据时间平均的峰值-左-右边界值

此处选取 20 个径向(约 3 min)的时间平均,时段均选在回波强度较强的时段(具体时间段在图下方标明),绘制的峰值-左-右边界值如图 4.41 所示(此处设定速度向下为正):从功率谱数据峰值-左-右边界值图中发现冻雨过程因降水粒子在下落过程中速度变大,下落过程中峰值点整体向右偏移;降水粒子在下落过程中碰并融合使粒子增长并形成大小不同的粒子,下落速度的差异导致谱宽逐渐展宽;而降雪过程因冰晶粒子在下落过程中发生碰并融合的概率小,在相同下落高度情况下谱宽的变化较冻雨过程小,但降雪过程云顶高度高,故下落至地面时谱宽也发生了变化,但变化不大,在 0.8 km 以下受空气垂直运动速度的影响谱宽发生展宽。

4.6.3 冻雨和降雪的偏度

偏度对云内毛毛雨的形成和发展十分敏感,是反映云粒子滴谱变化和相态变化非常实用的物理量,根据式(4.22)从功率谱数据中提取偏度参数,通过分析偏度值随高度的变化来分析粒子下落过程中相态的变化。

对提取的偏度值取 500 个径向的数据进行概率分布及时间平均的垂直廓线的绘制,如图 4.42 所示:冻雨过程偏度值在粒子下落过程中有较明显的变化,降雪过程在整个下落过程中偏度值的变化不明显。

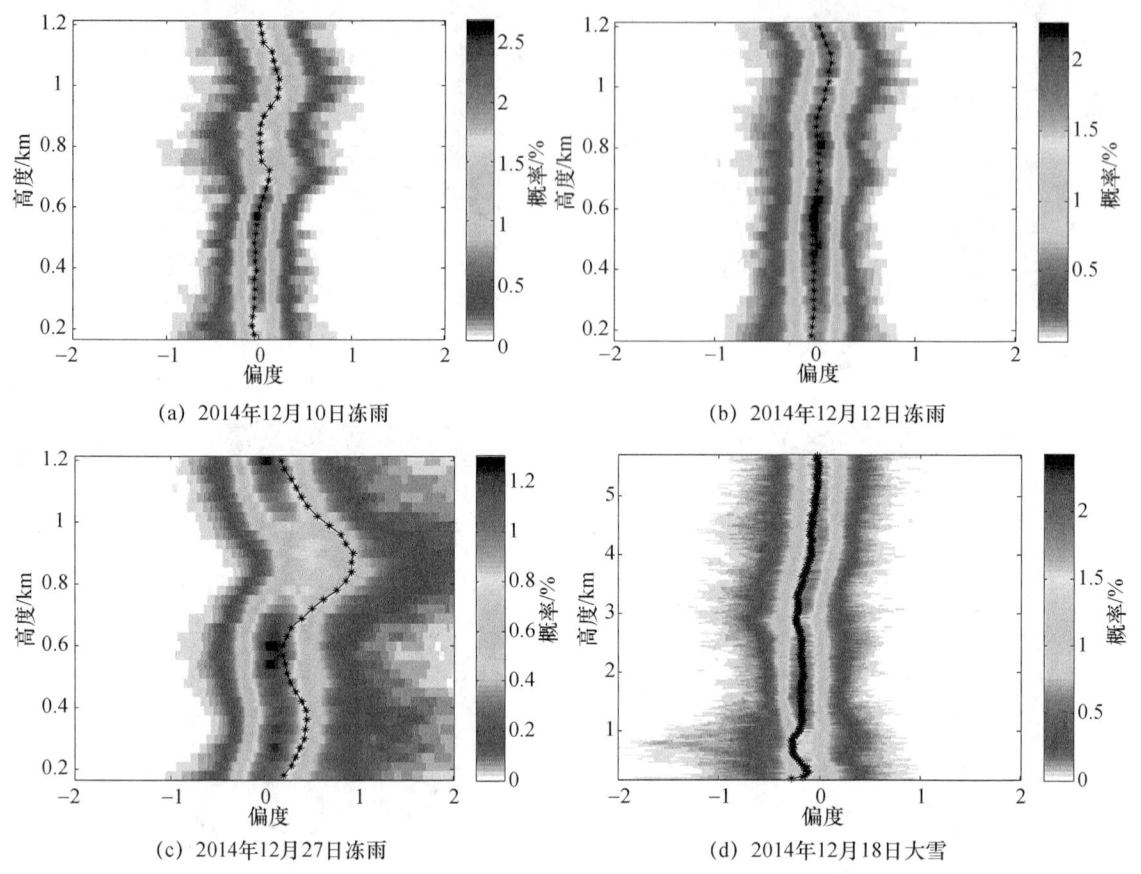

图 4.42　2014 年 12 月 10 日(a)、12 日(b)、27 日(c)和 18 日(d)的偏度概率分布及时间平均的垂直廓线

4.6.4　冻雨和降雪的空气垂直运动速度

因毫米波云雷达测得的速度信息同时包含了粒子的下落末速度和空气垂直运动速度,因此空气垂直运动速度的确定对得到粒子的下落末速度至关重要。

按 4.1.4 节中的方法进行空气垂直运动速度的计算,对雷达测得的速度进行空气垂直运动速度的去除。取 500 个径向的数据得到的时间平均的垂直廓线如图 4.43 所示。分析发现冻雨过程的空气垂直运动速度分布较为一致,随高度的下降空气垂直运动速度从 0 m/s 左右逐渐增大至 1 m/s 左右,且冻雨过程在 0.8 km 附近空气垂直运动速度开始增大,0~1 m/s 空气垂直运动速度有利于冻雨过程的维持。降雪过程的空气垂直运动速度随高度的下降维持在 −0.5 m/s 附近,在 0.8 km 附近开始增大至 0 m/s 附近(垂直速度正、负值分别表示下降和上升运动)。

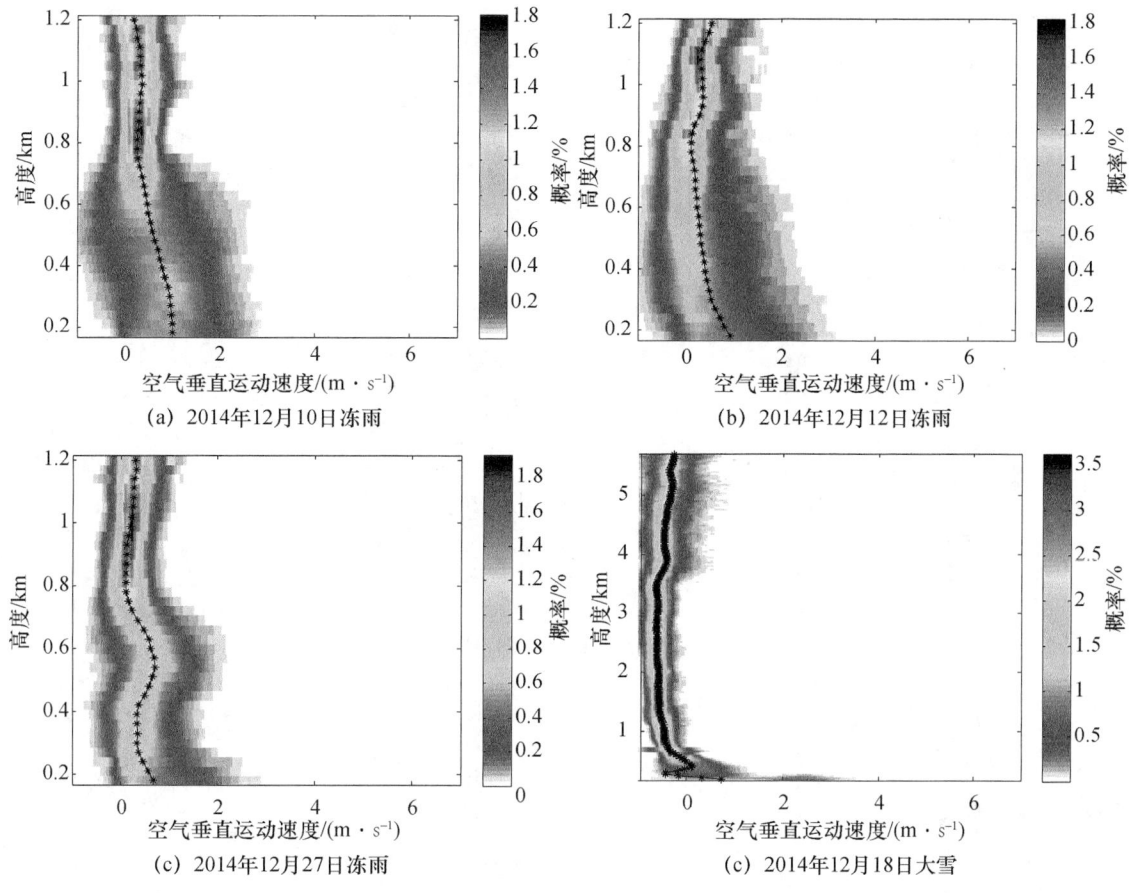

图 4.43 2014 年 12 月 10 日(a)、12 日(b)、27 日(c)和 18 日(d)的空气垂直运动速度

4.6.5 冻雨和降雪粒子下落末速度及粒子平均半径

根据计算得到的空气垂直运动速度,对测得的平均多普勒速度进行空气垂直运动速度的去除得到粒子的下落末速度,取 500 个径向的数据分别进行未去除空气垂直运动速度的平均多普勒速度、去除空气垂直运动速度的粒子下落末速度及以上两者的时间平均的垂直廓线对比分布如图 4.44 所示,确定出粒子下落末速度后可开展后续粒子平均半径的确定。

冻雨过程的雨滴粒子下落末速度由于正的空气垂直运动速度的影响,实际粒子下落末速度较平均多普勒速度大(向下为负),降雪过程的冰晶粒子下落末速度由于受负的空气垂直运动速度的影响,实际粒子下落速度较平均多普勒速度小(向下为负)。

由单个云粒子的下落末速度与粒子横截面等效球形半径的关系[式(4.24)和式(4.25)]得到冻雨过程雨滴粒子平均粒子半径数据,由式(4.24)和式(4.27)得到降雪过程冰晶粒子平均粒子半径数据,取 500 个径向数据的平均粒子半径的概率分布及时间平均的垂直廓线的分布如图 4.45 所示:冻雨过程初始的平均粒子半径集中分布在 40 μm 左右,而直径大于 40 μm 的云滴是形成过冷暖雨的关键,与探空数据冻雨过程均没有高于 0 ℃ 的温度层综合分析可知此次观测的冻雨均为过冷暖雨过程。降雪过程冰晶粒子的大小从初始形成时就比雨滴粒子大,因云顶高度较冻雨云顶高出很多,致使下落到地面时平均粒子半径也明显增大。

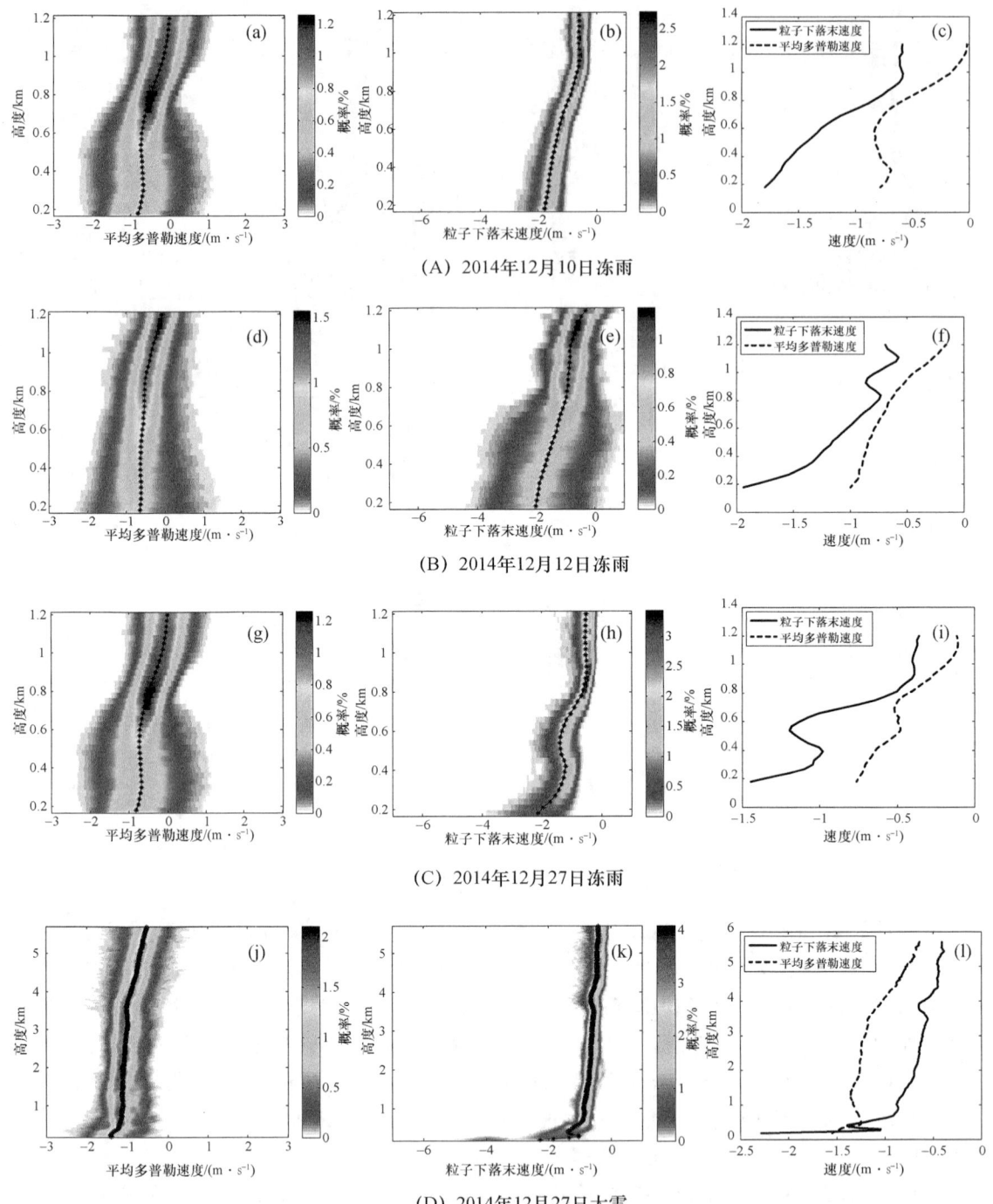

图 4.44 2014 年 12 月 10 日(冻雨;a,b,c)、12 日(冻雨;d,e,f)、27 日(冻雨;g,h,i)、18 日(大雪;j,k,l) 平均多普勒速度概率分布及时间平均的垂直廓线(a,d,g,j),粒子下落末速度概率分布及时间平均的垂直廓线(b,e,h,k)及两速度对比(c,f,i,l)

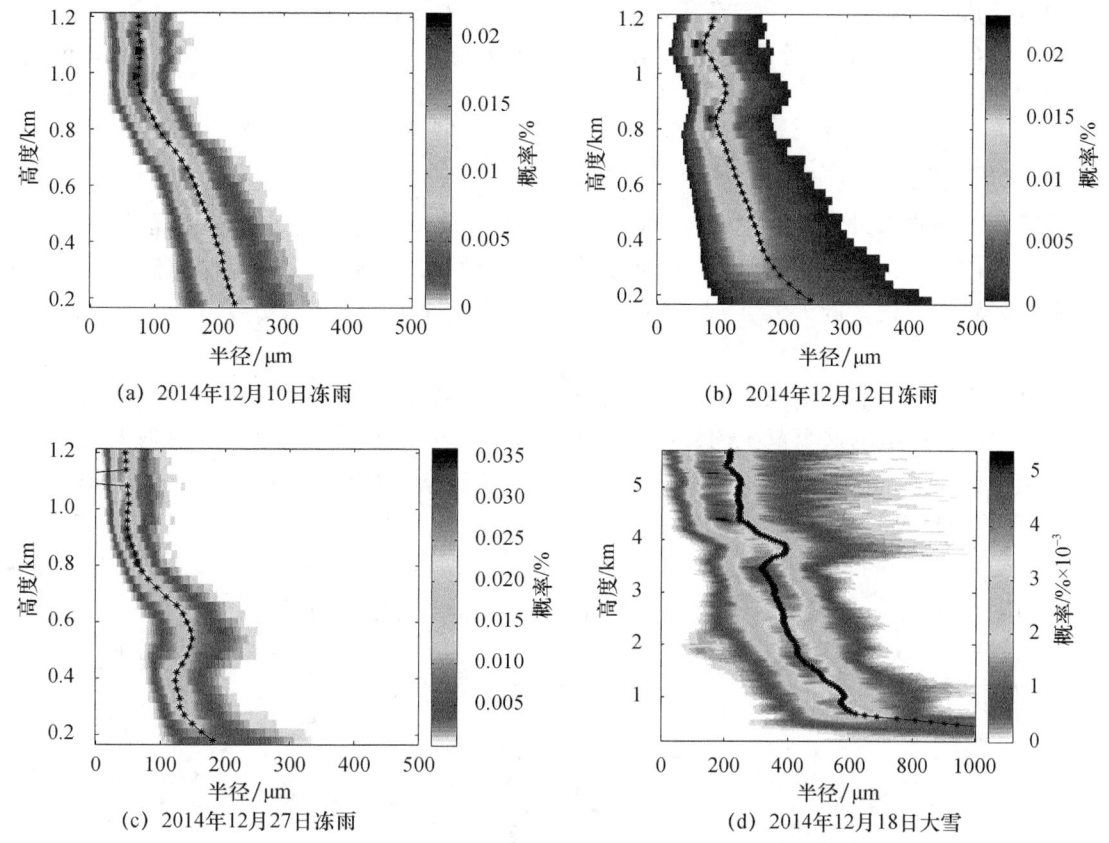

图 4.45　2014 年 12 月 10 日(a)、12 日(b)、27 日(c)、18 日(d)降水粒子半径概率分布及时间平均的垂直廓线

4.6.6　反射率因子、速度谱宽、偏度和粒子半径的综合分析

反射率因子、速度谱宽、偏度和粒子半径的综合分析对于研究粒子下落过程的细微变化十分重要。

12 月 10 日冻雨在 1.2～0.9 km 下落过程中偏度(图 4.42a)、速度谱宽(图 4.37)均增大,因不同粒子的下落速度不同,云粒子开始形成小的雨滴粒子,与图 4.45a 对应高度的粒子半径发生细微的增长相一致,说明在此过程中云粒子发生增长,形成小雨滴但还未下落;0.9～0.8 km 过程偏度又减小至 0 附近,图 4.37a 中的速度谱宽减小,图 4.45a 对应高度的粒子半径发生细微增长,在该范围内实现云滴到雨滴的转换,0.8 km 以下形成雨滴粒子下落,且下落过程中的碰并增长使粒子的下落速度差异增大,致使图 4.37a 的速度谱宽在 0.8 km 以下增大,粒子半径在 0.8 km 至下落地面前一直增大,整个过程与反射率因子图中(图 4.39a)1.2～0.9 km、0.9～0.8 km、0.8 km 至地面的反射率因子随高度的降低逐渐增强的变化一致。12 月 12 日冻雨过程和 27 日冻雨过程各参数随高度的变化和 10 日冻雨过程一致,只是在下落高度上有所不同,12 月 12 日、27 日与 10 日各参数随高度变化一致的区间分别为 1.2～0.9 km、0.9～0.8 km、0.8 km 至地面,1.2～0.9 km、0.9～0.6 km、0.6 km 至地面。12 月 18 日降雪过程图 4.39d 的速度谱宽值在 4.1～3.8 km 范围有一个变化量,反射率因子随高度的降低逐渐增强,图 4.45 d 的粒子半径在该范围内增长很快,表明云中小冰晶粒子形成较大的冰晶粒子,在 3.2 km 附近反射率因子增大到 15 dBz,形成的大冰晶粒子开始下落,与图 4.45 d 中 3.2 km 以下粒子半径逐渐增大一致。

以上联合反射率因子、速度谱宽、偏度以及粒子半径对下落过程中粒子的发展变化做出了合理的分析。

4.6.7 云中液态水含量(LWC)、冰水含量(IWC)

分析冻雨和降雪过程的云中 LWC 和 IWC 对于了解下落过程降水粒子状态的变化具有重要的意义,根据云中 LWC 和 IWC 随高度的变化能够体现云到降水或冰晶到降雪的转变过程。根据观测期间记录的天气实况,对特定的天气过程选用与之匹配的公式进行云中 LWC 和 IWC 的反演。

对比图 4.37 和图 4.46 发现,反射率因子中的云顶高度较云中 LWC 和 IWC 的高度高出 0.1 km 左右,在高出的这个范围内云内的含水量很低,表明该高度范围内云中是未完全形成的或是十分微小的云滴粒子、冰晶粒子,与图 4.45 对应高度的粒子半径一致。12 月 10 日、12 日及 27 日的冻雨过程云内平均液态水含量为 0.25 g·m^{-3},最大值不超过 0.75 g·m^{-3},降雪过程 12:10—13:30 的含冰量在 3～5 km 范围内为 0.25～0.75 g·m^{-3},在 3 km 以下的范围含冰量为 0.75～375 g·m^{-3},这与观测期间该时间段为大雪过程相一致。

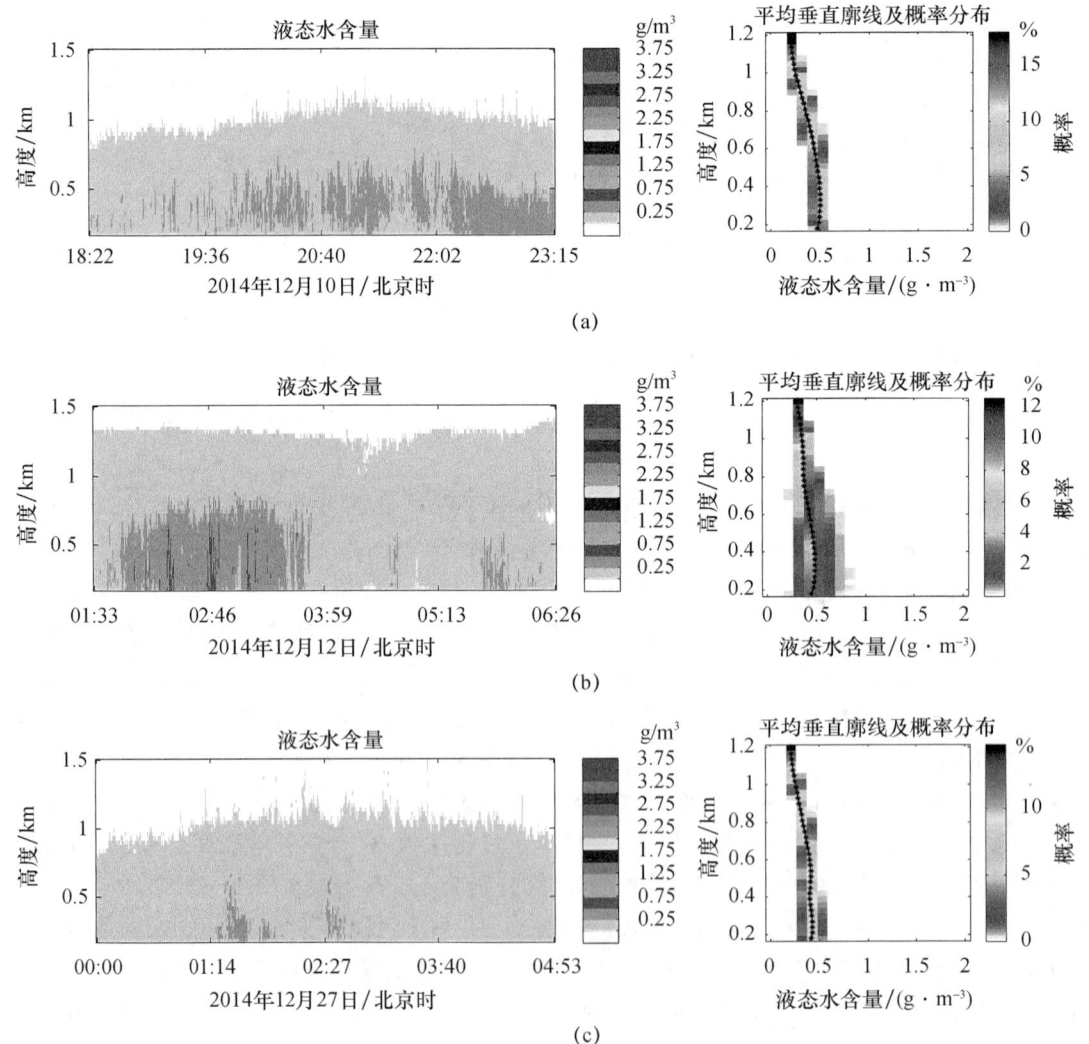

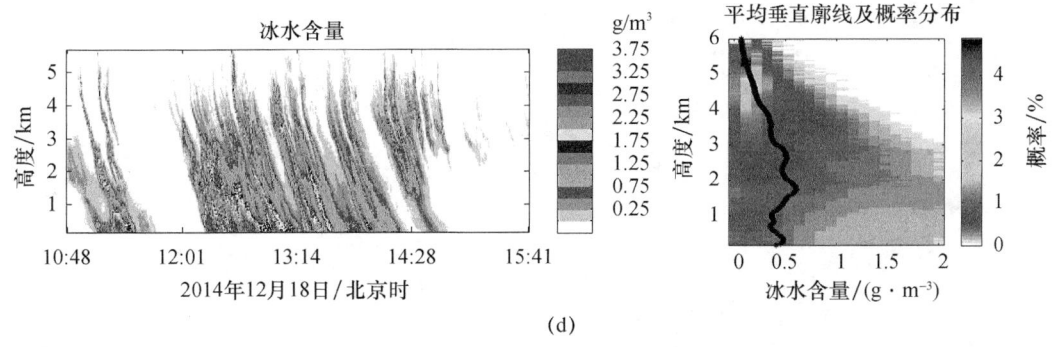

图 4.46 2014 年 12 月 10 日(a)、12 日(b)、27 日(c)和 18 日(d)的云中 LWC(a,b,c)和 IWC(d)

4.6.8 小结

本节对垂直指向的 Ka 波段毫米波雷达冬季在贵州威宁地区观测期间的 3 次冻雨过程及一次降雪过程的谱数据提取的参数进行了对比分析,并利用所得参数进行了降水粒子半径和云中 LWC 和 IWC 的反演,得到了能够反映冻雨和降雪过程十分有意义的微物理和动力垂直结构的相关研究成果,主要结论如下:

(1)冻雨云顶温度处在 $-10\sim0$ ℃,且均为过冷暖雨过程,回波强度平均值为 -10 dBz,反射率因子主要集中在 $-20\sim0$ dBz,回波特征主要是片状不均匀结构,降雪回波强度平均值为 10 dBz,反射率因子主要集中在 $0\sim20$ dBz,回波特征丝缕状结构明显。冻雨过程云顶高度在 $1.2\sim1.3$ km,发展位置低,降雪过程云顶高度发展的位置高,在 $4.5\sim6.5$ km(降雪过程的云顶高度普遍在 $4.5\sim6.5$ km,12 月 17 日也是降雪过程,云顶高度也在 $4.5\sim6.5$ km,但该日的降雪过程持续时间短,没有作为个例进行分析)。

(2)从谱数据峰值-左-右边界值、偏度值以及空气垂直运动速度的分析中得到的粒子下落过程的垂直结构的变化一致,冻雨过程的雨滴粒子从初始形成到下落 0.2 km 过程中小粒子都在迅速地增长,随后形成大的雨滴粒子降落。降雪过程从初始形成冰晶粒子至下落 1 km 的高度范围内冰晶粒子碰并增长,随后形成大的雪花下落。

(3)冻雨过程初始形成的粒子平均半径在 40 μm 左右,粒子平均半径主要分布在 $50\sim200$ μm,而降雪过程初始形成的粒子平均半径明显大于冻雨过程,主要分布在 120 μm 附近,整个降雪过程的粒子平均半径分布在 $200\sim600$ μm。云顶的高度较云中 LWC 和 IWC 的高度高 0.1 km 左右,在高出的这个范围内云内的含水量很低,表明该高度范围内云中是未完全形成的或是十分微小的云滴粒子、冰晶粒子。

4.7 威宁冻雨与降雪的微物理观测研究

在本研究的统计中,在威宁发生的冻雨占总冻雨数的 57.9%,1 月年平均冻雨日数高达 18.5 d,与其他研究统计威宁 1 月多年平均冻雨发生日数相近(17.7 d)(杜小玲 等,2010a,b)。根据前文冻雨发生机制的统计(过冷暖雨过程的冻雨包括了出现暖层的过冷暖雨过程冻雨和无暖层的冻雨),威宁地区冻雨的发生机制往往是过冷暖雨过程(图 4.47),因此研究探讨威宁地区的冻雨对解释过冷暖雨过程有重要意义。

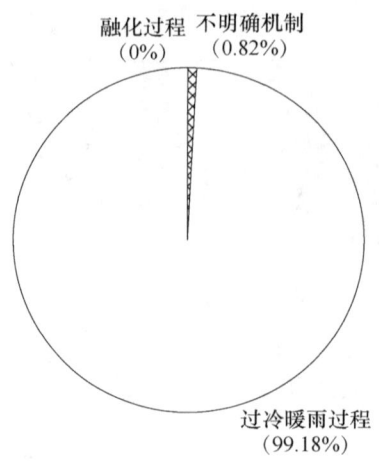

图 4.47 威宁冻雨发生机制统计

为了了解威宁地区冻雨天气发生的详细情况和微物理机制,2014 年 1 月 3 日到 2 月 15 日,在威宁县城国家气候基准站院内(26.87°N,104.28°E;2237.5 m)通过 Parsivel 雨滴谱仪获取了降水天气的微物理参量。观测期间降水天气主要发生在 1 月,具体采样地点为威宁县国家气候基准站院内办公楼顶,距地面 30 m。

本节根据观测期间对天气过程的详细记录,对观测期间发生的四次降水过程的层结变化进行了分析,也比较了过程中冻雨与降雪天气的雨滴谱微物理量特征,以分析每次过程中冻雨天气与降雪天气的差异。

4.7.1 观测期间降水情况

在 2014 年 1 月观测期间主要有四次降水过程(图 4.48a—d),每次间隔 1~2 d,图中未注明天气现象的时间为晴天或有雾。第一次降水过程先发生冻雨天气,之后降水转为冰粒,但持续时间较短暂,强度也不大,接下来又转为冻雨天气。第二次降水过程开始时也为冻雨,之后转为小雪后又逐渐增强,出现大雪,雪停后天气转晴,降水天气结束。第三次降水天气全部为冻雨过程,未出现降雪。第四次降水天气为冻雨转降雪,降雪后天气晴朗。

四次冻雨个例按照发生的时间先后顺序分为:个例 1(7 日 22:30—8 日 09:30)、个例 3(10 日 22:30—11 日 22:30)、个例 6(15 日 23:00—17 日 06:00)和个例 7(19 日 12:00—23:30),降雪个例按照发生的时间先后顺序分为个例 2(8 日 09:30—14:30)、个例 4(12 日 16:30—23:00)、个例 5(13 日 04:30—07:30)和个例 8(19 日 23:30—20 日 09:00)。根据威宁气候基准站地面观测资料,四次降雪过程同时也伴有冻雨现象存在。

根据以上降水时间可以看出,威宁地区一次冬季的降水过程中往往先发生冻雨,后发生降雪,降雪跟冻雨的发生是紧密联系的,在观测期间的四次降水过程中,未出现直接发生降雪的情况。另外,降雪天气持续的时间一般比冻雨天气要短得多,第一次过程持续了 34.5 h,降雪天气只持续了 5 h;第二次过程总共持续了 56 h,为持续时间最长的一次,降雪持续了 9.5 h;第三次过程只发生冻雨,没有降雪天气出现,总共持续 31 h;最后一次持续 21 h,降雪持续了 9 h。不包括未发生降雪的第三次过程,第一次降水过程降雪时间占总时间比率最小,大概只有 14.5% 的时间降雪,最后一次降雪发生时间占整个降水过程的时间最多,大约有 42.9% 的时间降雪。

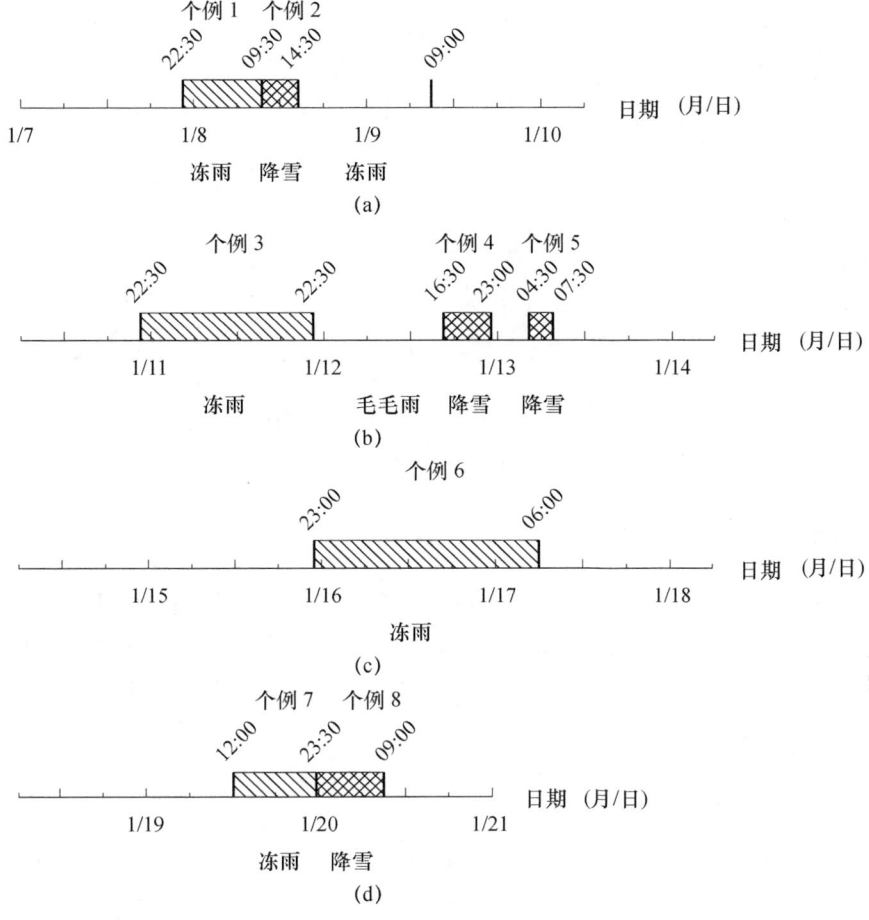

图 4.48 观测期间降水过程

4.7.2 天气背景

通过分析冻雨 4 个个例发生时的地面天气图(图 4.49),可以看出冻雨发生期间云、贵两省交界处均出现了锋面系统,其中个例 1、个例 3、个例 6 为准静止锋,个例 7 则为冷锋。4 次过程期间锋线均处于威宁和昆明之间,威宁靠近锋区且处于锋后,风向为北风。当冬季出现上述天气形势时,威宁极容易出现逆温层结,诱发冻雨的发生(陶玥 等,2013)。

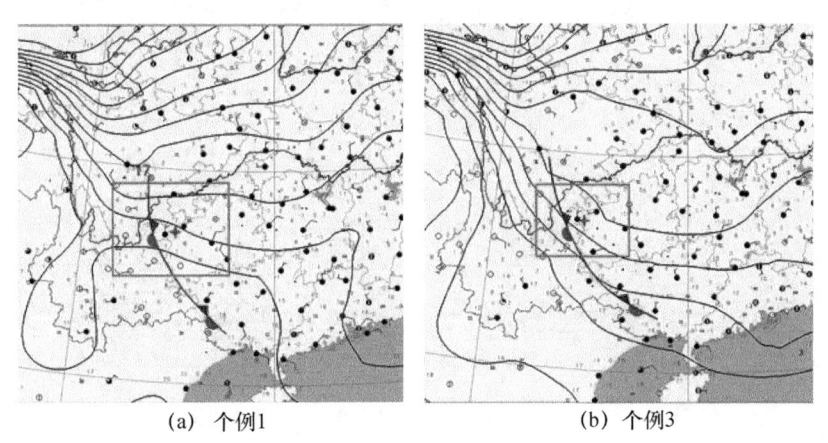

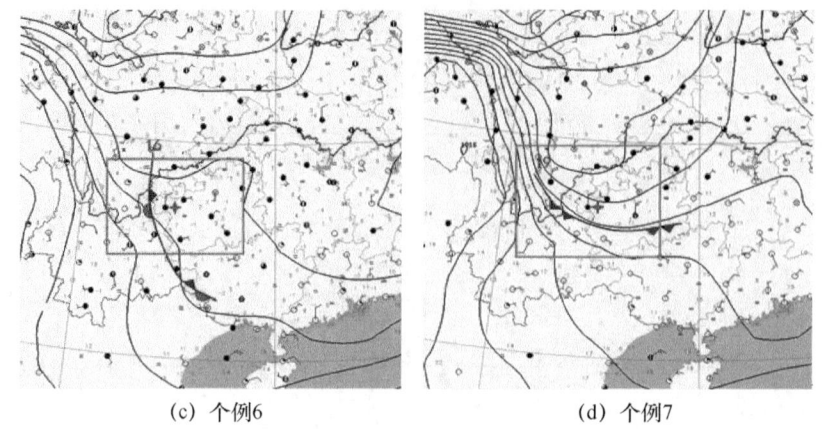

(c) 个例6　　　　　　　　　　(d) 个例7

图 4.49　2014 年 1 月 07 日(a)、11 日(b)、16 日(c)、19 日(d)的 08 时地面形势图
（十字星处为威宁）

4.7.3　冷、暖气团来向诊断

使用后向轨迹模式模拟了冻雨发生时期威宁地区 72 h 气团后向轨迹（图 4.50），可以看出：降水期间低层气团来自北方，高空气团则来自南方，这正好与天气背景分析中静止锋的出现相印证。同时，由于威宁的高海拔山地地形，不论哪个来向的气团在到达时都经历了强迫抬升，抬升过程会使气团中水汽凝结，相对湿度升高，使威宁云底偏低甚至接地，有利于形成降水。

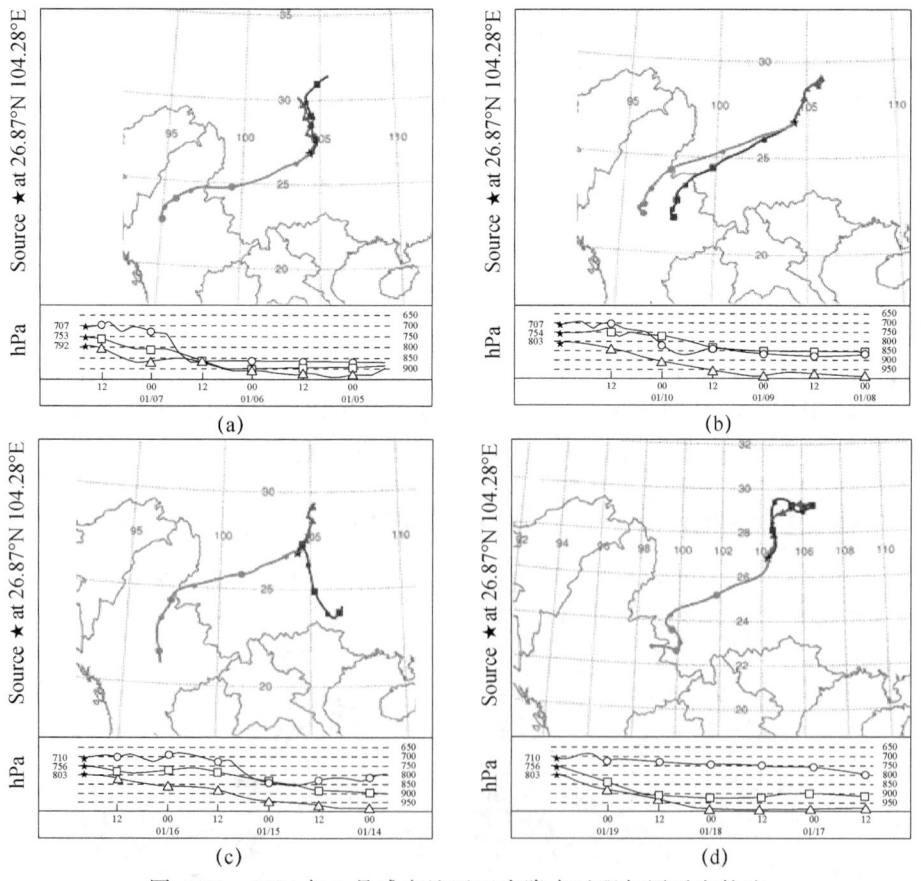

图 4.50　2014 年 1 月威宁地区四次降水过程气团后向轨迹

4.7.4 冻雨期间地面气象要素变化

从冻雨发生期间地面的风向统计(图 4.51)中可以看出,威宁 1 月风向多为偏北风和东南偏南风,若只统计冻雨发生时的风向,则发现几乎都为偏北风,这表明冻雨的发生与冷空气的南下密切相关。

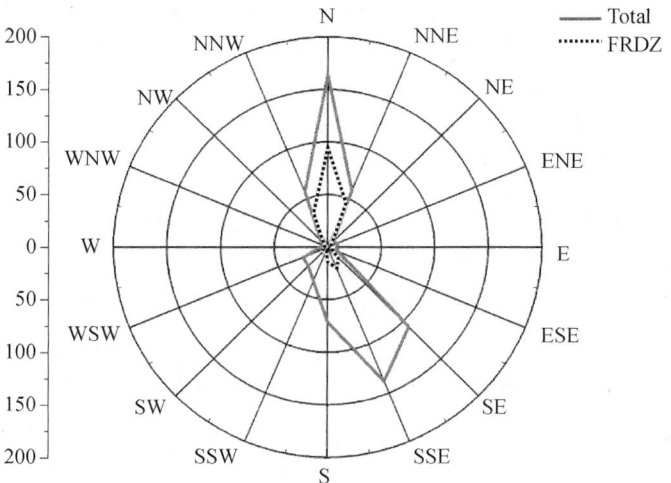

图 4.51 2014 年 1 月威宁地区冻雨期间风向频次图
(FRDZ 表示冻毛毛雨)

由地面气象要素随时间的演变(图 4.52)可以发现:冻雨期间温度基本维持在 −4~0 ℃,只有个例 3 中极短时段里高于 0 ℃;相对湿度几乎都维持在 90% 以上,在气温高于 0 ℃时略

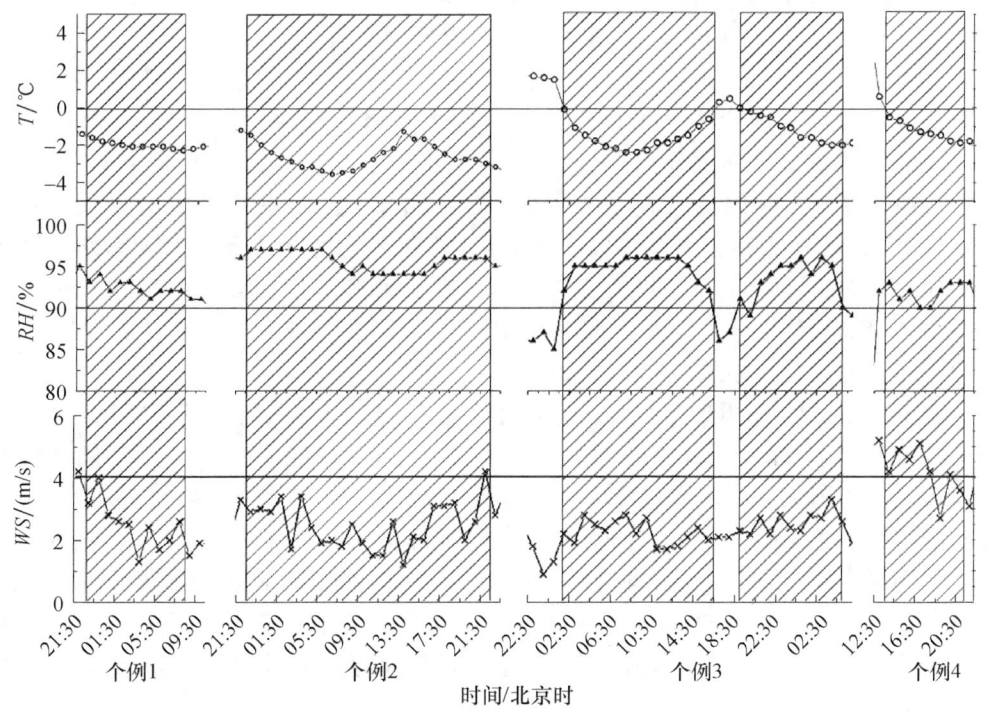

图 4.52 地面气象要素演变

有下降,整体仍高于85%;风速较小,在3 m/s左右,最大不超过5 m/s。4次冻雨期间平均气温为−1.8 ℃,平均风速为2.9 m/s,相对湿度在90%~98%。该环境下低温使雨滴下落中能维持过冷却,高湿使较小的雨滴在下落过程中不易蒸发消失,低风速则保证了雨滴不会被吹走,能较快速地到达地物表面。这种低温、高湿、低风速的近地层环境下只要发生液态降水,就极容易形成冻雨。

综上所述,4个个例期间,地面维持静止锋系统为主,大气层结呈逆温结构,云层厚度较薄、云底高度低,加上地面低温、高湿、风速小的气象条件,使该地区从高空到地面各个因素都有利于冻雨的发生、发展。

4.7.5 冻雨期间层结曲线变化

由于威宁的观测提供了较为详细的天气情况,结合雨滴谱仪记录的降水数据校正,得到的降水类型与其时段是比较精确的,因此结合探空图的数据,可以较详细地得知一次降水过程大气垂直结构的变化。根据探空资料绘制的四次降水过程如图4.53所示,虚线为云顶,黑线为云底。

从降水过程云顶高度、云层厚度的变化来看,云顶在一次降水过程中先升高,后降低。云底高度的变化不大,因而云层厚度与云顶高度的变化趋势相同。如图4.53c所示,第三次降水过程一直为冻雨,其云顶高度始终维持在一个较低的高度。第一次降水过程(图4.53a)发生过短时间的降雪,但没有对应时间的探空曲线,在发生降雪时大气的层结结构不明,但其余冻雨天气时段云顶高度也同样维持在较低高度。如图4.53b、d所示,第二次和第四次过程都有降雪发生,并且在降雪时段内有对应的探空曲线,可以看到冻雨转变到降雪的过程中,云顶高度的迅速升高,不同于冻雨天气时云顶会维持在相应高度。产生这种快速抬升的云顶的原因可能有两个,一是湿空气被锋面抬升,使高空空气水分含量升高,二是因为冻雨天气的云顶高度本已位于逆温层顶,继续被抬升,温度会迅速下降,使水汽容易凝结,增湿与快速的降温使云顶高度迅速升高,当到达一定高度时,冻雨天气会转变为降雪天气。

根据上面的分析,云顶高度的变化,或者说云层厚度的变化会直接影响降水类型,因此,云顶高度和云层厚度对于判断降水类型很重要。四次降水过程中,冻雨的云顶高度基本都在700 hPa左右,降雪的云顶高度分别为个例4的400 hPa和个例8的500 hPa,这与威宁地区冻雨与降雪云顶高度分布区间的统计是吻合的(图4.54)。同时,两次降雪的云顶温度都很低(均低于−10 ℃),冻雨云顶温度基本高于−5 ℃,两种天气情况的云顶温度分别在其统计发生频率大的云顶温度区间内。从云厚角度来看,威宁地区降雪统计云层厚度集中在150~200 hPa以及250~300 hPa,而冻雨云层厚度大多在150 hPa以下,主要集中在50~100 hPa,四次观测中冻雨的云厚也符合统计结果(图4.55)。

威宁地区统计表明,冻雨天气的云顶高度通常在600 hPa以下,云层厚度通常小于150 hPa,云层厚度较薄使得下落的水滴没有时间冻结为冰晶。600~550 hPa的高度区间的云顶可能处于冻雨天气向降雪天气的转变过程中。对此区间上的云顶高度个例进行分析,如云顶高度400 hPa个例和云顶高度500 hPa个例,其下一时刻都转为降雪天气(下一个时刻地面观测记录与此个例间隔3 h)。因此,从云顶高度超过600 hPa开始逐渐形成冰晶,到地面上观测到降雪可能需要一定时间。通过时间分辨率更高的探空仪器监测冬季云顶高度在600~400 hPa层次的变化情况,以及云顶高度达到最高后,地面观测到降雪的时间,可以更好地指导冬季降雨云系的相态预报工作。

从降水过程暖层变化来看,四次降水过程开始前都明显存在一个暖层,此时云顶高度在暖

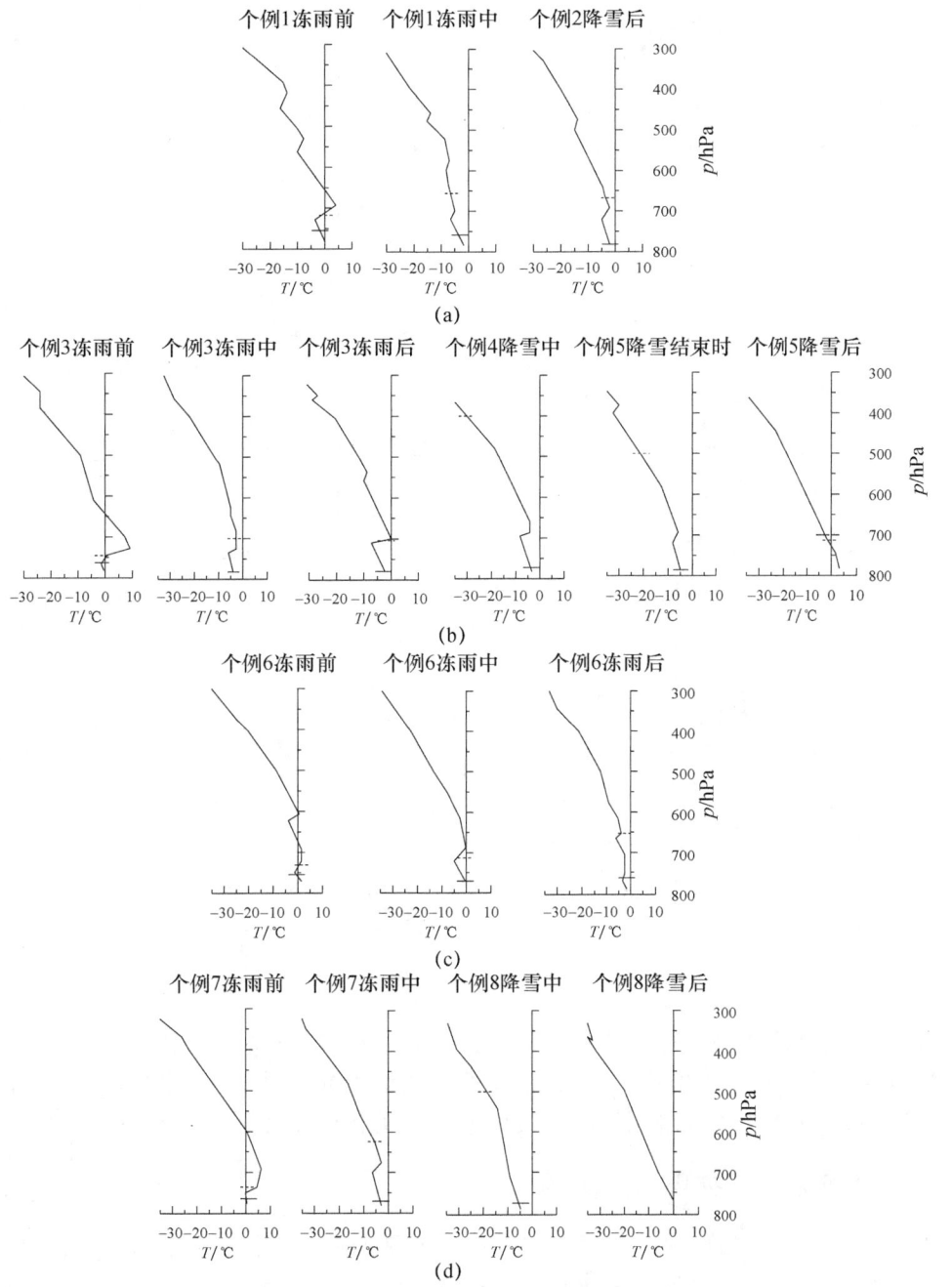

图 4.53 2014 年 1 月威宁地区四次降水过程中层结曲线变化

层中偏下的高度上。接下来,冻雨开始,四次过程的探空曲线中冻雨开始后,暖层都已消失不见,并且在之后的降水过程中也不再出现暖层。由于探空曲线的时间间隔较长(12 h 有一次资料),因此推测在冻雨开始后有一段时间仍然存在暖层,并且其云顶高度可能在暖层之中或暖层以下。这种大气层结结构与本书 3.1 节的结论是一致的,在 3.1 节图 3.6 威宁站的情况中,总共有 97.61% 的有暖层的冻雨的云顶在暖层中或暖层下,对照观测期间冻雨降水过程大气层结的变化,可以推测,这 97.61% 的有暖层的冻雨个例可能就是冻雨初期大气层结的状

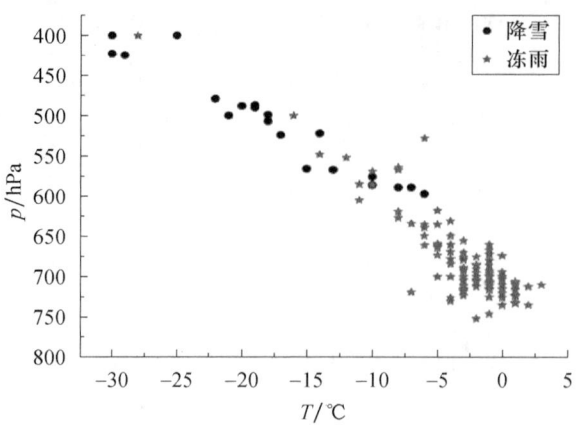

图 4.54　2014 年 1 月威宁地区冻雨与降雪云顶高度与云顶温度分布

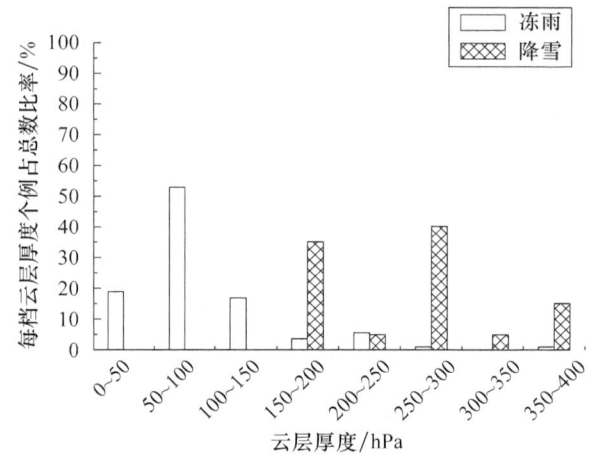

图 4.55　2014 年 1 月威宁地区冻雨与降雪云层厚度分布

况,但这需要时间精度更高的探空资料来证明。如果暖层只在冻雨初期出现,可以说明冬季降水类型的转变与暖层的融化作用无关,这跟国外研究认为的冬季降水类型(包含雨、冰粒和冻雨)的形成与冰晶在暖层中的融化情况直接相关这一观点有很大不同(Hallet 等,1974)。

4.7.6　冻雨和降雪微物理特征分析

图 4.56 给出了冻雨的数浓度(N)、平均直径($\bar{D}$)、平均最大直径(D_{MAX})、液水含量(LWC)和雨强(I)随时间的变化,阴影部分表示冻雨发生的时段。4 个冻雨个例的平均直径和平均最大直径分别为 0.35~0.39 mm 和 0.40~0.42 mm,均小于典型毛毛雨(0.5 mm)的直径范围;数浓度在 12.8~188.1 个·m^{-3};液水含量均为 10^{-3} g·m^{-3} 量级;雨水层则为 10^{-2} mm·h^{-1} 量级。

对 4 个个例中雨滴样本的平均直径进行统计,发现直径小于 0.5 mm 的雨滴占 98%,极少出现 0.5 mm 以上雨滴,为典型毛毛雨特征(图 4.57);数浓度与液水含量和雨强的变化较一致。雨滴直径较大并不一定会形成较强的降水,雨强与液水含量跟数浓度的相关要好于雨滴直径。如图 4.56c 所示,雨滴平均直径大,但数浓度小时,同时间的液水含量与雨强也较小;图 4.56d 中雨滴平均直径小,而数浓度较大时,液水含量与雨强也较大。

除个例 1 因降水太弱外,其余 3 个个例中,液水含量与数浓度随时间的演变一致,其相关

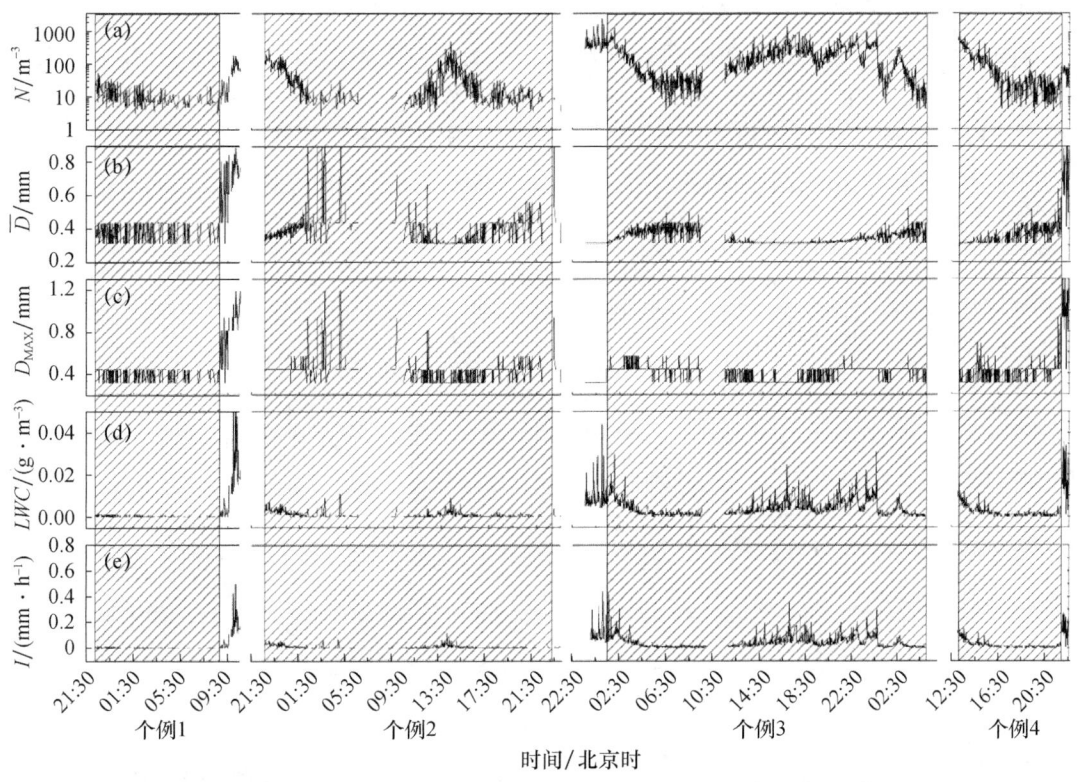

图 4.56 2014 年 1 月威宁地区冻雨过程中微物理变化

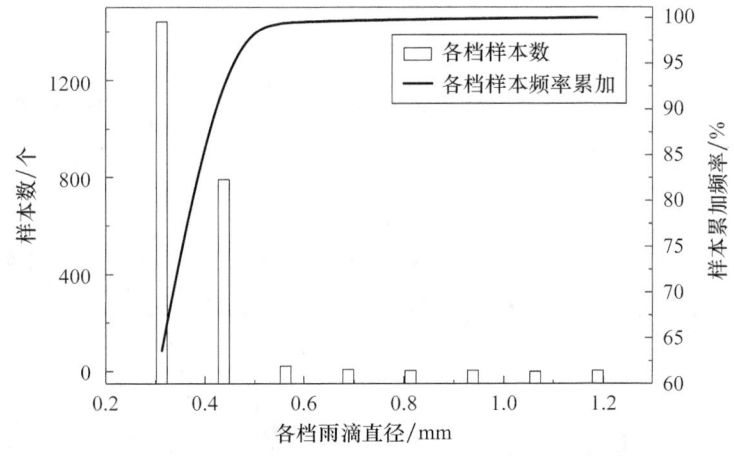

图 4.57 2014 年 1 月威宁地区冻雨过程雨滴直径样本统计

系数达到了 0.93(图 4.58),说明液态含水量的变化主要由雨滴的数量决定,但大滴对 I 和 LWC 也有重要的影响,如个例 3 中直径超过 0.6 mm 的雨滴对应的 LWC 和 I 也随之上升。因此可以总结出:四次降水可以进一步归类为冻毛毛雨过程,这与前文中对历年的资料统计结果一致,同时雨量极微弱,雨滴数量是液水含量和雨强的主要影响因素。

4 个降雪个例的 $\overline{D}$、D_{MAX}、LWC、I 随时间演变一致(图 4.59)。个例 2(图 4.59a)之后也是冻雨天气,虽然平均直径、平均最大直径、液水含量、雨强快速下降,但数浓度在短时间内没有明显下降。个例 4 与个例 5(图 4.59b、c)是降水强度最大的两次固态降水过程,个例 5 雨强较大,两者之间间隔时间较短,只有 5.5 h 左右,其数浓度与其他微物理量随时间变化较一致。个例 8 降雪过程(图 4.59d)雨强较前两场降雪过程略小,其降水物的平均直径和平均最大直径与个例 4、个例 5 相当,最大值为 10 mm 左右,但数浓度较低,这可能是其雨强明显小于前两场降雪过程的原因。

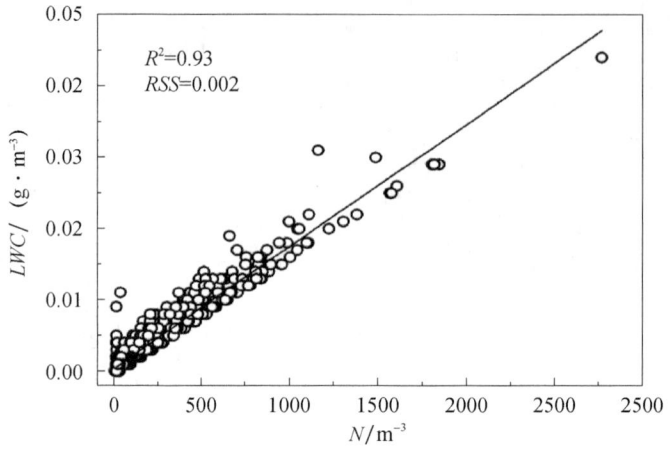

图 4.58 数浓度与液水含量相关性

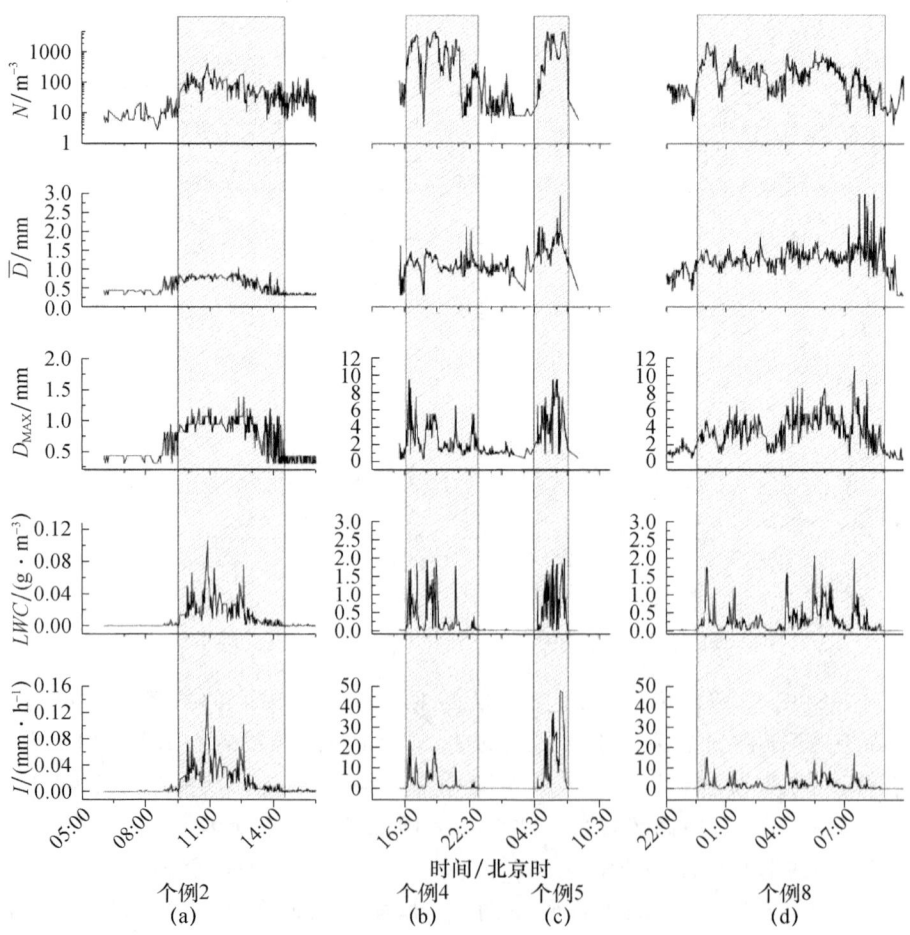

图 4.59 2014 年 1 月威宁地区四次降雪过程中的微物理变化

比较冻雨和降雪各微物理量可以发现,冻雨天气降水强度比降雪天气弱得多。四次降雪天气其降水强度从强到弱依次为个例5、个例4、个例8、个例2,四次冻雨天气其降水强度从强到弱依次为个例6、个例7、个例3、个例1。个例2为第一次降雪过程(图4.59a),后边紧跟个例1冻雨过程(图4.56a),其降水物主要为冰粒,同时伴有冻雨,强度与冻雨个例6(图4.56c)最接近,数浓度比降水强度最大的冻雨个例6略小,液水含量和雨强比个例6略大,平均直径与平均最大直径明显大于冻雨个例6,平均直径在0.5~1.0 mm,最大直径在0.5~1.5 mm,而冻雨个例6极少出现0.5 mm以上雨滴,因此总体而言,冻雨天气降水强度最大的个例依然比降雪天气强度最小的个例要弱。

通过分析4个冻雨与4个降雪个例,可以发现观测期间四次降水过程中,第二次和第四次降水过程(图4.48b、d)为两次较强的降水,都发生了较强的降雪,第一次与第三次较弱(图4.48a、c)。其中,第一次降水过程在降雪过后,仍持续了一段时间的冻雨天气,不同于第二次和第四次在降雪过后直接转晴,这可能与降雪时段的强度不大有密切关系。将微物理特征结合探空曲线来看,发生较强降雪的第二次和第四次降水过程开始前,探空曲线的暖层都较厚,而且最高温度较高,发生较弱降雪或未发生降雪的第一次和第三次降水过程开始前暖层较薄,而且最高温度较低。这说明在降水开始前,暖层较厚,最高温度较大更有可能使降水过程后期云顶升高,形成较强的降雪。其原因可能是:较强的暖空气会将水汽输送到更高的高空,从而在更高的高空形成云,因此暖层的存在虽然与冰晶的融化作用无关,但可能会影响云顶高度,从而影响降水过程中降水类型的转变和降雪强度。

4.7.7 冻雨滴谱拟合及与其他地区雨滴谱特征对比

滴谱分布是了解降水特征的重要依据,后三次降水个例的平均谱分布如图4.60所示,个例1样本量太小,故略去。可以看出威宁冻雨滴谱极窄,谱宽约为1.2 mm,直径小于0.5 mm的雨滴占绝对优势,比直径大于0.5 mm可高出1~2个量级,直径在0.6 mm以上的雨滴分布不均匀。雨滴谱的拟合对于准确表征滴谱特征,改进参数化方案有重要意义,使用最小二乘法对威宁冻雨平均谱进行M-P分布拟合和Γ分布拟合(Zerr,1977),结果显示(图4.60a)M-P拟合对直径0.5 mm以上的雨滴有高估,Γ拟合的结果更接近实际谱分布情况,其拟合公式为:$N(D)=N_0 D^{\mu} \exp(-\lambda D)$,拟合参数为$N_0=1667, \mu=-2.125, \lambda=9.309$。

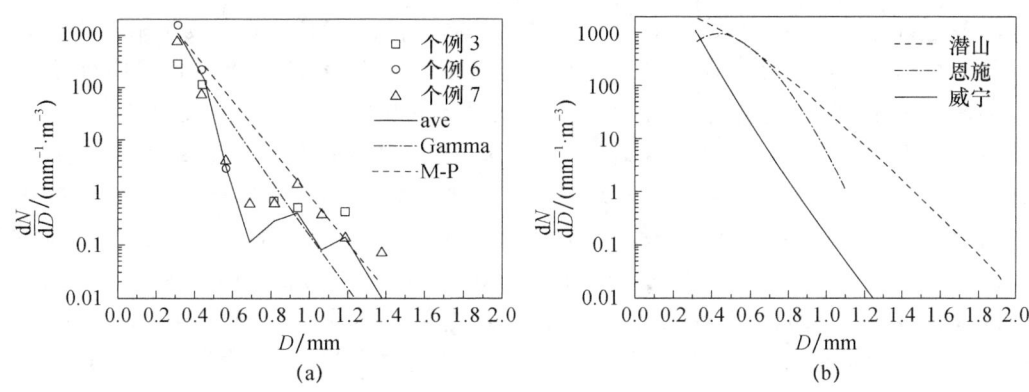

图4.60 威宁滴谱拟合(a)及与其他地区的对比(b)

与南方其他地区如潜山(周光歧 等,1996)和恩施(盛裴轩 等,2003)的冻雨过程的Γ拟合对比(图4.60b),可以看出恩施与威宁均为冻毛毛雨过程,谱宽十分接近,约为1.2 mm,表明前者的雨滴数密度量级更小,雨滴更集中在小于 0.5 mm 一侧,它们的谱宽明显比潜山 2.0 mm 的冻雨谱宽窄,但均远低于典型的层状云降水的谱宽(2.5 mm)(盛裴轩 等,2003)。恩施、潜山曲线均为上凸型,而威宁则为下凹型。另外,与其他微物理参量(D、D_{MAX}、N、LWC、I)相比,威宁所有微物理参量均小于恩施和潜山(表 4.18)。

表 4.18 冻毛毛雨微物理参量对比(均使用 Parsivel 观测)

观测时间和地点	降水类型	$\bar{D}$/mm	D_{MAX}/mm	N/个·m^{-3}	LWC/g·m^{-3}	I/mm·h^{-1}
2014 年 1 月 3—21 日(贵州威宁)	FRDZ	0.37	0.41	123.1	0.0026	0.027
2010 年 1 月 2—22 日(湖北恩施;盛裴轩 等,2003)	FRDZ	0.51	—	316.39	0.03	0.12
2008 年 1 月 27 日(安徽潜山;周光歧,1996)	FRDZ	—	0.76	670	0.037	0.26
	FZRA		0.91	540	0.035	0.30

注:—为缺省值,FRDZ 表示冻毛毛雨,FZRA 表示冻雨。

4.7.8 威宁冻雨形成机制探讨

威宁发生的四次冻雨过程均为冻毛毛雨,雨量微弱、滴谱窄、小于 0.5 mm 的雨滴数量占绝对优势,均由"过冷暖雨"机制所触发,其微物理参量均小于其他地区,这些特征与冻毛毛雨的形成机制、云贵准静止锋的特性和该地地理条件有关。

观测地点威宁地处云贵高原,海拔约为 2237 m,地势处于山顶,四周低矮。冬季北方冷空气南下受副高影响经过长途跋涉,从东北方向到达威宁时,冷空气势力已经大大减弱,常与当地西南来向的暖气团在该区形成云贵准静止锋,锋面坡度较缓,锋线呈准南北向(晏红明等,2009),暖气团与冷空气相遇后被抬升至空中。在冷空气南下过程中,沿途增加了不少水汽,进入云贵高原以后,又沿坡上行逐渐冷却加上湍流混合作用,形成以含水量较低的中、低云为主的云系结构(周后福 等,2004)。

冷气团入侵不但导致地面温度降至 0 ℃以下,而暖气团沿锋面抬升高度有限,使云顶以下温度高于−10 ℃,无法形成大量的冰晶粒子,上述因素导致该区域不易形成降雪或大的降水。加之该地海拔、地势均高,冷空气入境剧烈降温使相对湿度升高,易形成大范围过冷云雾,将整个地区包裹进过冷云雾中,导致该地云层的厚度薄、高度低。云层较薄造成了雨滴增长过程时间短,雨滴很难长大;高度低则使雨滴在冻结层中滞留时间太短,不会因为长时间处于 0 ℃以下环境中冻结成冰粒。降水量小、雨滴很难长大、雨滴下落进入冻结层能维持液态,这可解释威宁冻雨以冻毛毛雨为主、雨量弱、滴谱窄、小于 0.5 mm 的雨滴数量占绝对优势的原因。

另外,冬季云贵高原的气团来自阿拉伯半岛、伊朗、巴基斯坦、印度半岛北部等地的热带沙漠和内陆地区,然后平流到云南,云贵高原为暖干气团,水汽由北方的冷气团和青藏高原输送而来(晏红明 等,2009)。与威宁不同,安徽潜山、湖北恩施冬季的暖气团常为来自中国东南沿海的暖湿气团,加之北方冷空气到达上述地区时,势力仍十分强大,形成的静止锋呈东西向,锋面较陡,云层厚、云底高、云中含水量较高,冻雨形成机制常为"融化过程",这些因素使得它们的雨滴谱微物理各参量均大于威宁。

4.7.9 小结

利用雨滴谱仪观测资料、常规气象资料,对 2014 年 1 月间四次冻雨和四次降雪过程进行

了天气形势、大气层结、地面气象要素和冻雨滴谱、微物理特征等方面的分析,得到如下结论:

(1)威宁地区降雪跟冻雨的发生是紧密联系的,往往先发生冻雨,后发生降雪,观测期间未出现直接发生降雪的情况。

(2)暖层只在冻雨初期出现,说明之后降水类型的转变与暖层的融化作用无关,这与国外冬季降水类型形成的观点有很大不同。

(3)根据云顶高度与降雪天气的关系来看,在威宁地区,冬季降雪类型的转变主要与云顶高度有关,当云顶到达一定高度时将开始发生降雪天气,云顶高度越高,降雪强度越强。而降水过程开始前的暖层厚度越大,暖层最大温度越高,降雪强度也越大,因此暖层的存在虽然与冰晶的融化作用无关,但可能会影响云顶高度,从而影响降水过程中降水类型的转变和降水强度。

(4)四次冻雨过程均伴随着静止锋系统,锋线处于威宁与昆明之间,大气低层出现逆温结构。根据计算,云层较薄、云底位置低,近地面温度在$-4\sim0$ ℃、相对湿度高于85%、风速为较小,这样的气象条件有利于冻雨的发生。

(5)四次降水按雨量均可归为冻毛毛雨,雨滴直径大多小于0.5 mm,平均为0.37 mm,雨量平均为0.02 mm。降水粒子的数浓度与液水含量呈正相关,相关系数高达0.93。对平均谱分布进行拟合,结果表明Γ分布好于M-P分布。

(6)与中国其他南方地区冻雨特征比较后发现,威宁四次过程在雨滴直径和雨强两个参数上明显要小,平均谱宽约为1.2 mm,比典型层云降水谱窄约0.8 mm,且雨滴大多集中在直径小于0.5 mm一侧。

(7)通过对雨滴微物理特性和当地气象条件的分析得出,威宁上述四次冻毛毛雨形成机制为"过冷暖雨"机制。云贵准静止锋的特性、高海拔和该地处于山顶的局地地形可能导致了"过冷暖雨"机制的形成,也导致了与其他南方地区相比滴谱较窄、雨滴直径和雨量小的特点。

4.8 威宁雾凇的微物理特征及成因分析

冻雨天气的发生除了有冻雨外,还伴随着雾过程,空中雾滴在低于0 ℃的地面物体上直接凝结成冰,导致雾凇等天气现象,同时两种过程并不是相互独立的,有可能同时或者交替发生,导致混合凇形成的冻雨天气通常以降水积冰为主,云中积冰的发生次数较少和持续时间较短,但雾凇是形成强冻雨天气过程的一个重要组成部分,因此云中积冰过程的作用也不可忽视。

过冷云雾主要出现在山区,尤其是高海拔的山顶,通常是因为云底太低,接地后就形成了雾。以往大部分的研究对云雾滴各微物理特征量变化及其影响的研究关注较少。而云雾滴各微物理特征如雾滴数浓度、液态含水量、平均半径、有效半径等可以深化对雾的认识和雾生消物理机制的理解,改进数值预报模式中的参数化方案,提高预报准确度,减少所带来的损害等均有重要意义。所以这就需要对积冰过程中云雾的微物理特征做进一步的分析。

本节利用2014年1—2月在贵州省威宁县国家基准气候站内获取的常规地面观测资料、探空资料和FM-100雾滴谱仪观测的云雾滴谱资料,分析了冻雨天气过程中的两次浓雾过程的天气形势、地面气象要素的变化特征、大气的层结特征及云雾滴的各微物理特征量的变化,得出了冻雨天气下云雾的微物理特征、形成的物理机制及气象条件。

4.8.1 冻雨天气下雾过程分析

2014年1—2月冻雨外场观测期间,威宁地区先后经历了5次冻雨天气,5次过程均伴随着不同程度的雾过程。其中多数雾过程为轻雾,选取其中2次能见度小于1 km的雾过程,分析了2次雾过程发生时的天气背景、近地面气象要素的变化特征、雾过程的各微物理参量变化及它们之间的关系,最后给出了雾滴谱分布并与其他地区的山地雾过程进行了对比。

2次雾过程中由于个例1中途消散过,因此按照发生的时间先后顺序分为:个例1(Part1:2014年1月9日08:00—14:00,Part2:2014年1月9日18:23—10日04:00,Part3:2014年1月10日09:40—10:40)和个例2(2014年2月14日05:59—07:59),持续时间分别为23、26 h,2次雾过程均达到浓雾标准,能见度最低时为400 m。个例1的Part1和个例2过程伴随有降水。

(1)冻雨天气下雾过程天气背景

从图4.61中可以看出,在两次个例期间都始终维持静止锋,锋区在威宁地区附近摆动,这会使该地大气维持一个较稳定的状态,形成深厚的稳定层结。两次个例期间均出现了东南方向的暖湿平流,使用NOAA开发的HYSPLIT气团后向轨迹模式对雾过程发生期间的气团的来向(图4.62)进行了分析,可以看出两次雾过程期间空中500 m高度处(图中蓝线)和1000 m高度处(图中绿线)气团来向均一致,为西南来向,这表明威宁地区上空始终为西南暖气流控制,同时由于源地靠近孟加拉湾地区,可能有部分的水汽输送。而近地面的气团(图中红线)则略有不同,个例1中气团来自北方绕行至威宁东南部后到达该地,这可能是受南方的暖湿气流影响造成的,而个例2中气团则来自东部地区,因此整个雾过程中威宁并未受到冷空气的入侵,而是受南面和东面的暖平流影响,这为雾过程的发生和维持提供了良好的水汽条件。

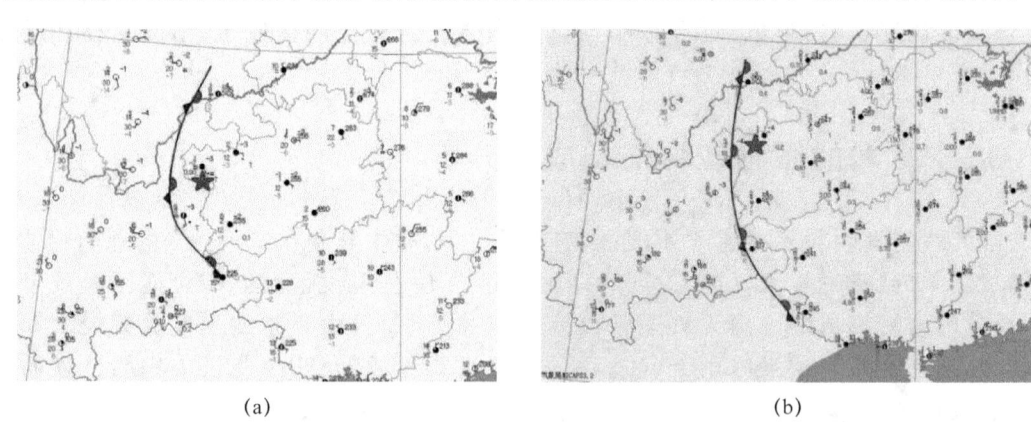

(a)   (b)

图 4.61 雾过程期间静止锋锋区图
(a. 个例1,b. 个例2;五角星为威宁)

(2)冻雨天气下雾过程大气层结状况

2次雾过程维持时间均超过了20 h,期间每次过程中各有3次探空观测,个例1期间为1月9日08时(个例1 Part1)、20时(个例1 Part2)时和10日08时(个例1 Part3),个例2为2月14日08、20时和15日08时,具体层结状况如图4.63所示。

图4.63a、图4.63b分别是2次雾过程期间的温度、湿度廓线。个例1 Part1期间仅有一次探空(9日08时),从温湿度廓线上可以看出,温度曲线随高度上升呈现出微弱的逆温甚至

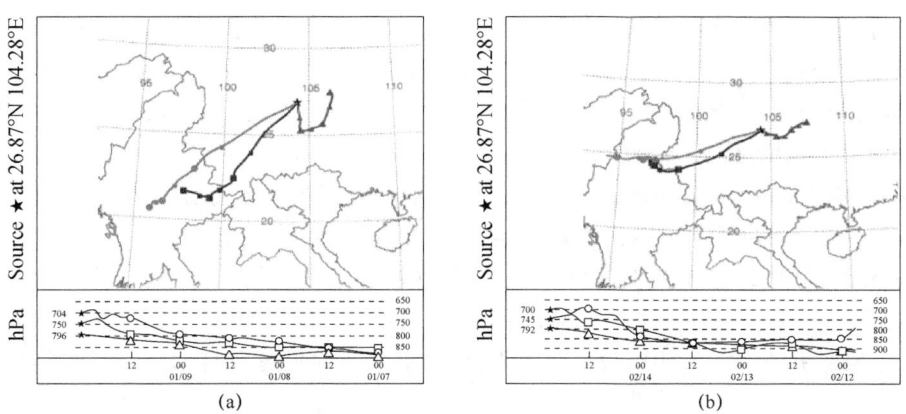

图 4.62 2014 年 1 月 10 日(a)和 2 月 14 日(b)威宁地区 72 h 气团后向轨迹

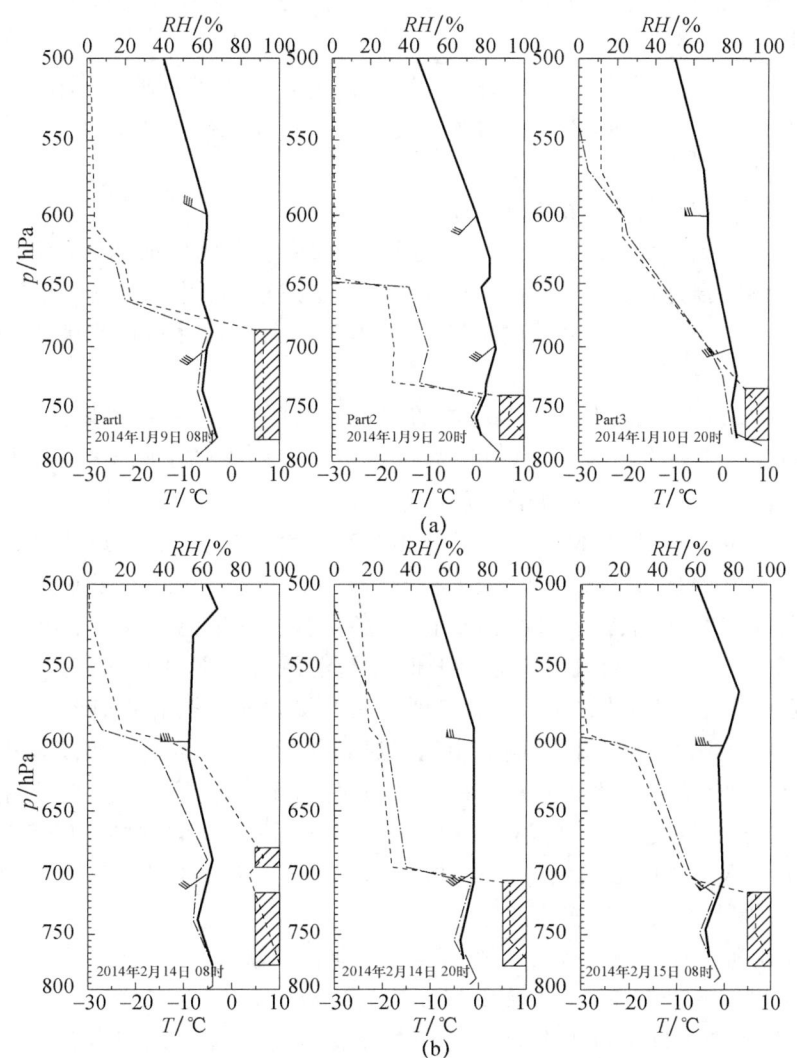

图 4.63 个例 1(a)、个例 2(b)期间大气温度湿度廓线图

[实线:气温,虚线:露点温度,灰色粗线为相对湿度,阴影区为高湿区($RH>85\%$)]

等温,延展高度至约 600 hPa,气温始终维持在 $-10 \sim 0$ ℃。湿层($RH>90\%$)延展高度至约 680 hPa,该配置使 680 hPa 以下均处于一个稳定高湿的环境中,若将温度与露点差 3 ℃ 以内定义为云雾出现的层结(Rauber 等,2000),则 680 hPa 以下均处于过冷云雾中。个例 1 Part2 和 Part3 两次探空则较接近雾的生消时间,从图上可以看出逆温和等温层的厚度与 Part1 相比略低但相差不大,约在 650 hPa 处,表明大气层结仍然保持一个稳定的状态。湿层的延展高度明显下降,仅达到 750 hPa 处,同时整个逆温和等温层温度已在 0 ℃ 以上,表明后两部分过程为暖雾。对于个例 2 而言,3 次探空中同样出现了深厚的逆温和等温层,延展高度由 14 日 08 时的 510 hPa 下降至 20 时的 590 hPa,而后至 15 日 08 时又略有上升。湿层的延展高度则较为一致,一直保持在约 700 hPa 处。3 次探空中温度廓线始终低于 0 ℃,可以判断个例 2 为过冷却雾过程。

整体来看,2 次过程中大气均存在深厚的逆温和等温层结,这使得大气始终保持一个较稳定的状态,同时地面到空中还出现了明显的湿层,这种状态下极有可能是空中的云接地导致了雾的发生和维持(李宏宇 等,2010)。

两次过程中温度廓线随时间均有缓慢上升的趋势,这与近地面盛行东南风从而带来的暖湿气流有关,结合前面的天气形势分析两次雾过程极有可能是冷锋减弱冷气团变性,随后暖气团再次回归该地区而导致的。

(3)冻雨天气下雾过程近地面气象条件

威宁地区海拔较高约为 2238 m,局部地势较高,加上复杂的山地地形,当冬季冷空气南下到达该地时受地形的强迫抬升,并与当地暖气团对峙形成准静止锋,使该地通常会形成有大量的云雾覆盖,有的时候云雾甚至可接地,因此,近地面的条件往往可以影响雾的规模、雾滴浓度,雾体是暖雾或是过冷雾。

从图 4.64 中可以看出,2 次过程中均伴随着短暂的降水过程,根据降水发生时段可以把个例 1 Part1 和个例 2 归为雨雾,同时由于雾过程中气温始终低于 0 ℃,又可归为过冷却雾。而个例 1 Part2 和个例 1 Part3 则根据气温归为暖雾。

从图 4.64a 上可以看出,个例 1 起雾期间相对湿度均在 95% 以上,风速在 $1\sim 4$ m/s,风向始终保持 S 或 SE,气温保持上升趋势,大致在 $-3\sim 6$ ℃ 变化。气温的缓慢上升可能与个例 1 期间风向始终为东或东南风有关。同时个例 1 中各部分雾的生消过程表现出明显的日变化特征,如 Part1 和 Part3 均在日间气温显著上升时开始消散,Part2 则在日落后气温大幅下降时发生,相对湿度的变化趋势也保持一致,这表明日间升温和夜间辐射冷却影响个例 1 雾过程的生消。从图 4.64b 上则可以看出,个例 2 期间气温始终低于 0 ℃,变化幅度较小,除白天由于日出导致的极大值外,整体趋势同样是缓慢上升的;相对湿度经历小幅度上升,稳定在 95% 以上;风速始终小于 3 m/s,这样的低风速有利于雾过程的维持;风向则同样以 SE 为主。个例 2 期间同样在日间气温最高时段(12:00—18:00),出现了雾过程的减弱,但并未影响相对湿度的变化,同样表明个例 2 受气温日变化的影响。

2 次雾过程期间各近地面气象要素平均值和变化范围统计如表 4.19 所示,根据平均气温结合前文分析可以判断个例 1 Part1 和个例 2 均为过冷雾,而个例 1 Part2 和个例 1 Part3 则为暖雾;同时个例 1 和个例 2 过程中主要风向均为东南,也正是东南风的作用下,雾过程期间整体气温均缓慢上升。

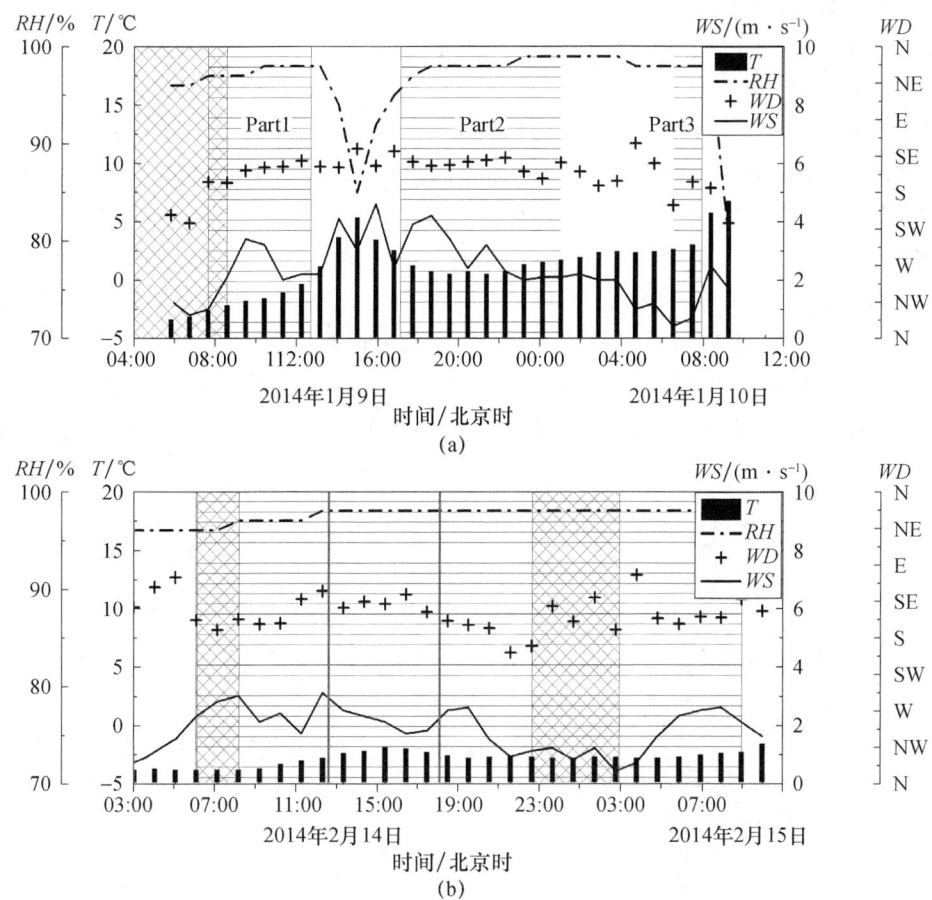

图 4.64　个例 1(a)和个例 2(b)期间地面气象要素随时间的变化
(数据为 1 h 平均值,图中网格阴影区为降水发生时段,横线阴影区为雾发生时段)

表 4.19　2 次雾过程近地面气象要素特征

个例	$T/℃$	$RH/\%$	$WS/m·s^{-1}$	WD
个例 1 Part1 (有降水)	−1.2 −2.6~1.1	97~98	2.3 1~3.4	SE
个例 1 Part2 (无降水)	1.13 0.5~2.5	95~99	2.8 2~4.2	SE
个例 1 Part3 (无降水)	3.8 2.6~5.7	98	1.2 0.4~2.5	SE
个例 2 (有降水)	−2.9 −3.9~−2	96~98	1.9 0.4~3.1	SE

4.8.2　雾过程微物理特征

微物理特征量是描述雾过程变化特征的重要依据,分别计算个例 1 和个例 2 的微物理特征量,包括数浓度(N)、平均半径($\bar{R}$)、液态含水量(LWC)、最大半径(D_{MAX})和峰值半径(R_p),

给出了上述物理量随时间的变化趋势,具体数据见表 4.20。

个例 1 part1 与个例 2 过程中伴随着 3 次降水过程(图 4.65 中阴影区域),这 3 次降水过程虽然雨量并不大,但降水的发生仍然会对雾过程起到抑制作用,Zhou 等(2013)在研究恩施冻雨期间雾过程后发现,冻雨会对雾微物理量的发展产生抑制作用,使各参量均明显变小。

由图 4.65 可以看出,个例 1 Part1 可以分为降水抑制期、雾体成型期。降水抑制期由于降水过程的影响,对雾的发展起到了明显的抑制作用,所以前期雾滴数浓度仅在 5 个·cm^{-3} 以内变化,如此低的数浓度直接导致了液态含水量极低,约在 10^{-3} g·m^{-3} 量级上变化。随后的雾体成型期雾滴数浓度有了明显的上升,在 20 个·cm^{-3} 左右波动,浓度最高时也未超过 50 个·cm^{-3},液态水含量也有了明显的上升,但量级仍保持 10^{-3} g·m^{-3}。随着雾的成型,雾滴的粒径大小趋于稳定,平均半径和峰值半径均在 2~3 μm,表明这次雾过程以小滴为主。根据前文的推断,此次过程应为蒸发过程主导,所以雾滴的形成应以核化凝结为主,这也就导致了雾滴偏小。

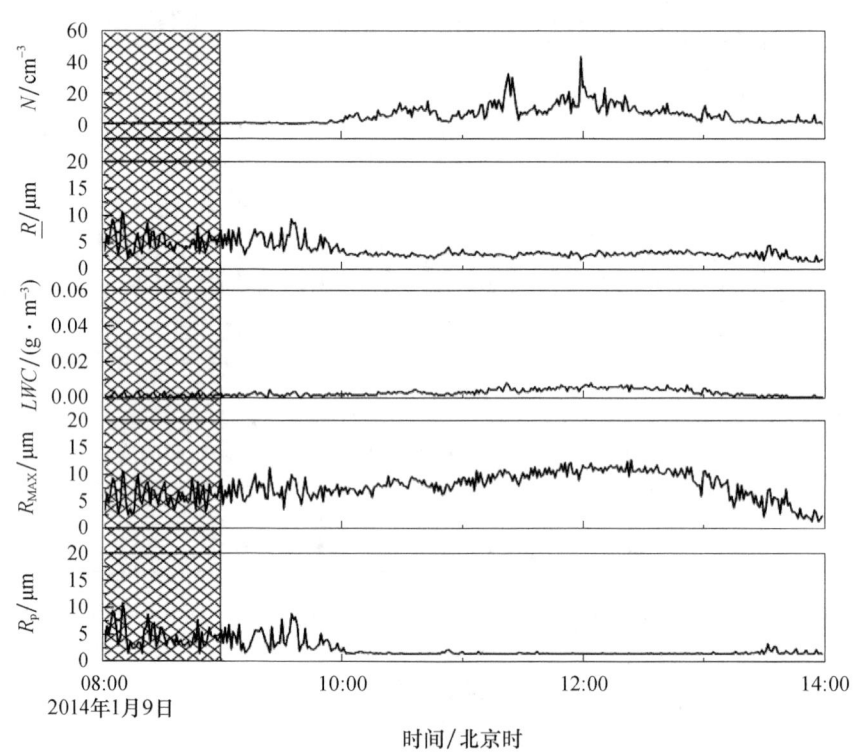

图 4.65 个例 1 Part1 微物理特征量随时间的变化
(网格阴影区为降水发生时段)

而个例 1 Part2 和 Part3 没有受到降水的影响,但由于停电和仪器故障,两次雾过程期间雾形成阶段的数据均缺失,仅能分析雾发展稳定后的微物理量变化。从图 4.66 中可以看出,Part2 和 Part3 数浓度明显较大,在 10^2 个·cm^{-3} 左右波动,最大时接近 300 个·cm^{-3},受数浓度影响液态水含量也明显上升,大多数时间均达到 0.01 g·cm^{-3} 以上,最高时接近 0.04 g·cm^{-3}。雾滴尺度变化极其平稳,平均半径和峰值半径几乎都在 2 μm 左右小幅波动。根据前文分析 Part2 和 Part3 起雾的主导因素分别是辐射冷却和水汽的蒸发,但本质上仍是以凝结核化为主,所以雾滴尺度极小。

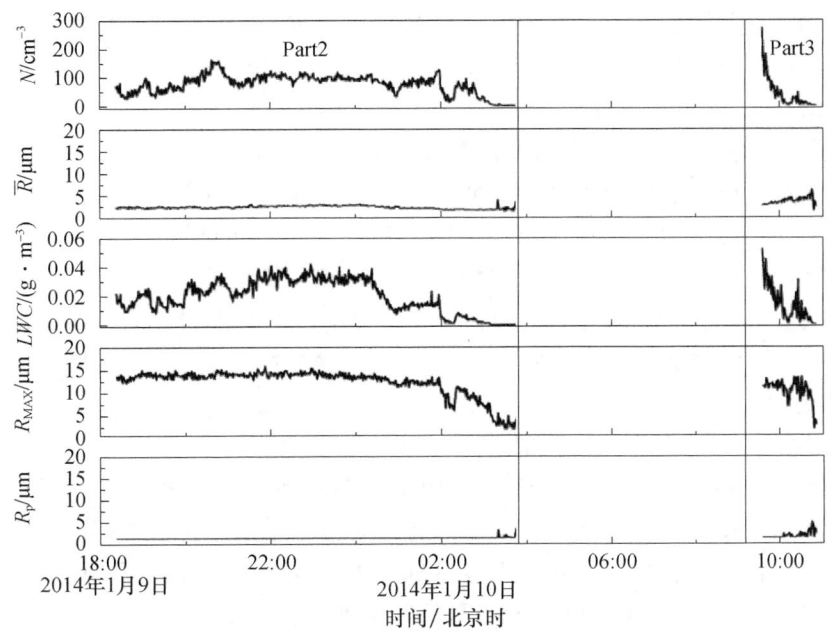

图 4.66 个例 1 Part2 和 Part3 微物理特征量随时间的变化

从图 4.67 上可以看出个例 2 期间两次受到间歇性降水的影响（图中阴影区），同时 14 日 14—17 时由于日照原因气温升至一天之中最高时段，雾体有所消散。除降水抑制期和消散期外，雾滴数浓度均在 10^1 个·cm^{-3} 这个量级以上，最高一次达 10^2 个·cm^{-3} 之上，液态水含量变化与数浓度变化趋势有较好一致性，在 0.01 g·cm^{-3} 上下浮动，最高时段超过 0.013 g·cm^{-3}。同样是受降水蒸发后水汽在空中核化凝结的方式形成雾滴，平均半径和峰值半径与个例 1 相似，雾滴以 2~3 μm 占绝大多数。

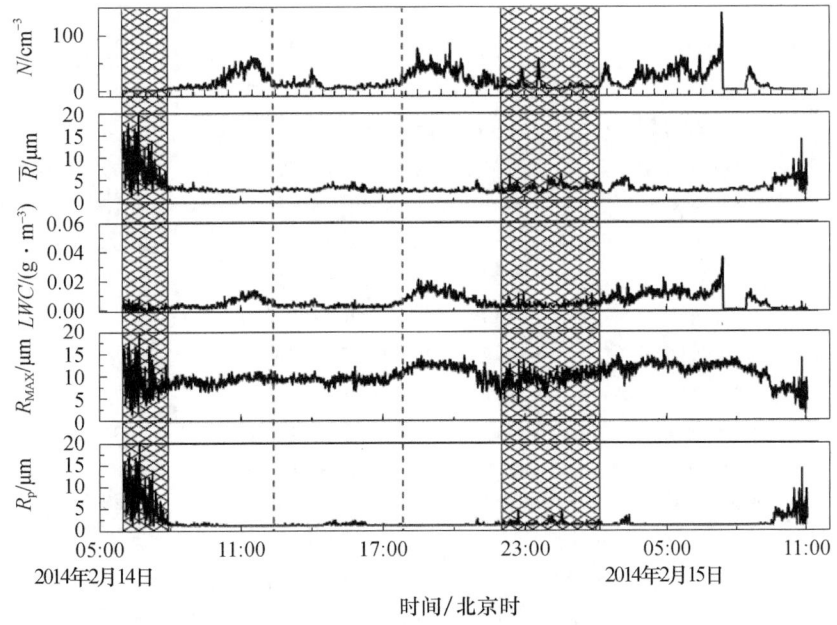

图 4.67 个例 2 微物理特征量随时间的变化
（网格阴影区为降水发生时段）

根据上文的分析并结合表 4.20 中的统计结果可以发现,从数浓度和液态水含量来看,个例 1 三个部分数浓度分别为 5.5、75.5、54.2 个·cm^{-3},对应液态水含量分别为 0.002、0.019 和 0.019 g·m^{-3};个例 2 数浓度为 15.9 个·m^{-3},对应液态水含量为 0.006 g·cm^{-3}。从表 4.20 中可以看出个例 1 Part1 与个例 2 同为雨雾,各参数量级相当,比个例 1、Part2 和 Part3 明显强度偏小,这与雨雾过程均受降水的抑制有关。从雾滴的粒径尺度来看雾滴平均半径均较小,个例 1 三个部分别为 3.6、2.3 μm,个例 2 为 3.3 μm,都未超过 5 μm;而在雾体成型时(数浓度在 10 个·cm^{-3} 及以上时),雾滴的平均半径和峰值半径具有高度的一致性,均在 1.4~2.4 μm,进一步计算后发现 R_p 小于 3 μm 的雾滴样本数占到了总样本数的 91%,这表明雾体的形成和维持几乎完全是靠粒径小于 3 μm 的雾滴,这样的雾滴尺度属于小滴,碰并增长过程不是主要过程。

与其他地区(Hobbs 等,1985;陈宝君 等,1998;宫福久 等,1997;李子华 等,2011)的雾过程相比(表 4.20),可以发现威宁山地雨雾平均半径与其他地区比偏大,可能是山地环境空气较为清洁,雾滴容易长大,同时个例 1 Part2 和 Part3 中由于起雾阶段数据的缺失,二者都可能导致平均半径的偏大,其余参量比南京雨雾参量整体上偏大,而与湖北恩施雨雾比则偏小。而威宁山地雾则各参数量级上比城市地区的雾的数浓度偏小而平均半径偏大,液态水位量偏小,而与广东大瑶山地雾量级相近,这可能是由于城市和山区污染程度不同,因而气溶胶数量也不同导致的。

表 4.20 2 次雾过程微物理特征量平均值及变化范围

个例	N/个·cm^{-3}	$\bar{R}$/μm	LWC/g·cm^{-3}	R_{MAX}/μm	R_p/μm
个例 1 Part1	5.5	3.6	0.002	7.9	2.4
(山地雨雾)	0.3~43.9	1.4~10.7	0~0.008	1.4~12.8	1.4~10.7
个例 1 Part2	75.5	2.3	0.019	11.6	1.4
(山地雾)	0.3~164.9	1.4~9.5	0~0.042	1.4~12.0	1.4~9.5
个例 1 Part3	54.2	3.3	0.018	10.8	1.55
(山地雾)	0.3~273.9	1.4~6.3	0~0.052	1.4~13.2	1.4~5.0
个例 2	15.9	3.3	0.006	10.1	1.5
(山地雨雾)	0.1~138.8	1.4~19.7	0~0.036	1.4~19.7	1.4~19.7
湖北恩施	177.3	1.9	0.08		
(山地雨雾)	129.25~349.4	0.5~2.5	0.01~0.13	—	—
重庆市郊	188.0	4.7	0.175	21.0	3.0
(陆地雾)	38~1436	2~8.2	0.003~0.483	11~50	1.8~4.9
广东大瑶山	137.8	4.73	0.132		
(山地雾)	47~202	3.6~6.7	0.115~0.155	—	—
南京北郊	240.1	2.7	0.158	14.5	1.4
(陆地雾)	8.7~484	1.9~3.4	0.001~0.297	4~19	—
南京北郊	3.0	1.5	0.00004	2.5	
(雨雾)	1~12	0~1.7	0~0.00021	0~4	
波多黎各			0.080		
(山地雨雾)	—	—	0.030~0.127	—	—
南海	39.6	2.1	0.013	11	1.4
(海雾)	1~219.5	1.8~2.7	0.001~0.155	—	—

4.8.3 雾过程期间地、气温差分析

由于两个个例期间均伴随降水过程,降水过程会给地面带来大量的水,当气温上升时水蒸发,从而导致雨雾的出现。为了明确降水是否对两个个例产生了影响,对气温(T_a)和地面温度(T_s)的变化做了分析,并计算了二者差值(图4.68ab)。

从图4.68a中可以看出,Part1过程发生时,随着降水过程的发生T_s和T_a逐渐接近,温差变小,随后开始起雾,随着日出T_s和T_a均开始上升,但T_s始终高于T_a且升温速率也明显高于T_a,当T_a上升接近0℃时雾消散。由于前期的降水带来了大量的地面水,随着T_s的上升,水开始不断蒸发,而这时气温较低,水汽随即发生凝结而形成雾,所以Part1应为蒸发过程主导的蒸发雾。随后气温升至一天中最高的时段,地气温差由起雾时期的3℃左右升至6℃以上。Part2过程则是日落后T_s和T_a均下降,T_s降幅较大,当T_a再次接近0℃,地气温差在3℃以内时,再次起雾,一直持续到地气温差接近0℃时雾散。这表明Part2过程是由辐射冷却导致的辐射雾过程,而雾的消散则是由于T_a稳定上升,而T_s快速下降,这使水汽不断的冷凝到地物表面而造成的。Part3再次起雾时发生在日出后,随着太阳辐射的加强T_s开始迅速上升,而T_a升温则较慢,导致之前夜间冷凝的水汽再次蒸发到较冷的空气中凝结而形成雾,因此Part3也是应当是蒸发雾(Niu等,2010)。

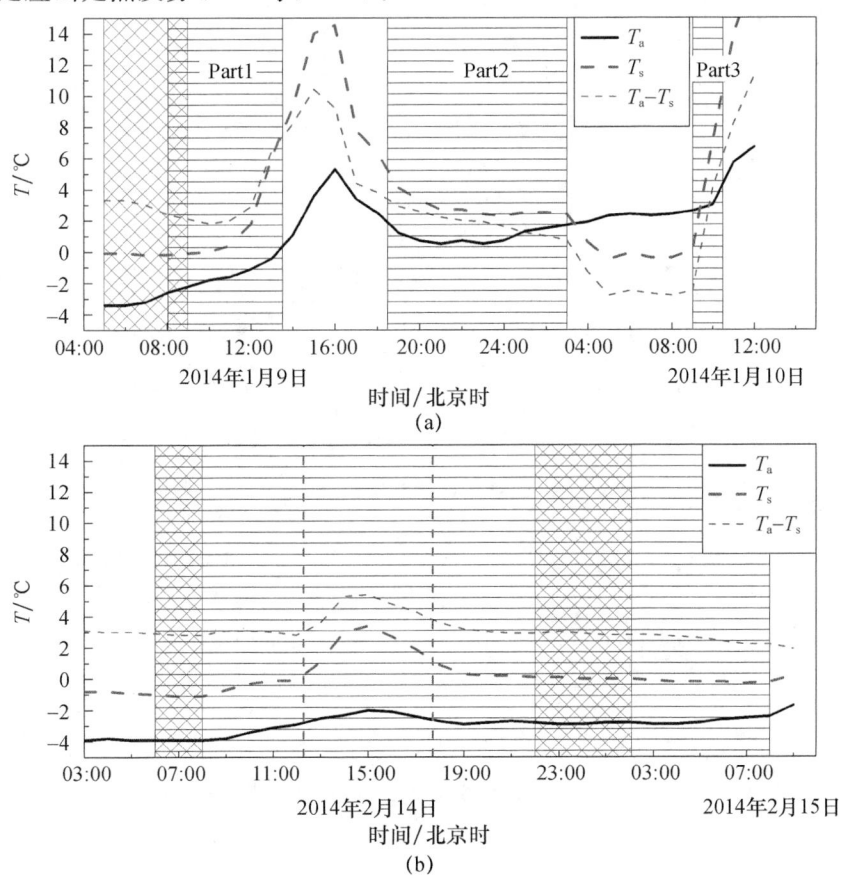

图4.68 个例1(a)和个例2(b)两次雾过程的地面温度(T_s)、气温(T_a)和地气温差(T_s-T_a)随时间的变化
(网格阴影区为降水发生时段,横线阴影区为雾发生时段)

对于个例 2 而言,从图 4.68b 中可以看出整个过程期间,地气温差始终保持在 3 ℃ 左右,加上期间发生的两次降水过程,可以推测个例 2 为一次雨雾过程,其起雾机制应该是地面水蒸发所导致的。个例 2 中地气温差在日间受太阳辐射加热影响出现过高于 3 ℃ 的时段,但并未超过 6 ℃,这个时段正好对应着个例 2 雾过程减弱的阶段,这也表明了地气温差的增大会对蒸发雾过程产生抑制作用。

4.8.4 雾滴谱特征

雾滴谱分布对于表征雾的特征及分析雾的形成机制具有重要意义,从图 4.69 中可以看出两个个例雾的谱型基本一致,均为单调递减,谱宽均超过了 20 μm,但雾滴直径超过 10 μm 后数密度就已经变得极低了。雾过程中均以直径小于 5 μm 的雾滴为主,数密度峰值均集中在第一档(2.8 μm)中,且第一档的雾滴数密度比第二档(4.9 μm)平均高一个量级,在往后的尺度档中数密度成指数递减。同样尺度的雾滴雨雾过程的浓度通常比正常的山地雾过程低一个量级,这也与其他地区(高健 等,2008)的分析结果类似,表明雨雾过程比其他类型的雾过程整体强度要小得多。从各个过程中滴谱的分布情况来看,几乎没有直径超过 20 μm 的雾滴存在,而 20 μm 通常是雾滴碰并过程发生的临界直径(Niu 等,2010)。因此,上述 4 次雾过程都不太可能发生碰并增长过程,而应该以凝结核化为主要的增长方式(陆春松 等,2012)(图 4.70)。

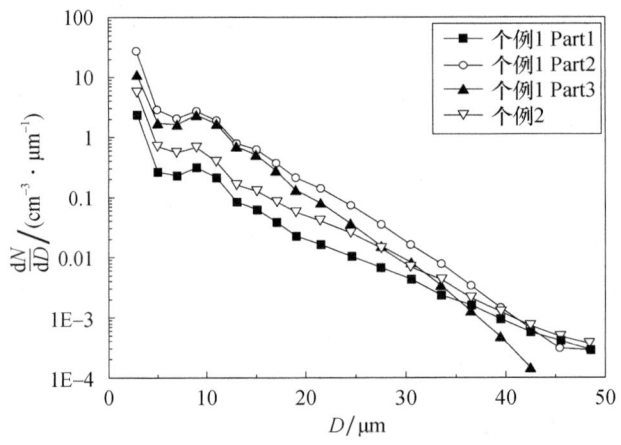

图 4.69 雾滴平均谱分布

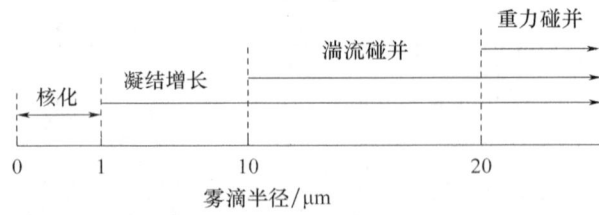

图 4.70 云雾滴核化、凝结、碰并增长过程半径示意图

4.8.5 小结

利用雾滴谱仪观测资料、常规气象观测资料和探空资料,对 2014 年初威宁地区发生的两次雾过程进行了天气形势、大气层结结构、地面气象要素和雾滴谱分布、雾滴微物理特征等方

面的分析,得到了如下结论:

(1)两次雾过程期间威宁地区均有准静止锋维持,这导致了稳定大气层结的形成,在稳定层结下地面出现东南方向来的暖湿气流为雾的形成和维持提供了水汽条件。

(2)两次雾过程期间大气均存在深厚的逆温和等温层结,这使大气保持一个静稳状态。近地面到低空出现了明显的湿层,该湿层极有可能是空中的云雾接地所致,利于雾的发生和维持。两次过程中大气的温度随时间有缓慢升高的趋势,这与近地面盛行东南风有关。

(3)从近地面气象要素来看,雨雾期间,由于气温始终低于 0 ℃,可归为过冷却雾,而个例 1 Part2 和 Part3 则根据气温归为暖雾;起雾期间相对湿度维持在 95% 以上,气温均缓慢上升,平均风速在 3 m/s 之内。个例 1 Part2 过程随日照时间表现出日变化特征,同时在分析了个例 1 Part2、个例 1 Part3 和个例 2 过程期间地、气温差后发现:这 3 次雾都出现在降水出现后地、气温差在 3~6 ℃,同时气温开始显著上升时起雾,这表明这 3 次均受蒸发过程影响,起雾机制应为蒸发冷却导致。

(4)分析雾滴微物理参数的变化后得出:个例 1 三个部分数浓度分别为 5.5、75.5、54.2 个·cm^{-3},对应液态水含量分别为 0.002、0.019 和 0.019 $g·m^{-3}$;个例 2 数浓度为 15.9 个·m^{-3},对应液态水含量为 0.006 $g·m^{-3}$。雨雾过程各参数均明显小于另外两次山地雾,这与降水过程对雾过程的抑制有关。在对比了其他地区的雾过程后发现,两次山地雨雾过程比城市雨雾过程偏强,与同类型山地雨雾量级相当,另外两次山地雾过程与其他地区相比偏弱,这可能是由于地区污染程度不同导致气溶胶含量不同所造成的。

(5)雾滴的微物理和滴谱分布分析表明威宁雾过程整体以小滴为主,滴谱较窄。雾滴峰值集中在直径小于 5 μm 的小滴端,这表明该地雾的形成过程应主要以核化凝结增长为主,碰并增长过程不是主要的物理过程。

4.9 云凝结核对雨、雾滴谱的影响

形成冻雨的关键气象因子有两点:一是下垫面温度低于 0 ℃,二是近地层(3000 m 以下)有丰富的过冷却水和云凝结核(CCN),而缺乏冻结核(IN)。过冷却水和 CCN 是云滴凝结增长的必要条件;少量的 IN 也不致使雨滴进入负温区后冻结成冰,而不形成冻雨。以往研究对贵州云系特征和云内水汽含量已有一定认识,本节将从 CCN 角度出发,探讨 CCN 数浓度对威宁云雾降水的影响。

大气气溶胶可通过散射和吸收太阳辐射直接影响地-气辐射平衡;同时,作为 CCN,可改变云的微物理特性和辐射特性,从而间接影响气候及降水(Pruppacher 等,1997;Lohmann 等,2005)。随着工业化和城市化的发展,人为污染导致的气溶胶排放持续增多,气溶胶污染问题广受关注(邓雪娇 等,2011;李颖敏 等,2011)。研究表明,污染会导致云微物理特性发生变化,对气候产生不同影响(Cantrell 等,2000)。因此,研究污染情况下的云微物理特征对气候预测、污染控制及人工影响天气等具有重要意义。

有关 CCN 与大气污染国内外已开展大量研究,结果表明,高浓度污染可引起 CCN 和云滴数浓度升高,云滴尺度减小。CCN 数浓度与空气中的 NH_4^+、SO_4^{2-}、有机碳及黑碳含量呈正比,CCN 浓度变化可导致云滴谱的巨大变化进而影响雨、雾的形成(Roberts 等,2002)。例如,污染云的云滴尺度往往小于清洁云,污染区的雾滴数浓度相比清洁区更高且尺度更小(Brenguier 等,2000)。Yum 等(2002)观测发现,海洋性云比大陆性云含更多降水粒子。Borys 等(2003)的研究

也表明,污染气溶胶可使降水延迟、降水量减少。我国20世纪80年代在黄河上游、宁夏贺兰山、青岛等地进行了一系列相关研究(黄庚 等,2002;樊曙先 等,2000;何绍钦 等,1987);近年来,在污染严重的华北、西北地区和相对清洁的南方地区,针对CCN的垂直和水平分布也陆续开展了多项试验(石立新 等,2007;封秋娟 等,2012;赵永欣 等,2010),取得了许多有意义的研究成果。这些研究都表明,CCN数浓度随时、空显著变化,具有很强的局地性。

贵州西部的威宁县属清洁南方地区。2014年1月在威宁进行冻雨雨雪天气观测时,意外发现持续近半个月的严重冻雨天气导致当地取暖和火电厂排放的气溶胶大幅度增加,这为研究污染对清洁南方地区的CCN特征及其对雨雾滴谱的影响提供了良好契机。本书利用CCN、雨滴谱、雾滴谱及地面气象观测资料,分析污染情况下威宁的CCN数浓度和雨、雾滴谱特征,探讨冬季污染对云雾及降水的影响。

4.9.1 资料与方法

观测地点位于威宁县国家气候基准站内(26.87°N,104.28°E;2237.5 m),该站处于县城最高处,平均海拔为2200 m。本节所使用的资料包括:①2014年1月4—8日的CCN数浓度资料;②2014年1月7日的一次轻雾过程雾滴谱资料;③2014年1月7—8日雨滴谱资料;④地面气象观测资料。

4.9.2 结果分析

(1)气象要素分析

观测期间威宁主要为阴天和多云天气,其中1月7日、8日有冻毛毛雨。图4.71是2014年1月4—8日风速(WS)、相对湿度(RH)、气温(T)随时间的变化。可以看出,威宁的盛行风向为N、S和SE,风向频率分别为24%、13%、13%,观测期间平均风速在3 m·s^{-1}以下,不利于污染物的扩散和输送。昼夜温差大,日间最高温度达16 ℃,夜间最低气温-4 ℃。RH日变化剧烈,一般在凌晨达最大,其中1月7日、8日凌晨至中午RH维持在90%以上,为雾的形成提供了水汽条件。

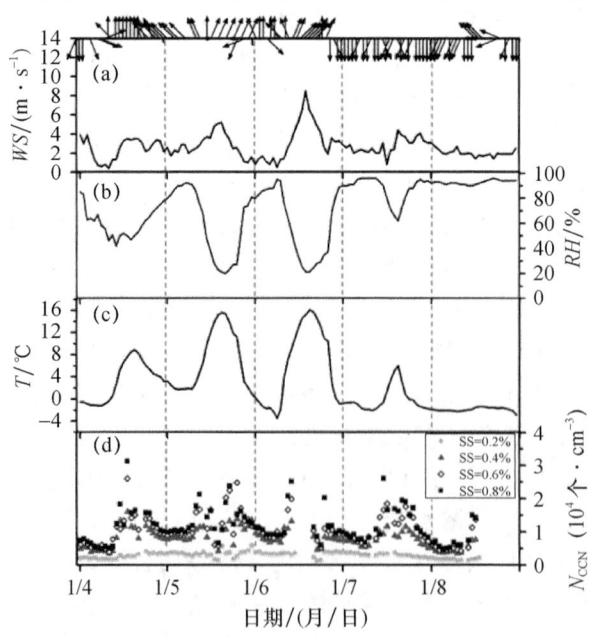

图4.71 2014年1月4—8日威宁各气象要素时间序列

(2)威宁 CCN 特征

• CCN 的日变化

图 4.72 为观测期间不同过饱和比下的 CCN 数浓度日变化。可以看出,CCN 存在两个显著特征:①CCN 数浓度随过饱和比的增大而增大,各过饱和比(从低到高)下 CCN 浓度平均为 2774、8003、10470 和 11685 个·cm^{-3};②CCN 有明显的日变化特征。CCN 从 07:00 开始增加,在 09:00—12:00 和 16:00 前后出现峰值,随后下降,20:00 前后又出现一个小峰,夜间平稳下降,至 07:00 达最低。作为中国南方地区高海拔站点,威宁 CCN 日变化与多数低海拔站点(何绍钦 等,1987;王占山 等,2014)及部分高山站(钱凌 等,2008;Cheng 等,2009)相比,峰值较多,达 3~4 个。清晨人类活动排放了大量气溶胶,随太阳辐射增强,边界层高度抬升,湍流混合作用将 CCN 向上输送,导致 10:00 前后出现第一个峰值($S=0.2\%$,0.4%时不明显),之后 CCN 下降,在 12:00 前后达到第二个峰值。一方面,午间太阳辐射最强,促进了光化学反应的发生和气-粒转换过程,有利于二次气溶胶的产生;另一方面,午间做饭、民用等生活排放增加,使 CCN 达日间最高。随着边界层对颗粒物的持续向上输送,CCN 在 14:00 出现谷值;16:00 太阳辐射逐渐减弱,大气层结相对稳定,CCN 的峰值可能源于前体颗粒物的凝结和碰并(Cheng 等,2009);傍晚太阳辐射减少,湍流活动减弱,受大气层结影响易形成逆温,污染物扩散受抑制;加上晚高峰排放增强,在 19:00—20:00 出现第四个峰值,该峰值相对前几个峰值较小,之后 CCN 平稳下降,直到第二天清晨。

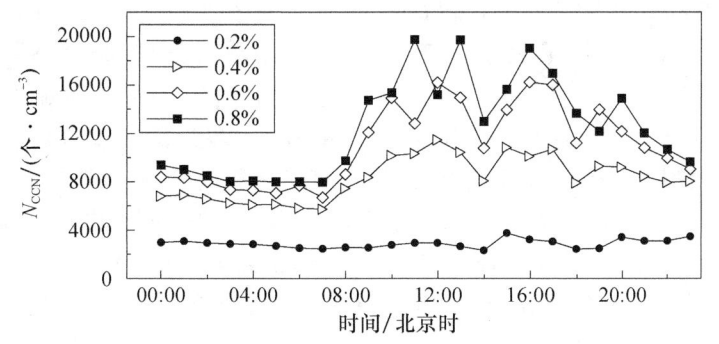

图 4.72 1 月 4—8 日威宁 CCN 数浓度日变化

另外,同一过饱和比下 CCN 浓度波动很大,低过饱和比下峰值不明显,随过饱和比增大,CCN 的日高值和日平均值均增大(表 4.21)。CCN 的日均值相比同过饱和比下黄山的值高一个量级(钱凌 等,2008);相比泰山的 CCN 浓度(吕子峰 等,2008),在低过饱和比(0.2%)下偏低,高过饱和比(0.6%、0.8%)下偏高;相比南京、石家庄等污染城市也处于较高水平(谭稳 等,2010;王婷婷,2011)。

导致威宁 CCN 数浓度偏高的原因可能有以下几点:①2013 年 12 月中旬起,威宁遭遇了近半个月的严重冻雨天气,夜间最低温度达−4 ℃,居民烧柴、燃煤取暖等较常日大幅度增加,排放了大量烟尘及颗粒物;排放物中的水溶性粒子(K^+、Cl^-、SO_4^{2-}、NO_3^-)极大地提高了 CCN 的活化效率(Hobbs 等,1985);②观测站附近是威宁火电厂,冬季火电厂承担的供暖任务增强,中午和 20:00 前后较高的火电源排放与 CCN 的高值时段对应,说明火电源排放也贡献了部分 CCN(邓雪娇 等,2007);火电厂排放的污染物极易转化为硫酸盐、硝酸盐气溶胶及二次有机气溶胶(罗俊颉 等,2012),从而影响 CCN 数浓度;③观测期间主要为多云、阴转冻雨天气,混合层高度比晴日低,热力湍流弱,抑制了污染物的扩散,导致局地 CCN 的高值(Chen 等,

2011)。综上所述,观测期间威宁 CCN 主要源于局地排放,局地源强的变化和环境气象条件的共同作用是 CCN 浓度变化的主因。

表 4.21　威宁 CCN 活化谱拟合参数

日期 (月-日)	天气	各 S 下数浓度范围/(个·cm^{-3})				C/ (个·cm^{-3})	k
		0.2%	0.4%	0.6%	0.8%		
01-04	多云	1702~4142	3533~16143	3953~26069	5073~31344	13225	0.78
01-05	阴转多云	1427~5823	4197~13870	5947~24906	6768~23899	17596	0.79
01-06	阴转多云	1280~4035	4654~13282	5304~19900	6132~25284	15002	0.75
01-07	阴转冻雨	2043~3825	5180~11632	5979~18464	6859~26138	15833	0.81
01-08	冻雨	1340~2262	3544~7735	4324~13731	4900~15044	9783	0.86
平均		2884	8003	10470	11685	14288	0.80

- CCN 活化谱

利用经验公式 $N=C·S^k$ 拟合威宁 CCN 活化谱,其中 S 为过饱和度,C、k 为拟合参数。不同天气条件下,威宁的 C 值均在 10000 个·cm^{-3} 左右,k 值小于 1(表 4.21)。Hobbs 等(1985)根据 C、k 值把核谱分成大陆型($C\geqslant 2200$ 个·cm^{-3},$k<1$)、过渡型(1000 个·cm^{-3}≤C≤2200 个·cm^{-3},$k>1$)和海洋型(C≤1000 个·cm^{-3},$k<1$)。据此标准,威宁冬季 CCN 活化谱属典型大陆型核谱。阴天(5 日、6 日)的 CCN 数浓度较高,5 日和 6 日的 C 值分别为 17596 和 15002 个·cm^{-3},明显高于多云天气(4 日)的 C 值(13225 个·cm^{-3});雨天(8 日) CCN 数浓度明显下降,C 值为 9783 个·cm^{-3},说明雨水对 CCN 具有冲刷作用。

在人为源影响较少的祁连山、黄山地区,C 值较小,多为清洁型大陆核谱或过渡型核谱(Niu 等,2010;刘端阳 等,2011);泰山地区,观测期间受焚烧影响,C 值较高,属大陆型核谱(钱凌 等,2008);石家庄、太原、武清等重工业城市,人为污染源多,C 值在 15000 个·cm^{-3} 以上,属典型大陆核谱(石立新 等,2007;孙玉稳 等,2012;王婷婷,2011)。本节拟合的 C 值相比泰山、黄山等高山地区明显偏高,无降水时的 C 值甚至与重污染城市武清相当,雨天也维持在较高水平,说明观测期间污染严重。

- CCN 谱分布

图 4.73 是观测期间各过饱和比下的 CCN 谱分布。可以看出,各过饱和比下 CCN 谱分布均为单峰型,峰值在 1~3 μm,大于 6 μm 的 CCN 数密度随直径增大呈指数递减。除 $S=0.2\%$ 外,其他过饱和比下的峰值浓度均达 10^4 量级。随 S 增大,CCN 数密度和粒径均增大,滴谱上抬,峰值粒径向大粒子方向移动,谱型展宽。$S=0.2\%$、0.4%、0.6% 和 0.8% 时,CCN 数密度的峰值粒径分别集中在 1.0~2.0 μm、2.0 μm、2.0~3.0 μm 和 2.0~5.0 μm,大于 7 μm 的数密度下降迅速。由于冬季威宁上空多为层状云,厚度薄,云中含水量低(杨慧玲 等,2011),当水汽供应一定时,高浓度的 CCN 争食有限的水汽,云滴凝结增长速度小,导致 CCN 谱宽较窄。

(3)高浓度 CCN 对雨、雾滴谱的影响

由于冬季威宁空中含水量低,高浓度 CCN 理论上可导致雨、雾滴数增加,滴谱变窄,降水量减弱。1 月 7 日 05:00—11:00 出现了轻雾,7 日 22:00—8 日 22:00 依次出现了微量冻毛毛雨、小雨、雨夹雪和微量小雨,这为验证此论断提供了机会。由图 4.74 的平均雾滴谱分布可看出,雾滴谱符合指数递减规律,呈双峰型,两个峰值分别在 $D=2.8$ μm 和 $D=10$ μm 附近。粒

第4章 贵州冻雨的外场观测试验及分析

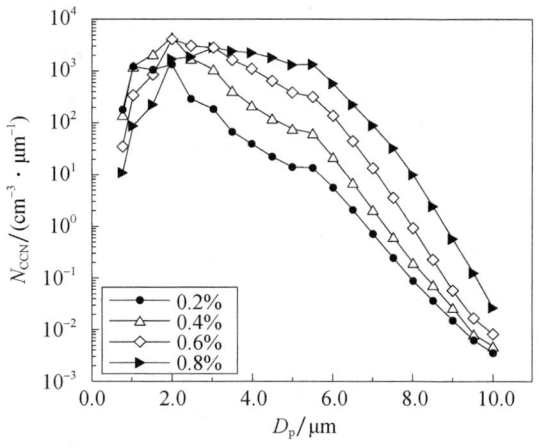

图 4.73 观测期间 CCN 谱分布

径小于 5 μm 的小滴约占总雾滴数的 46%,少有 >10 μm 的大滴,说明此次雾过程以核化、凝结过程为主,碰并增长过程很弱,同南岭山地雾(邓雪娇 等,2007)相比雾滴谱明显偏窄。图 4.75 给出了 4 个个例的雨滴谱分布,可以看出,污染期间威宁降水粒子谱很窄,均未超过 1.5 mm;其中,冻毛毛雨(个例 1)和小雨(个例 4)的滴谱主要集中在 0.6 mm 以下,雨夹雪(个例 3)时的雨滴谱稍宽,但也不超过 1.4 mm,远小于大部分低海拔地区(罗俊颉 等,2012;Chen 等,2011;牛生杰 等,2011),相比庐山、黄山等高海拔地区(张吴 等,2011;陈聪 等,2015)也处于较低水平。

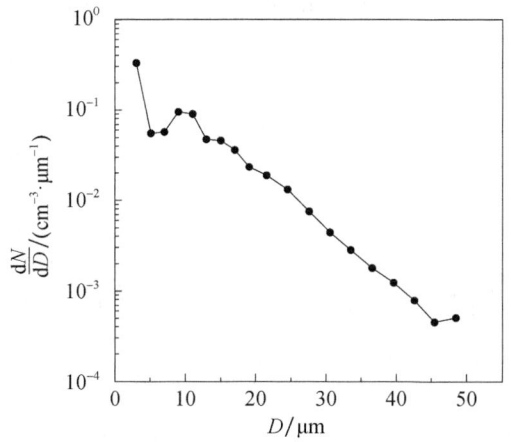

图 4.74 平均雾滴谱分布

4.9.3 小结

(1)受人类活动、边界层高度、湍流交换和山谷风共同影响,威宁 CCN 数浓度具有明显的日变化特征。同一过饱和比下 CCN 数浓度波动很大,CCN 数浓度的日最值、日平均值和峰值宽度均随过饱和比的增大而增大。

导致威宁 CCN 数浓度偏高的主要原因有:居民烧柴、燃煤取暖导致的生活排放,火电厂源排放,阴天、冻雨等天气及逆温对污染物扩散的抑制作用等。

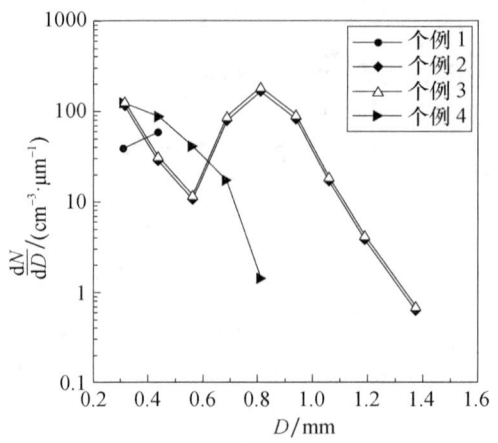

图 4.75 雨滴谱分布

［个例 1：7 日 22：00—8 日 08：00（冻毛毛雨）；个例 2：8 日 08：00—09：30（小雨）；
个例 3：8 日 09：30—15：30（雨夹雪）；个例 4：8 日 15：30—22：00（小雨）］

（2）威宁地区 CCN 谱属典型大陆型核谱。利用 $N=C \cdot S^k$ 拟合威宁 CCN 活化谱，拟合参数 C 相比黄山、泰山、祁连山等高山地区明显偏高，与重污染城市武清相当，说明观测期间该地污染严重。

（3）威宁雾滴谱分布呈双峰分布，两个峰值分别在 $D=3.0~\mu m$ 和 $D=10~\mu m$ 处，$D<5~\mu m$ 的小滴约占总雾滴数的 46%，少有 $>10~\mu m$ 的大滴。

（4）威宁低纬高海拔的地理特征、云层薄云顶低的云系特点、云贵准静止锋天气系统为冻雨雨雪天气提供了宏观天气背景，而高浓度的 CCN 是导致此次降水弱、滴谱窄的重要微观条件。

第5章 贵州冻雨的动力因子预报方法研究

  在冬季各种降水类型中,冻雨的预报是其中有难度,也具挑战的一种。冻雨是降水在特定的条件下形成的。第一,降水在触地之前应是过冷却雨滴;第二,地面温度必须低于0℃。这两个条件都与冷空气的活动有直接关系。对于地处高原东侧的斜坡面,又位于低纬度的贵州来说更是如此。有关冻雨研究指出,冷空气要有一定厚度才能影响贵州,而冷空气入侵的路径不同,产生冻雨的区域也不同。就其预报思路,归纳起来主要有二条:一是选用高山站气象要素变化和冷锋的性质等鉴别有无冻雨过程;二是用冷舌的低温指标做冻雨分片预报。所谓冷舌是指700 hPa和850 hPa等压面上锋区(等温线密集区)南凸的部分,它表示北方冷高压南侵的主力方向,它同地面锋区一样都是冷高压前沿锋区在某一个剖面上的反映,冷舌后部的冷空气与地面冷空气都是同属于一个冷气团。根据统计结果,影响贵州的冷舌,一条是反映在850 hPa图上,从郑州经宜昌、芷江折向贵阳的冷舌,它表明冷空气取东北路径入侵贵州,对贵州东部地区影响较大,若冷空气有一定的强度和厚度,可造成贵州大面积的冻雨天气;另一条是反映在700 hPa图上,从兰州经武都、成都伸到威宁的冷舌,它表明冷空气取北西北路径入侵贵州,一般只能造成贵州省的西部地区的冻雨天气。黄继用(1999)在统计方法的基础上,提出了冷舌与冻雨分片预报方法,认为贵州的冻雨分布与700 hPa和850 hPa等压面上的冷舌分布密切相关。用冷舌预报的思路,就是以08时等压面温压场为起始场,在冷舌经常出现的通道上设置指标站,以冷舌所在的指标站的温度作为根据问题,然后考虑冷舌南移影响贵州的有利因素和不利因素,以寻找低温预报指标,继而解决冻雨的分片预报,并因此建立了未来36 h内贵州的冻雨预报指标及消空指标。

  过去大量的研究主要是基于统计分析方法对冻雨进行研究,从环境场、动力和数值模拟上对贵州、湖南冻雨天气的研究相对薄弱。针对这个不足,同时为满足冻雨天气预报定量化的需求,深入研究冻雨形成的环境场条件,探索多因子形成的预报方法是十分必要的。贵州冻雨是在对流层高、中、低层各纬度天气系统相互作用下形成的,其中直接和主要的影响系统有:高层的副热带高空急流锋区、低层的云贵准静止锋以及中低层的西南低空急流。在这种复杂的天气背景下,为了准确地分析并预报出冻雨的发生区域,在仔细分析研究冻雨发生的大气背景和天气特点后,我们探索性地提出一套冻雨的诊断预测方法,即"动力因子"和"三步判别法"相结合的方法。同时,我们把该方法应用到中国冻雨较频发的贵州地区,首先利用动力因子垂直积分的斜压涡度参数(SUMBV)找到未来因斜压性较强而易发生弱降水的区域,再结合预报场的单站探空资料,进行三步判断方法,就能比较全面地判断冻雨发生的区域,对冻雨进行准确预报。

5.1 冻雨落区的诊断

  数值模式中并没有冻雨这一降水类型的直接输出量,因此,在研究中,根据统计结果和预报员的经验总结出了一套判断冻雨落区的诊断方法,即某一区域同时满足需要具备以下几个

条件时作为冻雨发生区域:

1)有弱降水;

2)地面温度(T_2)<0 ℃;

3)中低层有逆温,且逆温顶附近出现暖层(即:$T_{700}-T_{850}>0$ ℃,同时逆温顶的温度>0 ℃,可用 700 hPa 的温度>0 ℃判断);在贵州西部高海拔地区可以没有暖层。

因此,我们将同时满足这三个条件的区域(金红色区域)画出,如图 5.1 d—f 所示,可以看到,该区域和观测记录的冻雨落区(图 5.1a—c)非常相近,可作为判断模式输出资料是否发生冻雨的一个重要依据。

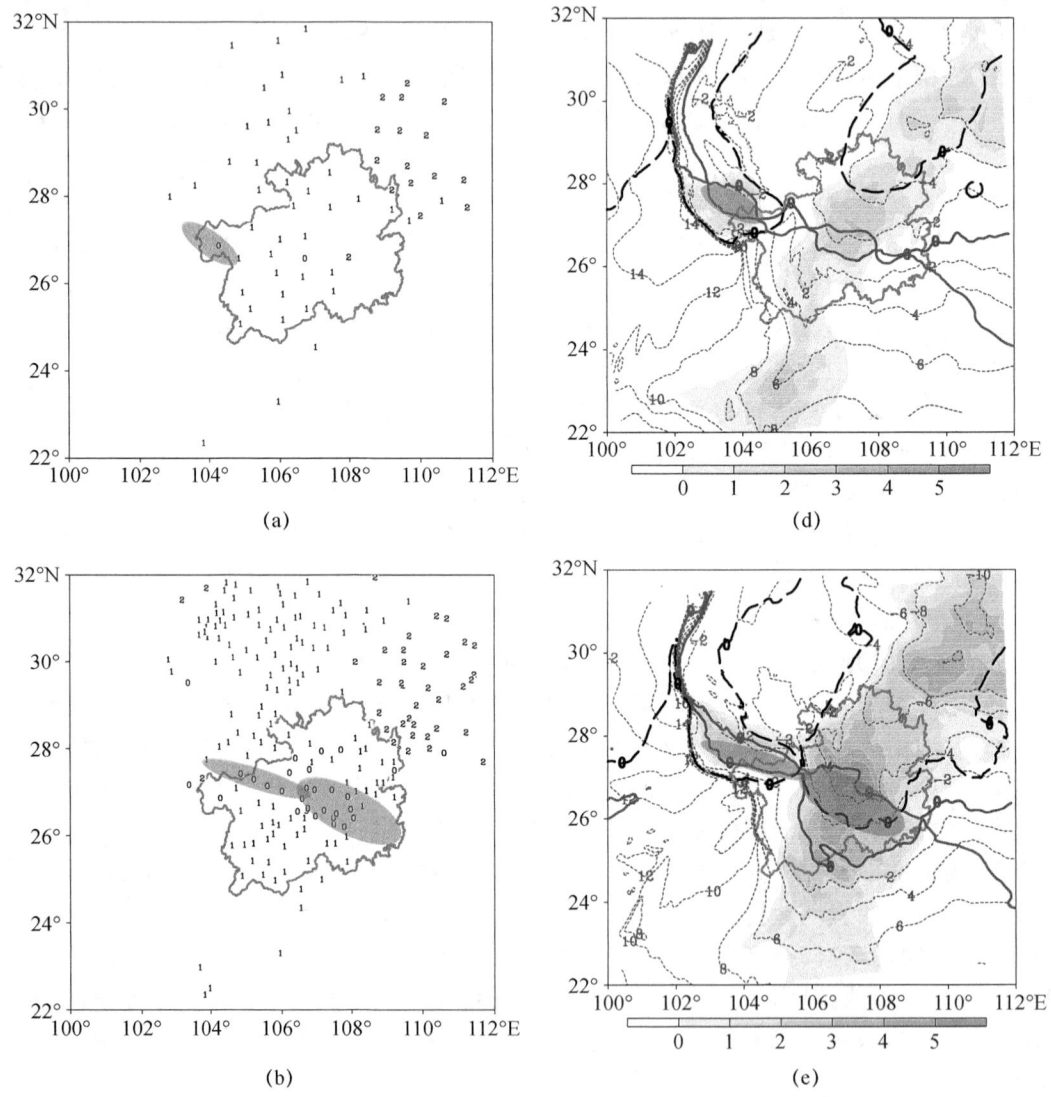

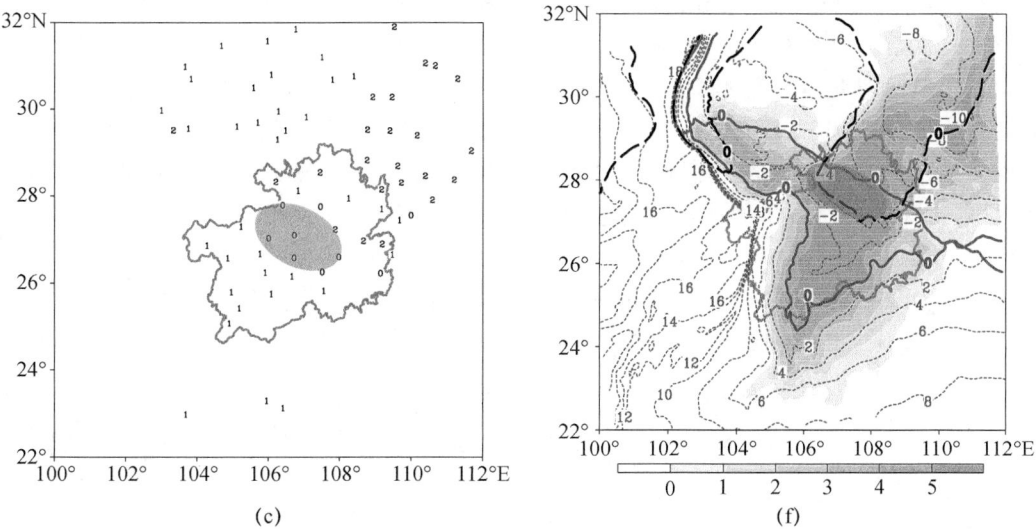

图 5.1 各时刻观测的地面降水类型(a—c;0:冻雨,1:雨,2:雪)和数值模式结果(d—f)
[850 hPa 等温线:红色,其中 0 ℃线加粗;700 hPa 0 ℃等温线:蓝线;2 m 的 0 ℃等温线:
黑色长虚线;3 h 累计降水(蓝色阴影区);彩图见书后]

5.2 动力因子诊断预报方法

为进一步诊断预报和冻雨相关的降水,本节提出了动力因子诊断预报法。以往用得较多的诊断因子,比如对流涡度矢量、湿热力平流参数等,都是针对对流性强降水,它们能较好地抓住强对流垂直速度大的发生、发展特点,而对弱降水的诊断作用相对较差。由于冻雨总是发生在非对流性的层状云区,降水量很小,因此,根据冻雨降水的这个特点,需要重新总结出一个能诊断弱降水的诊断量。

首先,考虑到冻雨发生的区域斜压性很强,特别是在中低层的云贵准静止锋附近,有很明显的温度、风场对比。因此提出一个能较好地表征大气斜压性的参数——斜压力管涡度参数,即三维涡度矢量在力管方向的投影,具体的表达式为

$$BV = \omega \cdot (\nabla p \times \nabla \alpha^*) \tag{5.1}$$

相应的垂直积分

$$\text{SUM}BV = -\int_{850\text{ hPa}}^{500\text{ hPa}} \rho_0 \left| -\frac{\partial v}{\partial z} pax + \frac{\partial u}{\partial z} pay + \left(\frac{\partial v}{\partial x} - \frac{\partial u}{\partial y}\right) paz \right| \mathrm{d}p \tag{5.2}$$

式中,$\nabla p \times \nabla \alpha^* = (pax, pay, paz)$ 为非均匀饱和大气中的三维力管分量,α^* 为非均匀饱和大气中的密度。

$$pax = \frac{\partial p}{\partial y}\frac{\partial \alpha^*}{\partial z} - \frac{\partial p}{\partial z}\frac{\partial \alpha^*}{\partial y}, \tag{5.3a}$$

$$pay = \frac{\partial p}{\partial z}\frac{\partial \alpha^*}{\partial x} - \frac{\partial p}{\partial x}\frac{\partial \alpha^*}{\partial z}, \tag{5.3b}$$

$$paz = \frac{\partial p}{\partial x}\frac{\partial \alpha^*}{\partial y} - \frac{\partial p}{\partial y}\frac{\partial \alpha^*}{\partial x}; \tag{5.3c}$$

将斜压力管涡度参数应用到 2011 年 1 月 1 日贵州冻雨事件中,结果表明:850 hPa 上,BV

的异常大值主要出现在四川和贵州地区,这与该地区大气低层准静止锋区附近的斜压性较强有关(图5.2a);在中层(600 hPa附近),30°N地区也存在一准东西向的 BV 异常大值区(图5.2b)。经过对各个时刻不同高度的对比分析发现,贵州冻雨时段大气中低层的 BV 最为明显,因此,将 BV 从550 hPa到850 hPa垂直积分,得到垂直积分的斜压力管涡度参数SUMBV(图5.2c),可以看到,贵州、四川和青藏高原附近都出现了SUMBV的大值区,这与6 h后的累计降水相对集中的区域对应较好(图5.2d),且这些区域的降水量非常小,每6 h也只有2~3 mm。

因此,利用SUMBV可以从再分析资料或模式资料中找到未来因斜压性较强而发生弱降水的区域,而冻雨正是这些弱降水中的一种。

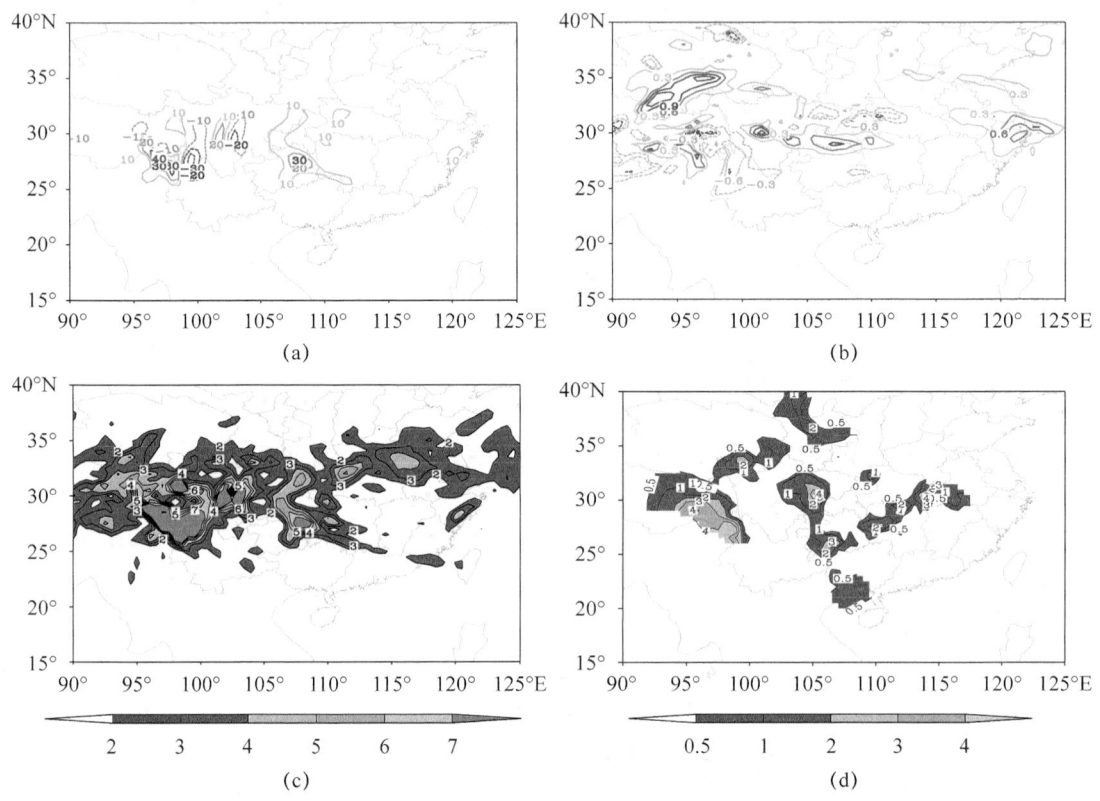

图5.2　2011年1月1日20时850 hPa(a)和600 hPa(b)的斜压涡度参数 $BV(\times 10^{-8})$,
(c)550 hPa到850 hPa垂直积分的斜压涡度参数 SUM$BV(\times 10^{-4})$,
(d)2011年1月12日20时到1月2日02时6 h观测降水(单位:mm)

5.3　要素判别法

在5.2节中,利用SUMBV判断出未来弱降水发生的区域,本节将进行单站分析,进而判断哪些站点的弱降水将会以冻雨的形式出现。从前文的分析研究可知,冻雨的形成是各纬度高层和中低层各种天气系统相互作用的结果。在实际天气预报分析过程中,我们应该如何有效利用这些信息为业务预报员提供一种简单并易于操作的预报方法呢?为此,本节建立了一个包括大尺度和中小尺度系统的冻雨判别系统。

第一步:大尺度天气系统要素判别

我们知道,贵州、湖南冻雨总是与云贵准静止锋相联系,而天气尺度和大尺度的背景场是准静止锋维持的关键。因此,要判断冻雨是否会长时间发生,首先可通过高空、地面天气图或相关的分析场,查看影响冻雨发生的主要天气系统是否存在并稳定维持。图 5.3 是 2011 年 1 月 1 日贵州冻雨发生时段的垂直剖面图,它是一张比较典型的冻雨天气系统剖面图,从图上可以看到,在大气高层有副热带锋区和急流,在大气低层有云南贵州准静止锋和低层的西南急流,同时,在云贵准静止锋附近也存在一广阔均匀的中低层状云(图略),这是贵州冬季冻雨发生时段最典型的天气背景配置。

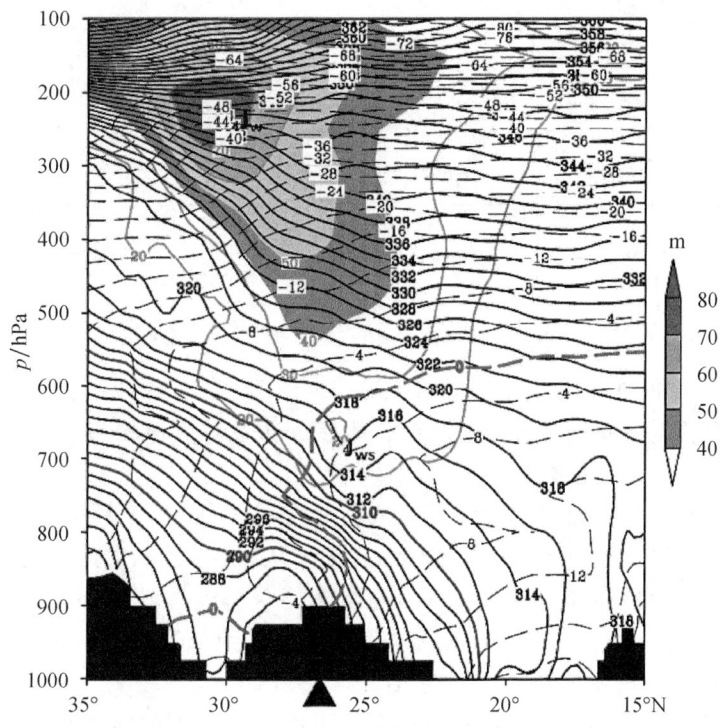

图 5.3 2011 年 1 月 1 日 20 时沿 107°E 的 NEEP/NCAR 再分析场垂直剖面
(相当位温 θ_e 用黑色实线表示,单位:K,其中 290 K 到 310 K 的等值线用蓝色线表示;高空西风急流用绿色线表示,
单位:m·s^{-1},其中风速大于 40 m·s^{-1} 的部分用彩色阴影区表示;红色虚线代表 0 ℃ 等温线;
三角区为 2011 年贵州冻雨发生地;黑色阴影为地形高度;彩图见书后)

在高层和中低层系统的稳定维持和共同作用下,可以进一步利用单站探空进行精细化的第二步判断。

第二步:单站探空要素判别

冻雨的发生和云有着密不可分的关系,此时中、低层层状云内是否有利于水滴发展长大的适宜条件是冻雨形成的关键。因此,在第二步中,利用单站探空数据,分别判断几个与云相关的条件是否满足,同时检验地表温度是否利于冻雨形成。

(1)为了能较为准确地确定云层所在的高度、厚度以及云顶高度,采用 Poore 等(1995)的温度露点差判断法,具体判别标准如下:

温度 ≥ 0 ℃ 时,温度露点差 ≤ 2 ℃;

温度 ≤ 0 ℃ 且 ≥ -20 ℃ 时,温度露点差 ≤ 4 ℃;

温度≤-20 ℃时,温度露点差≤6 ℃。

以图 5.4 所示的贵阳探空为例,贵阳地区的温、湿度廓线满足以上云内标准的范围为 650~850 hPa,属于中低云。

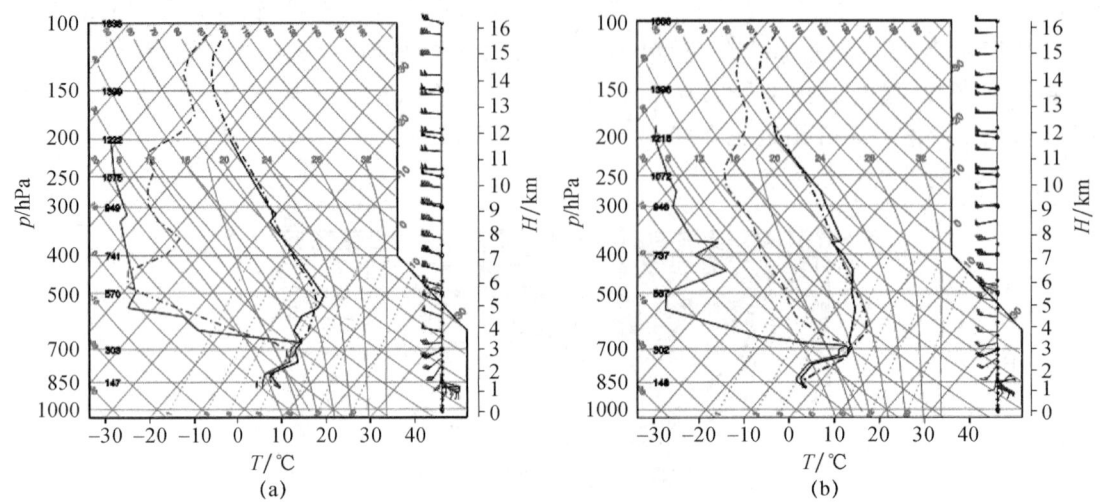

图 5.4　2011 年 1 月 1 日 08 时(a)、20 时(b)贵阳站探空

(2)在判断完云层所在位置后,接着利用 Huffman 等(1988)的研究结果,主要分析云顶高度和 -10 ℃线的位置,从而来判断云中是否有冰核。通过对冰核的实际观测,一般来说,云顶温度 > -10 ℃时,云中水滴基本维持过冷水滴的状态,因此 -10 ℃线所在高度也是区分云中是否有冰核的关键阈值。从图 5.4 我们可以清楚地看到,2011 年 1 月 1 日 20 时贵州地区的云顶温度在 -2~0 ℃,高于 -10 ℃,所以这时的云内冰核很少,云内主要以过冷云水为主。

(3)一般利于冻雨的近地冷层都很浅薄,温度维持 0 ℃以下,但也不能太低。据统计,冻雨发生时段地面温度平均在 -6~0 ℃。从图 5.4 中可以看到,2011 年贵州冻雨区近地面的温度在 -4 ℃左右,有利于过冷水滴下落后的冻结。

第三步:稳定度判别法(看看云内是否有利于过冷水滴长大的条件)

降水粒子的碰并增长是影响降水量的重要云物理过程,而降水粒子碰并增大路程的长短在很大程度上受云内湍流强度的影响。受到云贵准静止锋锋面逆温的影响,大气处于稳定层结状态,但其云内不一定很稳定。李启泰等(1988)通过飞机探测发现,当飞机穿过贵州冬季层状云时,会发生轻度的颠簸,在大气稳定层结状态下云内的这种扰动正是由于强烈的风切变造成的,强风切变造成的扰动使得云层内部的小云滴能通过碰并增长而长大。李启泰等(1988)和 Deng 等(2012)的研究都发现,准静止锋区上空缺少冰核的中低层层状云内这种由于强风切变造成的扰动利于云内水滴碰并长大。赵彩(1995)和 Deng 等(2012)先后利用理查森(Ri)数进行定量判断,发现贵州地区 $Ri<1$ 可作为判断云内是否存在湍流的判据。

从图 5.5 中我们可以看到,利用 NCEP/NCAR 再分析资料计算出的 Ri 数,650 hPa 以下,在低层偏东北气流和 700 hPa 附近西南气流的切变作用下,贵州冻雨区上空中低层云内存在 Ri 数小于 1 的区域,两个极小值分别出现在 850 hPa 和 700 hPa 附近,强风切变造成的扰动使得层云内部的小云滴可通过碰并长大,跌落到近地面冷层中,形成过冷水滴。

经过以上三步之后,我们可以判别得出:在云贵准静止锋稳定存在的条件下,该站点上空

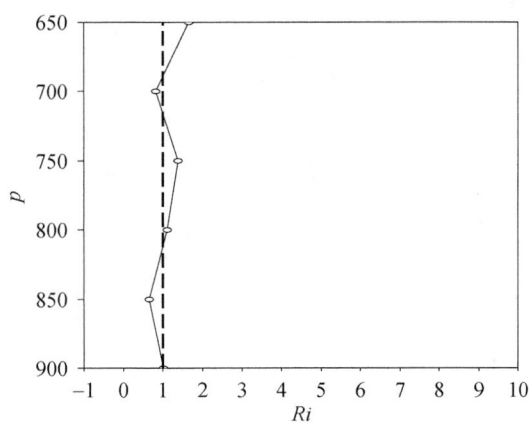

图 5.5　2011 年 1 月 1 日 20 时 NCEP/NCAR 再分析资料
计算的贵州冻雨区的 Ri 数垂直廓线

中低层云是否利于过冷水滴生成,层云中是否存在湍流利于过冷水滴碰并增长,近地面冷层是否利于过冷水滴冻结。进而可判断该地区是否会发生冻雨。

5.4　小结

本章对贵州冻雨形成的环境场条件和预报预测方法进行了分析和探讨,得到以下一些结论。

贵州、湖南冻雨是对流层内中高纬度和低纬度天气系统相互作用下形成的。在这些天气系统中,直接主要的影响系统有:高层的副热带高空急流——锋区、低层的云贵准静止锋以及中低层的西南低空急流。其中低层的准静止锋和锋区附近的中低层状云的形成与稳定维持又与中高纬乌拉尔山阻高和低纬印缅槽的水汽输送有密切的关系。

在各纬度高低层复杂的天气背景下,要想预报好冻雨的发生和发展是一项极具挑战性的任务。本章探索性地提出一套冻雨的诊断预测方法,即"动力因子"和"三步判别法"相结合的方法。该方法首先利用动力因子斜压力管涡度参数 BV 找到未来因斜压性较强而利于弱降水发生的区域,再结合预报场的单站探空资料,进行三步判断,就能比较全面地判断和预测冻雨的发生区域。历史个例表明,我们的方法对贵州冻雨预报的精度和速率具有明显的提高。同时,已将该方法应用到贵州冻雨的实际预报业务中,以期对该方法进行实际检验和进一步完善改进。

参考文献

伯鑫,王刚,温柔,等,2015.京津冀地区火电企业的大气污染影响[J].中国环境科学,(2):364-373.
陈聪,银燕,陈宝君,2015.黄山不同高度雨滴谱的演变特征[J].大气科学学报,38(3):388-395.
陈倩,2008.雷州半岛盛夏对流性降水物理特征的观测研究[D].南京:南京信息工程大学.
陈天锡,陈贵发,穆晓涛,1993.驻马店地区冻雨天气特征的分析和预报[J].气象,19(2):33-36.
陈玉瑞,1982.庐山冻雨形成的天气条件[J].气象,(11):11-12.
邓涤菲,2013.非地转分解诊断方法及其在台风和冻雨中的应用[D].北京:中国科学院大学.
邓雪娇,李菲,吴兑,等,2011.广州地区典型清洁与污染过程的大气湍流与物质交换特征[J].中国环境科学,31(9):1424-1430.
邓雪娇,吴兑,史月琴,等,2007.南岭山地浓雾的宏微观物理特征综合分析[J].热带气象学报,23(5):424-434.
丁一汇,王遵娅,宋亚芳,2008.中国南方2008年1月罕见低温雨雪冻雨灾害发生的原因及其气候变暖的关系[J].气象学报,66(5):808-825.
杜小玲,2007.贵州冻雨研究及数值模拟试验[D].南京:南京大学.
杜小玲,蓝伟,2010a.两次滇黔准静止锋锋区结构的对比分析[J].高原气象,29(5):1183-1196.
杜小玲,彭芳,武文辉,2010b.贵州冻雨频发地带分布特征及成因分析[J].气象,36(5):92-97.
杜小玲,高守亭,许可,等,2012.中高纬阻塞环流背景下贵州强冻雨特征及概念模型研究[J].暴雨灾害,31(1):15-22.
樊曙先,安夏兰,2000.贺兰山地区云凝结核浓度的测量及分析[J].中国沙漠,20(3):338-340.
封秋娟,李义宇,李培仁,等,2012.山西云微物理特征的地面观测[J].气候与环境研究,17(6):727-739.
高辉,陈丽娟,贾小龙,等,2008.2008年1月我国大范围低温雨雪冻雨灾害分析 II.成因分析[J].气象,34:101-106.
高健,2008.大气颗粒物个数浓度,粒径分布及颗粒物生成-成长过程研究[D].济南:山东大学.
高洋,2011.WRF模式对2008年1月我国南方冻雨极端天气过程的数值模拟研究[D].北京:中国气象科学研究院.
顾雷,魏科,黄荣辉,2008.2008年1月我国严重低温雨雪冻雨灾害与东亚季风系统异常的关系[J].气候与环境研究,13(4):405-418.
贵州省气象局,2010.贵州省预报员手册[未正式出版].
何绍钦,1987.青岛沿海地区夏季云凝结核浓度观测及分析[J].南京气象学院学报,10(4):452-460.
黄庚,李淑日,李仑格,等,2002.黄河上游云凝结核观测研究[J].气象,28(10):45-49.
黄继用,1999.冷舌与分片预报研究[C].贵州省气象台培训教材.
黄润恒,邹寿祥,1987.两波段微波辐射计遥感云天大气的可降水和液态水[J].大气科学,11(4):397-403.
黄玉生,黄玉仁,李子华,等,2000.西双版纳冬季雾的微物理结构及演变过程[J].气象学报,58(6):715-725.
蒋兴良,易辉,等,2001.输电线路覆冰及防护[M].北京:中国电力出版社.
李崇银,杨辉,顾薇,2008.中国南方雨雪冻雨异常天气原因的分析[J].气候与环境研究,13(2):113-122.
李登文,乔琪,魏涛,2009.2008年初我国南方冻雨雪天气环流及垂直结构分析[J],28(5):1140-1148
李峰,丁一汇,2004.近30年夏季欧亚大陆中高纬度阻塞高压的统计特征.气象学报,62(6):347-353.

李宏宇,胡朝霞,魏香,2010.雨雾、雪雾共生天气气象要素分析[J].大气科学,34(4):843-852.
李力,银燕,顾雪松,等,2014.黄山地区不同高度云凝结核的观测分析[J].大气科学,38(3):410-420.
李启泰,卢成孝,赵彩,1988.贵州冬季层状云的观测研究[J].气象,14(5):9-14.
李小龙,付翔,金山,2010.南方雨雪冻雨灾害过程的冻雨天气及积雪监测[J].自然灾害学报,19(5):88-94.
李颖敏,范绍佳,张人文,2011.2008年秋季珠江三角洲污染气象分析[J].中国环境科学,31(10):1585-1591.
刘黎平,谢蕾,崔哲虎,2014.毫米波云雷达功率谱密度数据的检验和在弱降水滴谱反演中的应用研究[J].大气科学,38(2):223-236.
刘少锋,陈红,林朝辉,2008.海温异常对2008年1月中国气候异常影响的数值模拟[J].气候与环境研究,13(4):500-509.
陆春松,刘延刚,牛生杰,2012.一个区分和联系层积云中夹卷混合过程与碰并过程的方法[J].科学通报,57(32):3118-3118.
吕胜辉,贵发,穆晓涛,2004.天津机场地区冻雨天气分析[J].气象科技,32(6),456-460.
吕子峰,郝吉明,李俊华,等,2008.硫酸钙及硫酸铵气溶胶对二次有机气溶胶生成的影响[J].化学学报,66(4):419-423.
罗俊颉,贺文彬,李金辉,等,2012.2003年春季陕西省层状云降水的雨滴谱特征[J].气象,38(9):1129-1134.
苗春生,赵瑜,王坚红,2010.080125南方低温雨雪冻雨天气持续降水的数值模拟[J].大气科学学报,33(1):25-33.
牛生杰,2014.雾物理化学研究[M].北京:气象出版社.
牛生杰,周悦,贾然等,2011.电线积冰微物理机制初步研究:观测和模拟[J].中国科学:地球科学,(12):1812-1821.
欧建军,周毓荃,杨棋,2011.我国冻雨时空分布及温湿结构特征分析[J].高原气象,30(3):692-699.
漆梁波,2012.我国冬季冻雨和冰粒天气的形成机制及预报着眼点[J].气象,38(7):769-778.
钱凌,银燕,童尧青,等,2008.南京北郊大气细颗粒物的粒径分布特征[J].中国环境科学,28(1):18-22.
盛裴轩,毛节泰,李建国,等,2003.大气物理学[M].北京:北京大学出版社.
石立新,段英,2007.华北地区云凝结核的观测研究[J].气象学报,65(4):644-652.
史宝忠,郑方成,1997.对大气混合层高度确定方法的比较分析[J].西安建筑科技大学学报:自然科学版,29(2):138-141.
孙建华,赵思雄,2008.2008年初南方雨雪冻雨灾害天气静止锋与层结结构分析[J].气候与环境研究,13(4):368-384.
孙玉稳,孙霞,银燕,等,2012.华北地区气溶胶数浓度和尺度分布的航测研究——以石家庄为例[J].中国环境科学,32(10):1736-1743.
谭稳,银燕,郭莉,等,2010.南京夏季清洁与污染区气溶胶微物理特征分析[J].环境科学与技术,33(S1):280-286.
陶诗言,卫捷,2008.2008年1月我国南方严重冰雪灾害过程分析[J].气候与环境研究,(04):337-350.
陶玥,李宏宇,刘卫国,2013.南方不同类型冻雨天气的大气层结和云物理特征研究[J].高原气象,32(2).DOI:10.7522/j.issn.1000-0534.2012.00048.
陶玥,史月琴,刘卫国,2012.2008年1月南方一次冻雨天气中冻雨区的层结和云物理特征[J].大气科学,36(3):507-522.
陶祖钰,郑永光,张小玲,2008.2008年初冰雪灾害和华南准静止锋[J].气象学报,66(5):850-854.
王东海,柳崇健,刘英,等,2008.2008年1月中国南方低温雨雪冻雨天气特征及其天气动力学成因的初步分析[J].气象学报,66(3):405-422.
王海军,覃军,张峻,2010.中国南方7省冻雨天气时空分布规律研究[J].长江流域资源与环境,19(7):

839-846.

王莎,阮征,葛润生,2012.风廓线雷达探测大气返回信号谱的仿真模拟[J].应用气象学报,23(1):20-29.

王婷婷,2011.华北地区云凝结核特性研究[D].北京:中国气象科学研究院.

王晓兰,李象玉,黎祖贤,等,2006.2005年湖南特大冻雨灾害天气分析[J].气象,32(2):87-91.

王允,张庆云,彭京备,2008.东亚冬季环流季节内振荡与2008年初南方大雪关系[J].气象与环境研究,13(4):459-467.

王占山,车飞,潘丽波,2014.火电厂大气污染物排放清单的分配方法研究[J].环境科技,27(2):45-48.

王遵娅,2014.近50年中国大范围持续性冻雨天气过程的变化特征[J].高原气象,33(1):179-189.

魏重,雷恒池,沈志,2001.地基微波辐射计的雨天探测[J].应用气象学报,12(增刊):65-72.

许炳南,2001.贵州冬季冻雨预测信号和预测模型研究[J].贵州气象,25(4):3-6.

严文莲,刘端阳,濮梅娟,等,2010.南京地区雨雾的形成及其结构特征[J].气象,36(10):29-36.

晏红明,王灵,朱勇,2009.2008年初云南低温雨雪冻雨天气的气候成因分析[J].高原气象,28(4):870-879.

杨贵名,孔期,毛冬艳,等,2008.2008年初"低温雨雪冻雨"灾害天气的持续性原因分析[J].气象学报,66(5):836-849.

杨慧玲,肖辉,洪延超,2011.气溶胶对云宏微观特性和降水影响的研究进展[J].气候与环境研究,16(4):525-542.

于华英,牛生杰,刘鹏,等,2015.2007年12月南京六次雨雾过程宏、微观结构演变特征[J].大气科学,39(1):47-58.

曾明剑,陆维松,梁信忠,等,2008.2008年初中国南方持续性冻雨雨雪灾害形成的温度场结构分析[J].气象学报,66(6):1043-1052.

张培昌,杜秉玉,戴铁丕,2001.雷达气象学[M].北京:气象出版社:315-318.

张庆云,宣守丽,彭京备,2008.LaNiña年冬季亚洲中高纬环流与我国南方降雪异常关系[J].气候与环境研究,13(4):385-394.

张舒婷,牛生杰,赵丽娟,2013.一次南海海雾微物理结构个例分析[J].大气科学,37(3):552-562.

张昊,濮江平,李靖,2011.庐山地区不同海拔高度降水雨滴谱特征分析[J].气象与减灾研究,34(2):43-50.

张懿华,段玉森,高松,等,2011.上海城区典型空气污染过程中细颗粒污染特征研究[J].中国环境科学,31(7):1115-1121.

张迎新,侯瑞宝,张保守,2007.回流暴雪过程的诊断分析和数值试验[J].气象,33(9):25-32.

赵彩,1995.贵州冻雨积冰过程的云层特征及环流背景[J].气象,21(5):48-52.

赵凤生,丁强,孔同明,等,2002.利用NOAA-AVHRR观测数据反演云辐射特性的一种迭代方法[J].气象学报,60(5):594-601.

赵珊珊,高歌,张强,2010.中国冻雨天气的气候特征[J].气象,36(3):34-38.

赵思雄,孙建华,2008.2008年初南方雨雪冻雨天气的环流场与多尺度特征[J].气候与环境研究,13(4):351-367.

赵永欣,牛生杰,吕晶晶,等,2010.2007年夏季我国西北地区云凝结核的观测研究[J].高原气象,29(4):1043-1049.

郑佳锋,2016.Ka波段多模式毫米波雷达功率谱数据处理方法及云内大气垂直速度反演研究[D].南京:南京信息工程大学,北京:中国气象科学研究院.

仲凌志,2009.毫米波测云雷达系统的定标和探测能力分析及其在反演云微物理参数中的初步研究[D].南京:南京信息工程大学,北京:中国气象科学研究院.

周光歧,1996.1987年12月22日冻雨分析[J].新疆气象,19(5):17-19.

周后福,张苏,张美根,2004.江淮地区冻雨天气形势及其垂直结构特征[J].气象,30(Supp.1):34-38.

周毓荃,欧建军,2010.利用探空数据分析云垂直结构的方法及其应用研究[J].气象,36(11):50-58.

周悦,周月华,牛生杰,等,2014.云中积冰过程微物理参量演变规律的数值模拟[J].大气科学学报,37(4):441-448.

朱坤,刘华强,吕庆平,等,2008.2008年1月28—29日长江中下游地区暴雪过程的数值模拟及诊断分析[C]//中国气象学会,2008年气象年会文集:1067-1073.

朱乾根,林锦瑞,寿绍文,等,2000.天气学原理和方法[M].第三版.北京:气象出版社:312-318.

宗海峰,张庆云,布和朝鲁,2008.黑潮和北大西洋海温异常在2008年1月我国南方雪灾中的可能作用的数值模拟[J].气候与环境研究,13(4):491-499.

Ackerman S A,Strabal K I,et al.,1998. Discriminating clear sky from clouds with MODIS[J]. *J. Geophys. Res.*,**103**:32141-32157.

Atlas D,1954. The estimation of cloud parameters by radar[J]. *J. Meteor.*,11:309-317.

Baedi R J P, Wit J J M, Russchenberg H W J, et al.,2000. Estimating effective radius and liquid water content from radar and lidar based on the CLARE'98 data-set[J]. *Phys. Chem. Earth*,B25(2000):1057-1062.

Battan L J,1964. Some observations of vertical velocities and precipitation sizes in a thunderstorm[J]. *J. Appl. Meteor.*,**3**:415-420.

Bernstein B C,2000. Regional and local influences on freezing drizzle, freezing rain, and ice pellet events[J]. *Wea. Foreca.*,**15**:485-508.

Bocchieri J,1980. The objective use of upper air soundings to specify precipitation type[J]. *Mon. Wea. Rev.*,**108**:596-603.

Borys R D, Lowenthal D H, Cohn S A, et al.,2003. Mountaintop and radar measurements of anthropogenic aerosol effects on snow growth and snowfall rate[J]. *Geophy. Lese. Lett.*,**30**(10):1-45.

Bourgouin P,2000. A method to determine precipitation types [J]. *Wea. Foreca.*,15(5):583-592.

Brenguier J L, Pawlowska H, Schüller L, et al.,2000. Radiative properties of boundary layer clouds: droplet effective radius versus number concentration[J]. *J. Atmosph. Scie.*,**57**(6):803-821.

Cantrell W, Shaw G, Leck C, et al.,2000. Relationships between cloud condensation nuclei spectra and aerosol particles on a south-north transect of the Indian Ocean [J]. *Jo. Geophy. Res.: Atmospheres*(1984—2012),105(D12):15313-15320.

Chen B, Hu W, Pu J,2011. Characteristics of the raindrop size distribution for freezing precipitation observed in southern China [J]. *J. Geophy. Res.: Atmospheres*(1984—2012),**116**(D6).

Cheng M T, Horng C L, Su Y R, et al.,2009. Particulate matter characteristics during agricultural waste burning in Taichung City, Taiwan[J]. *J. Hazard. Mater.* **165**:187-192.

Clothiaux E E, Mace G G, Ackerman T P, et al.,1988. An automated algorithm for detection of hydrometer returns in micro-pulse Lidar data[J]. *J. Atmos. Oceanic Tech.*,**15**:1035-1042.

Czys R R, Scott R W, Tang K C, et al.,1996. A physically based, nondimensional parameter for discriminating between locations of freezing rain and ice pellets [J]. *Weat. Foreca.*,**11**(4):591-598.

David A G, Robert E D,1993. Freezing rain and sleet climatology of the southeastern U.S.A.[J]. *Climate Res.*,**3**:209-220.

Deng D F, Gao S T, Du X L, et al.,2012. A diagnostic study of freezing rain over Guizhou China in January 2011 [J]. *Quart. J. Roy. Meteor. Coc.*,**138**(666):1233-1244.

Durran D R, Snellman L W,1987. The diagnosis of synoptic scale vertical motion in an operation environment [J]. *Wea. Foreca.*,**2**:17-31.

Erwin T P, Borho A A,1991. Doppler radar wind and reflectivity signatures with overrunning and freezing-rain episodes: preliminary results[J]. *J. Appl. Meteor.*,**31**:1350-1358.

Forbes G, Anthes R A, Thomson D W,1987. Synoptic and mesoscale aspects of an Appalachian ice storm associated with cold-air damming[J]. *Mon. Wea. Rev.*,**115**:564-591.

Fox N I, Illingworth A J, 1997. The retrieval of stratocumulus cloud properties by ground2 based cloud radar [J]. *J. Appl. Meteor.*, **36**: 485-492.

Frisch A S, Fairall C W, Snider J B, 1995. Measurement of stratus cloud and drizzle parameters in ASTEX with a Ka-band Doppler radar and a microwave radiometer[J]. *J. Atmos. Sci.*, **52**: 2788-2799.

Gao S T, Zhang X, Wang J, Deng D D, 2014. The environmental field and ensemble forecast method for the formation of freezing rain over Guizhou Province[J]. *Chin. J. Atmos. Sci*, **38**: 645-655 (in Chinese).

Gao Shouting, Ping Fan, Li Xiaofan, et al, 2004. A convective vorticity vector associated with tropical convection: a two dimensional cloud-resolving modeling study [J]. *J. Geophys. Res.*, (109): D14106. DOI: 10.1029/2004JD004807.

Gossard E E, 1994. Measurement of cloud droplet size spectra by Doppler radar[J]. *J. Atmos. Oceanic Technol.*, **11**: 712-726.

Gottschalck J C, Albrecht B A, 1999. Macroscopic cloud and boundary layer properties for continental stratus at the SGP CART site during 1997[C]. Ninth ARM science team meeting proceedings, San Antonio, Texas, March, 22-26.

Greenwald T J, Stephens G J, Cristopher S A, et al., 1995. Observations of the global characteristics and regional radiative effects of marine cloud liquid water[J]. *J. Climate*, **8**: 2928-2945.

Hallet J, Mossop S C, 1974. Production of secondary ice particles during the riming process[J]. *Nature*, **249**: 26-28.

Han Q, Rossow W B, Lacis A A, 1994. Near global survey of effective droplet radii in liquid water clouds using ISCCP data[J]. *J. Climate*, **7**: 465-497.

Hildebrand P H, Sekhon R S, 1974. Objective determination of the noise level in Doppler spectra[J]. *J. Appl. Meteor.*, **13**: 808-811.

Hobbs P V, Bowdle D A, Radke L F, 1985. Particles in the lower troposphere over the high plains of the United States. Part II: cloud condensation nuclei [J]. *Jo. Climate Appli. Meteor.*, **24**(12): 1358-1369.

Holton J. R, 2007. An introduction to dynamic meteorology(forth edition)[M]. Burlington: Elsevier Academic Press, 164.

Hone S Y, Lim J J, 2006. The WRF single moment 6class micro-physics scheme[J]. *J. Kore Meteor. Soc.*, **42**(2): 129-151.

Houston T G, Changnon S A, 2007. Freezing rain events: a major weather hazard in the conterminous US [J]. *Natural Hazards*, **40**(2): 485-494.

Huffman G J, Norman G A, 1988. The supercooled warm rain process and the specification of freezing precipitation[J]. *Mon. Wea. Rev.*, **116**: 2172-2182.

Ikeda K, Rasmussen R M, Hall W D, et al., 2007. Observations of freezing drizzle in extratropical cyclonic storms during IMPROVE-2[J]. *J. Atmos. Sci.*, **64**(9): 289-301.

John C J R, 2000. A Climatology of freezing Rain in the Great Lakes Region of North America[J]. *Mon. Wea. Rev.*, **128**: 3574-3588.

John V, Cortinas J R, Bernsiein B C, et al., 2004. An analysis of freezing rain, freezing drizzle, and ice pellets across the united states and Canada: 1976-90[J]. *Amer. Meteor. Soc.*, **19**: 377-390.

Kollias P, Remillard J, Luke E, et al., 2011. Cloud radar Doppler spectra in drizzling stratiform clouds: 1. Forward modeling and remote sensing applications[J]. *J. Geophys. Res.*, **116**: D13201.

Kollias P, Szyrmer W, Remillard J, et al., 2011. Cloud radar Doppler spectra in drizzling stratiform clouds: 2. Observations and microphysical modeling of drizzle evolution[J]. *J. Geophys. Res.*, **116**: D13203.

Kropfli B W, Bartram, Matrosov S Y, 1990. The upgraded WPL dual-polarization 8-mm-wavelength Doppler radar for microphysical and climate research[C]. Preprints, Conf. On Cloud Physics, San Francisco, CA, Amer. Meteor. Soc,341-345.

Lim K S, Hong S Y, 2010. Development of an effective double-moment cloud microphysics scheme with prognostic Cloud Condensation Nuclei (CCN) for weather and climate models[J]. Mon. Wea. Rev., **138**: 1587-1603.

Liu D Y, Yang J, Niu S J, et al., 2011. On the evolution and structure of a radiation fog event in Nanjing[J]. Adva. Atmos. Sci., **28**(1),223-237.

Lohmann U, Feichter J, 2005. Global indirect aerosol effects: a review[J]. Atmos. Chem. Phys., **5**(3): 715-737.

Luke E P, Kollias P, 2013. Separating cloud and drizzle radar moments during precipitation onset using doppler spectra[J]. J. Atmos. Oceanic Technol.,1656-1671.

Martner B E, Snider J B, Zamora R J, et al., 1993. A remote-sensing view of a freezing-rain storm [J]. Mon. Weat. Rev., **121**(9): 2562-2577.

Matrosov S Y, 2004. Attenuation-based estimates of rainfall rates aloft with vertically pointing Ka-band radars [J]. J. Atmos. Oceanic Technol.,**22**(1),43-54.

McGueen H R, Keith H C, 1956. The ice storm of January 7—10, 1956 over the northeastern United States [J]. Mon. Wea. Rev., **84**,35-45.

Monique P, Amadou S, Axel G, et al., 1997. Statistical characteristics of the noise power spectral density in UHF and VHF wind profilers[J]. Radio Sci.,**32**(3),1229-1247.

Nakajima T, King M D, 1990. Determination of the optical thickness and effective particle radius of clouds from reflected solar radiation measurements. Part I,theory[J]. J. Atmos. Sci.,**47**,1878-1893.

Nakajima T, King M D, 1990. Determination of the optical thickness and effective particle radius of clouds from reflected solar radiation measurements. Part 1,theory[J]. J. Atmos. Sci.,**47**,1878-1893.

Niu S, Lu C, Liu Y, et al., 2010. Analysis of the microphysical structure of heavy fog using a droplet spectrometer: a case study[J]. Adv. Atmos. Sci., **27**: 1259-1275.

Niu S, Lu C, Yu H, et al., 2010. Fog research in China: An overview [J]. Adv. Atmos. Sci., **27**, 639-662.

Penaloza M A, Welch R M, 1996. Feature selection for classification of polar regions using a fuzzy expert system[J]. J. Remote Sens. Environ.,**58**,81-100.

Poore K D, Wang Junhong, Rossow W B, 1995. Cloud Layer thicknesses from a combination of surface and upper-air observations[J]. J. Climate,**8**(3),550-568.

Pruppacher H R, Klett J D, 1997. Microphysics and Clouds and Precipitation[B]. DOI,10.1007/978-0-306-48100-0ISBN, 978-0-7923-4211-3.

Rasmussen R M, Geresdi I, Thompson G, et al., 2002. Freezing drizzle formation in stably stratified layer clouds, the role of radiative cooling of cloud droplets, cloud condensation nuclei, and ice initiation[J]. J. Atmos. Sci., **59**(4): 837-860.

Rauber R M, Ramamurthy M K, Tokay A, 1994. Synoptic and mesoscale structure of a severe freezing rain event: the St. Valentine's day ice storm[J]. Wea. Foreca., **9**,183-208.

Rauber R M, Larry S O, Mohan K R, et al., 2000. The relative importance of warm rain and melting processes in freezing precipitation Events[J]. J. App. Meteor., **39**: 1185-1195.

Rauber R M, Olthoff L S, Ramamurthy M K, et al., 2000. The relativeimportance of warm rain and melting processes in freezing precipitationevents [J]. J. Appl. Meteor., **39**(7): 1185-1195.

Rex D, 1950. Blocking action in the middle troposphere and its effect upon regional climate II, the climatology of blocking action[J]. Tellus.,**2**,275-301.

Riddle A C, Gage K S, Balsley B B, et al.,1989. Carter DA. Poker Flat MST Radar Data Bases[J]. NOAA Tech., Memorandum, ERL AL-11.

Robbins C C, Cortinas J R, 2002. Local and synoptic environment associated with freezing rain in the contiguous United States[J]. *Wea. Foreca.*, **17**: 47-64.

Roberts G C, Artaxo P, Zhou J, et al., 2002. Sensitivity of CCN spectra on chemical and physical properties of aerosol: a case study from the Amazon Basin [J]. *J. Geophy. Rese.: Atmospheres* (1984—2012), **107** (D20): LBA 37-1-LBA 37-18.

Rogers R R, 1964. An extension of the Z-R relation for Doppler radars[C]. The 11th Weather Radar Conference AMS, Boston, MA., Goulder, Co., Sept., 14-18.

Sassen K, Liao L, 1996. Estimation of cloud content by W2band radar[J]. *J. Appl. Meteor.*, **35**: 932-938.

Sauvageot, H., J. Omar, 1987. Radar reflectivity of cumulus clouds[J]. *J. Atmos. Oceanic Technol.*, **4**: 264-272.

Shupe M D, Koliias P, Matrosov S Y, et al., 2008. On deriving vertical air motions from cloud radar doppler spectra[J]. *J. Atmos. Oceanic. Technol.*, 25, 547-557.

Shupe M D, Kollias P, Poellot M, et al., 2004. Deriving mixed phase cloud properties from doppler radar spectra[J]. *J. Atmos. Oceanic. Technol.*, **65**: 1304-1322.

Skamarock W C, Klemp J B, Dudhia J J, et al., 2008. A description of the advanced research WRF version3 [EB/DL]. NCAR/TN-475STR, p. 113. National Center for Atmospheric Research, Boulder, Colorado, CO. http://opensky.library.ucar.edu/collections/TECH-NOTE-000-000-000-855.

Snider J B, 1980. Comparision of cloud liquid content measured by two independent ground2based systems [J]. *J. Appl. Meteor.*, **19**: 577-579.

Stepanenko V D, Schukin G G, Bobylev L P, et al., 1987. Microwave radiometry in meteorology[M]. *Gidrometeoizdat*. 284

Stewart R E, 1985. Precipitation types in winter storms[J]. *Pure appl. Geophys*, **123**: 597-609.

Stewart R E, King P, 1987. Freezing precipitation in winter storms [J]. *Mon. Wea. Rev.*, **115**(7): 1270-1280.

Stuart R A, Isaac G A, 1997. Freezing precipitation in Canada[J]. *Atmos. Sci.*, **99**: 87-102.

Sun J H, Zhao S X, 2010. The impacts of multiscale weather systems on freezing rain and snowstorms over southern China[J]. *Wea. Foreca.*, **25**: 388-407.

Szeto K K, 1999. The mesoscale dynamics of freezing rain storms over eastern Canada[J]. *Atmos. Sci.*, **56** (10): 1261-1281.

Taylor J P, English S J, 1995. The retrieval of cloud radiative and microphysical properties using combined near-infrared and microwave radiometry[J]. *Quart. J. Roy. Meteor. Soc.*, **121**: 1083-1112.

Trenberth K E, 1978. On the interpretation of the diagnostic quasi-geostrophic omega equation[J]. *Mon. Wea. Rev.*, **106**: 131-137.

Twomey S, Cocks T, 1989. Remote sensing of cloud parameters from spectral reflectance in the near-infrared [J]. *Beitr. Phys. Atmos.*, **62**: 172-179.

Westwater E R, Guiraud F O, 1980. Ground-based microwave radio-metric retrieval of precipitable water vapor in the presence of clouds with high liquid content[J]. *Radio Sci.*, **15**: 947-952.

Williams R T, 1972. Quasi-Geos trophic versus non-geostrophic front genesis[J]. *J. Atmos. Sci.*, **29**(1): 3-10.

Xu Qin, Gao Shouting, 1995. An analytic model of cold air damming and its applications [J]. *J. Atmos. Sci.*, **52** (3): 353-365.

Xu Qin, Gao Shouting, Fiedler B H, 1996. A theoretical study of cold air damming with upstream cold air inflow [J]. *J. Atmos. Sci.*, **53**(2): 312-326.

Young W H, 1978. Freezing precipitation in the southeastern United States[D]. Texas A&M University, 123.

Yum S S, Hudson J G, 2002. Maritime/continental microphysical contrasts in stratus[J]. *Tellus* B, **54**(1): 61-73.

Zerr R J, 1977. Freezing rain: An Observational and Theoretical Study[J]. *J. Appl. Meteor*, **36**: 1647-1661.

Zhao C, Garrett T J, 2008. Ground-based remote sensing of precipitation in the Arctic[J]. *J. Geophys. Res.*, **113**:D14204.

Zhou Y, Niu shengjie, Lv J J, et al., 2013. The influence of freezing drizzle on wire icing during freezing fog events[J]. *Adv. Atmos. Sci.*, **4**:008.

致　　谢

感谢中国气象科学研究院提供的 Ka 波段毫米波云雷达（北京无线电测量研究所研制），南京信息工程大学提供的 Parsivel 降水粒子谱仪、FM-100 雾滴谱仪及单通道 CCN 计数器等冻雨微物理量观测设备，使得本项目得以顺利完成。

感谢中国气象科学研究院刘黎平研究员在云雷达使用及资料分析方面给予的大力支持。

感谢威宁县气象局陈林局长及所有工作人员，贵州省人工影响天气办公室的全体同仁在冻雨观测期间的支持，没有你们的热心帮助和照顾，无法如此顺利地完成如此繁杂的观测任务。

在成书过程中，贵州省人工影响天气办公室的罗喜平正高级工程师进行了认真审阅，并提出了不少有益的修改意见，在此一并致谢。

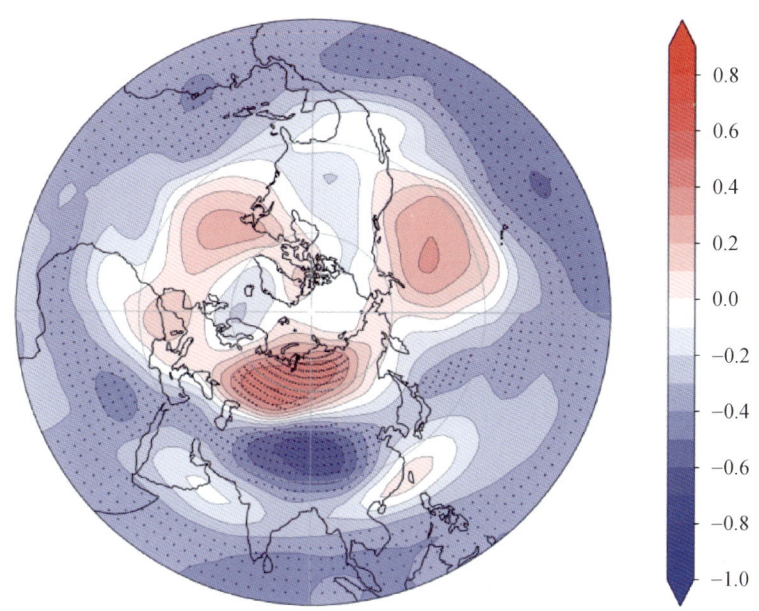

图 2.14　1981—2020 年贵州省 1 月冻雨站次特征场第一时间系数与同期
500 hPa 相关系数分布

（黑点区域为通过显著性水平检验区域）

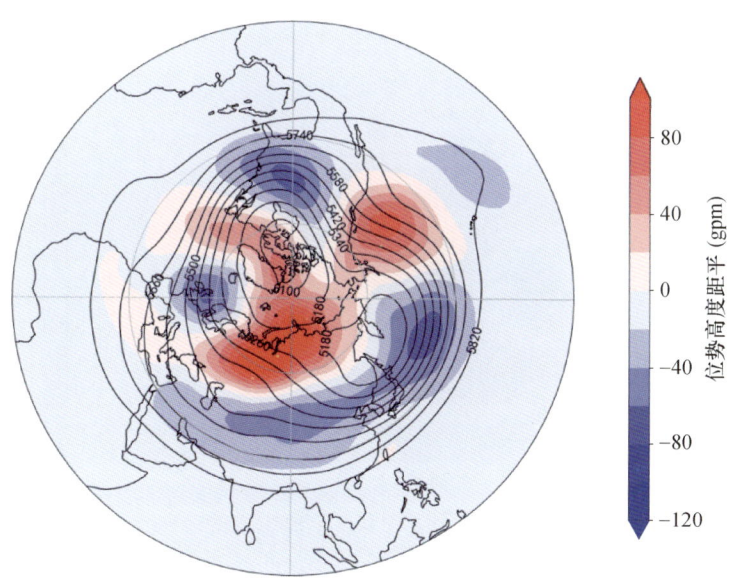

图 2.15　1981—2020 年贵州省重冻雨年 1 月 500 hPa 高度场合成及高度距平场

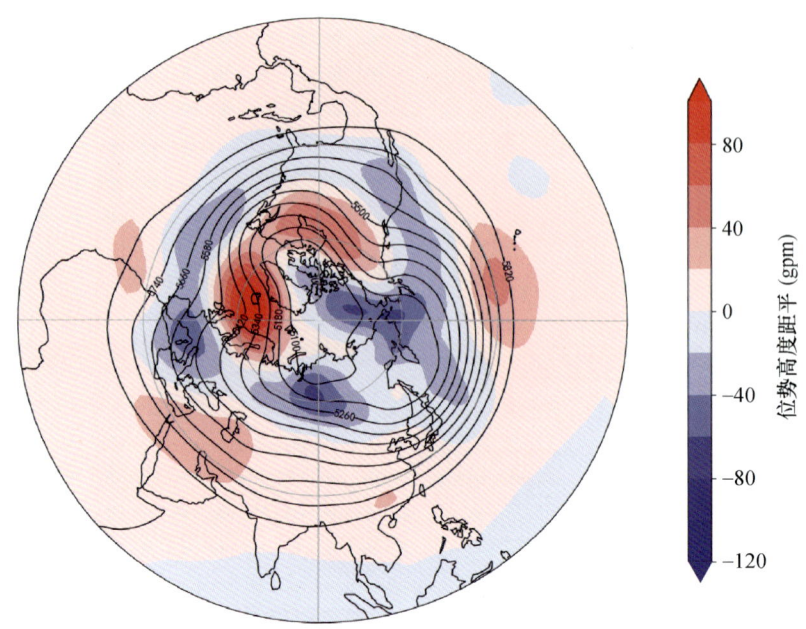

图 2.16　1981—2020 年贵州省无冻雨年 1 月 500 hPa 高度场合成图及高度合成距平场

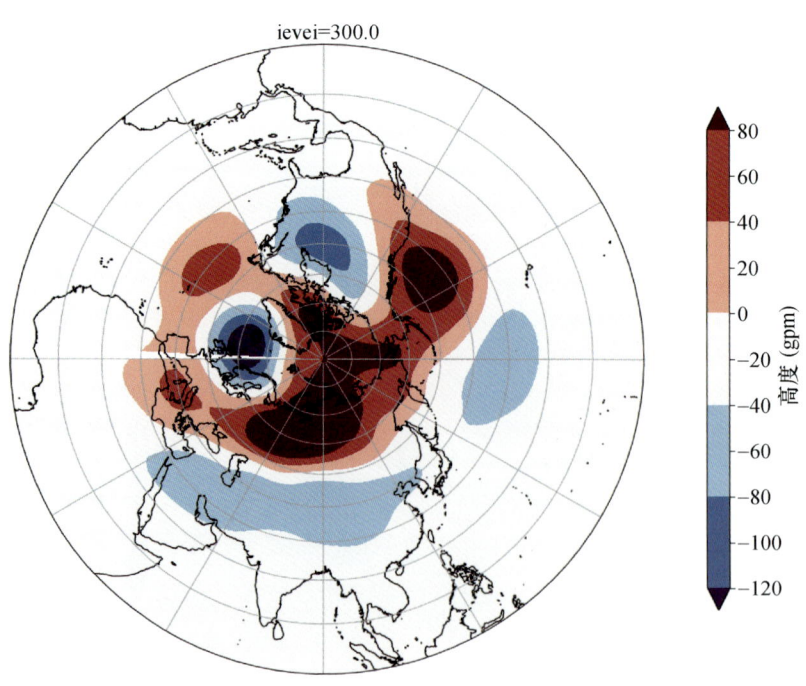

图 2.17　1981—2020 年贵州省重冻雨年和无冻雨年 1 月 500 hPa 高度场合成距平差值分布

· 彩 2 ·

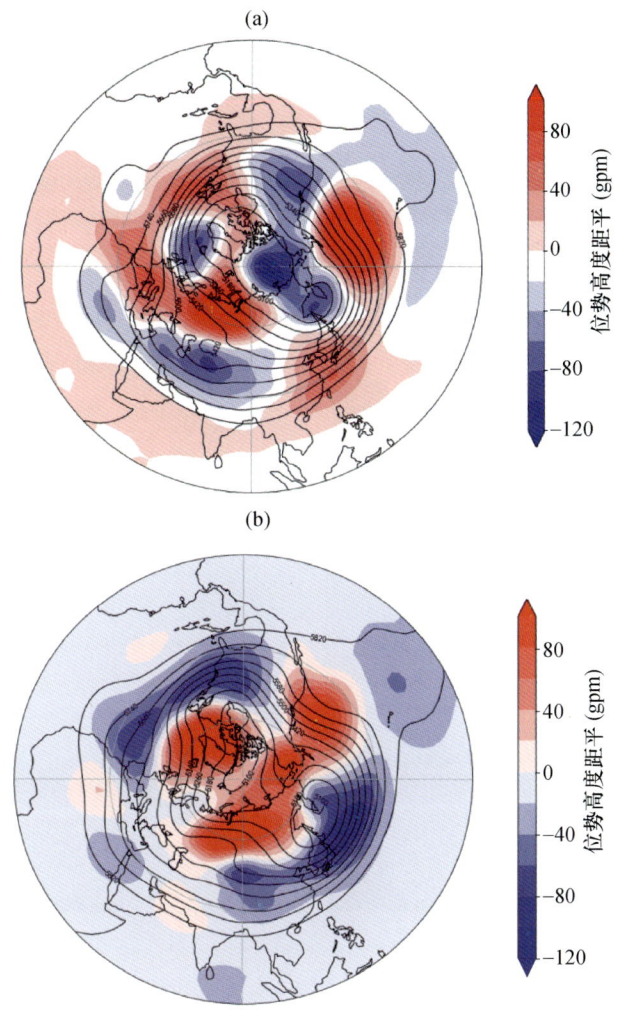

图 2.19 2008 年(a)和 2011 年(b)贵州省 1 月北半球 500 hPa 高度场及距平场分布

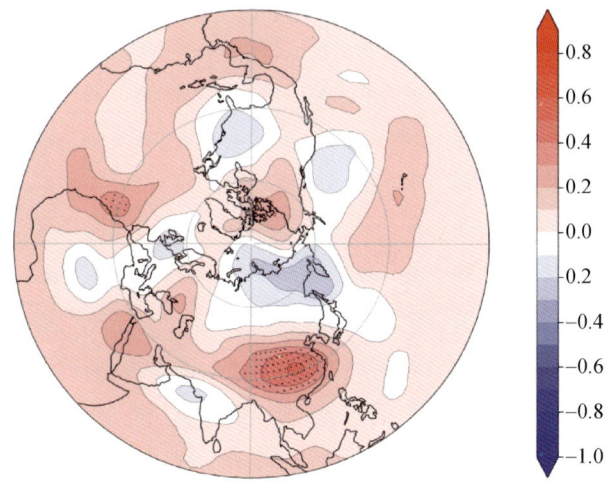

图 2.21 1981—2020 年贵州省 1 月冻雨站次特征场第二时间系数与同期 500 hPa 相关系数分布
(黑点区域为通过显著性水平检验区域)

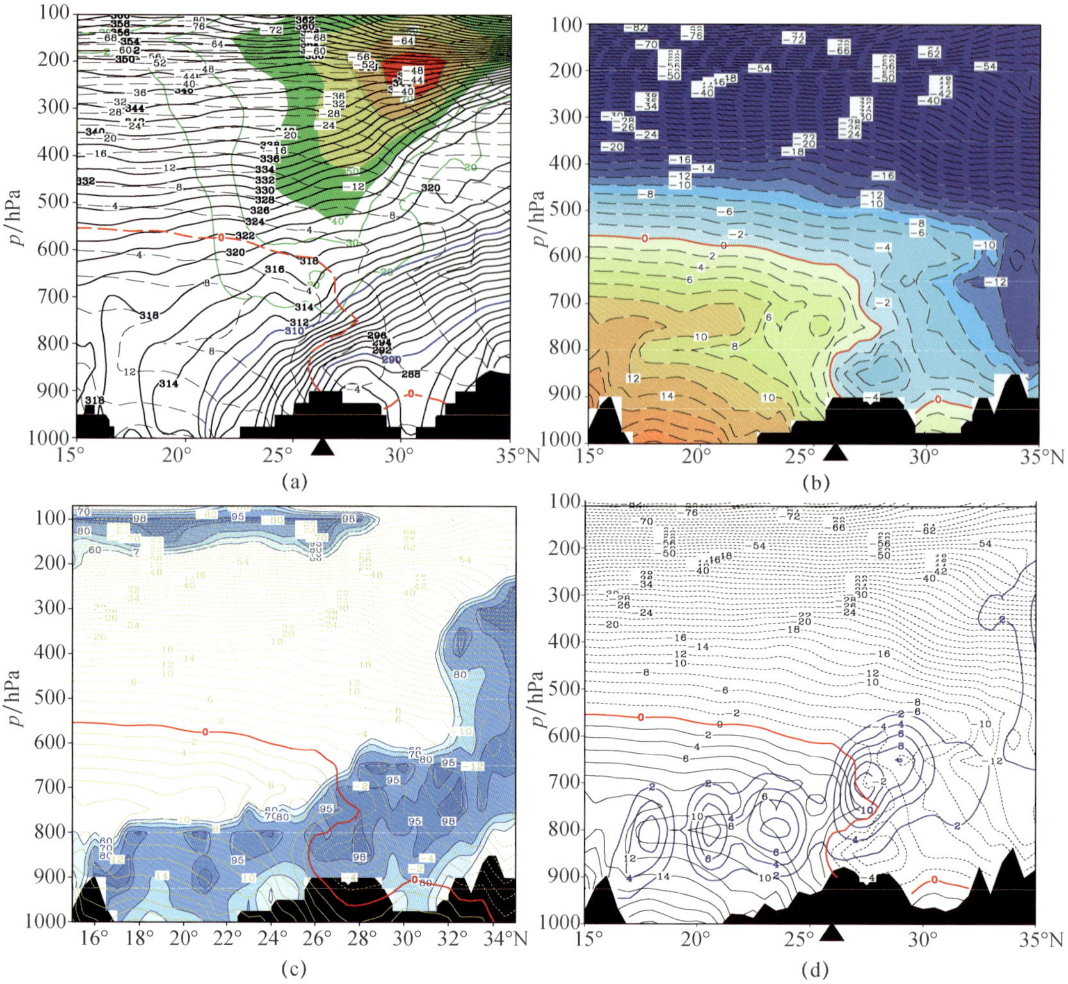

图 3.29 2011 年 1 月 1 日 12:00 UTC 沿着 107°E 的垂直剖面

[a. 相当位温(θ_e)用黑色实线表示,单位:K,其中 290 K 到 310 K 的等值线用蓝色线表示;高空西风急流用绿色线表示,单位:m·s^{-1},其中风速大于 40 m·s^{-1} 的部分用彩色阴影区表示);b. 温度场(℃);c. 相对湿度:阴影,单位:%,温度线:黄色,单位:℃(红色虚线代表 0 ℃ 等温线);d. 云水(蓝色等值线,单位:10^{-5} kg·kg^{-1},其中三角区为冻雨发生地,黑色阴影为地形高度)]

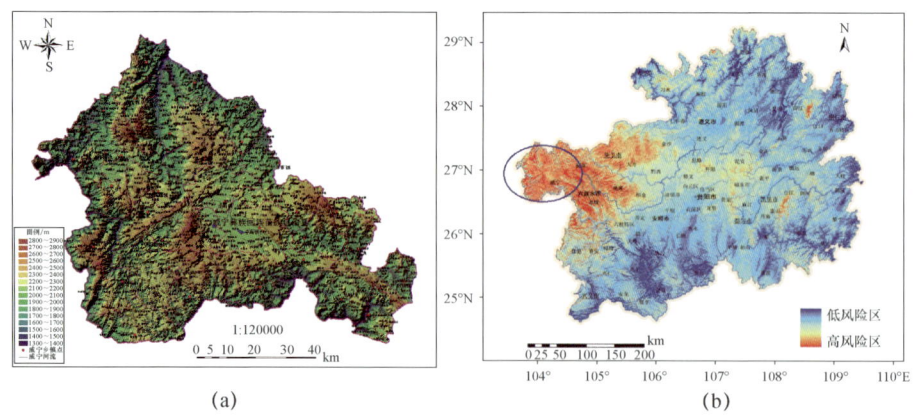

图 4.1 观测地点示意图

(a. 威宁县地形,b. 贵州冻雨灾害分布)

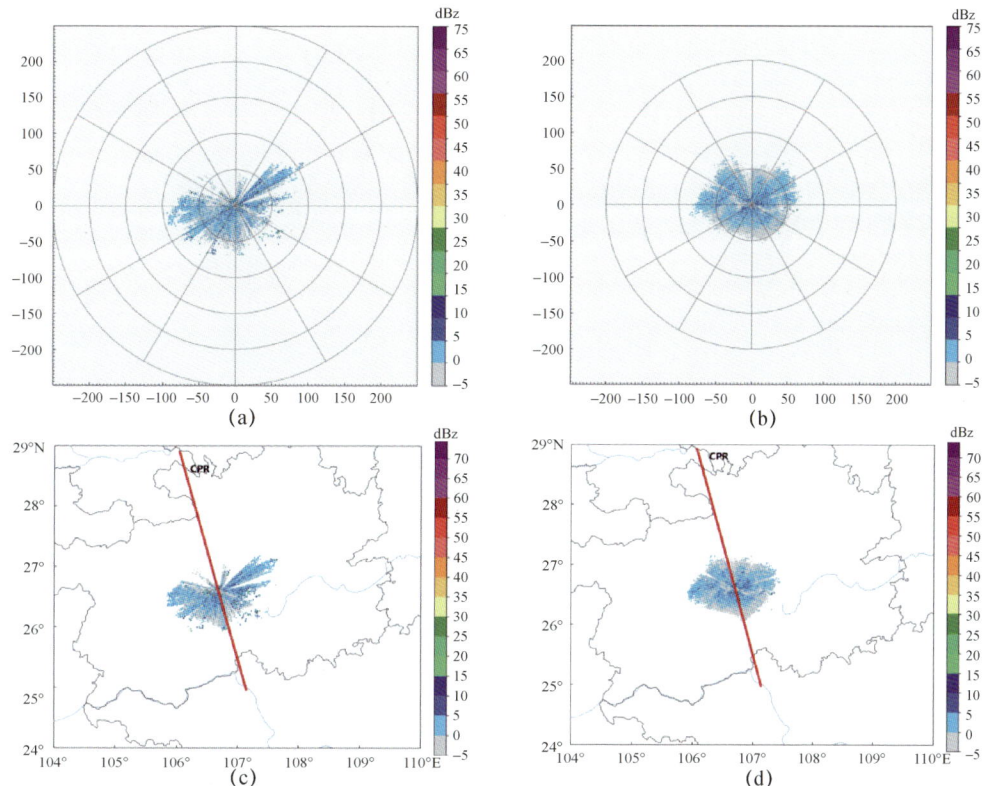

图 4.29　2008 年 2 月 9 日 14 时 20 分贵阳 C 波段多普勒雷达探测得到的 0.5°(a) 和 1.5°(b) 仰角雷达反射率强度 PPI，距离地面 1.5 km(c)、3 km(d) 等高面反射率强度

(黑色直线对应该时刻为 CloudSat 在贵州省境内划过的区域)

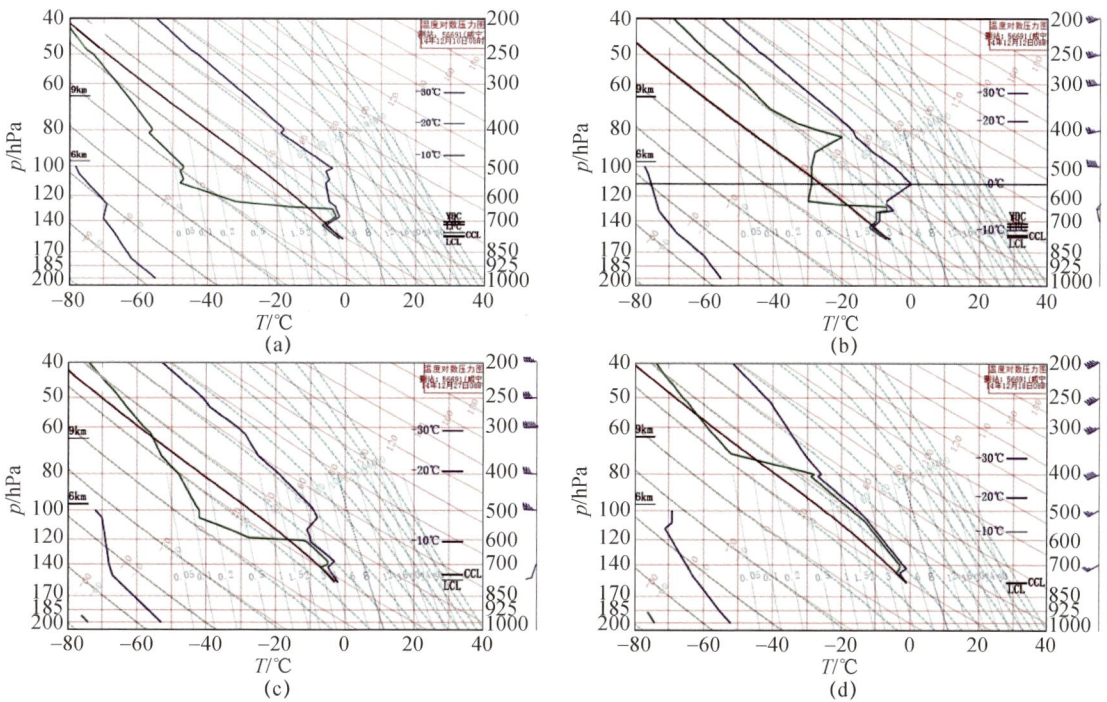

图 4.40　2014 年 12 月 10 日(a)、12 日(b)、27 日(c) 冻雨和 18 日(d) 大雪过程探空数据 T-lg$p$ 图

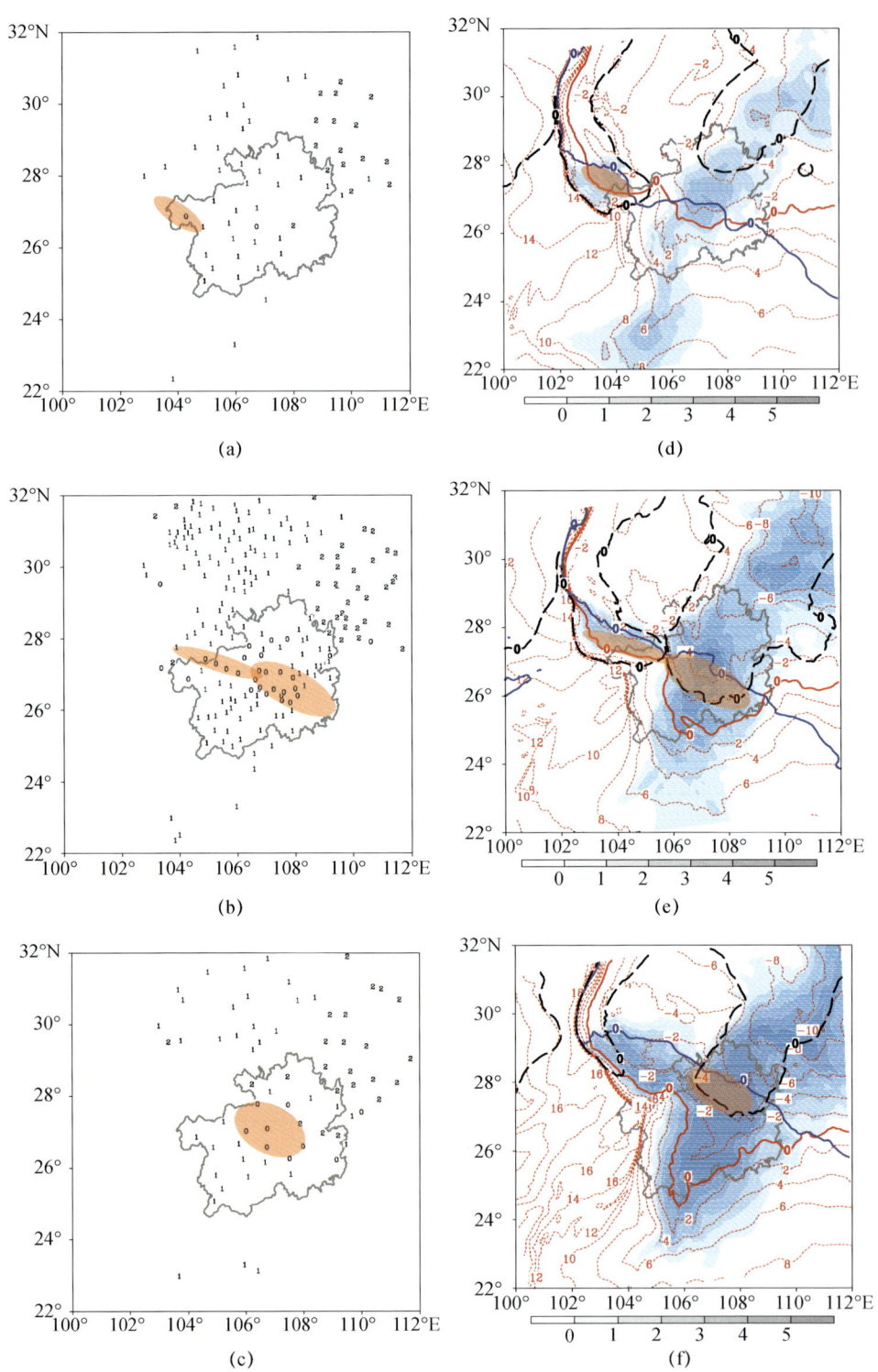

图 5.1 各时刻观测的地面降水类型(a—c;0:冻雨,1:雨,2:雪)和数值模式结果(d—f)
[850 hPa 等温线:红色,其中 0 ℃线加粗;700 hPa 0 ℃等温线:蓝线;2 m 的 0 ℃等温线:
黑色长虚线;3 h 累计降水(蓝色阴影区)]

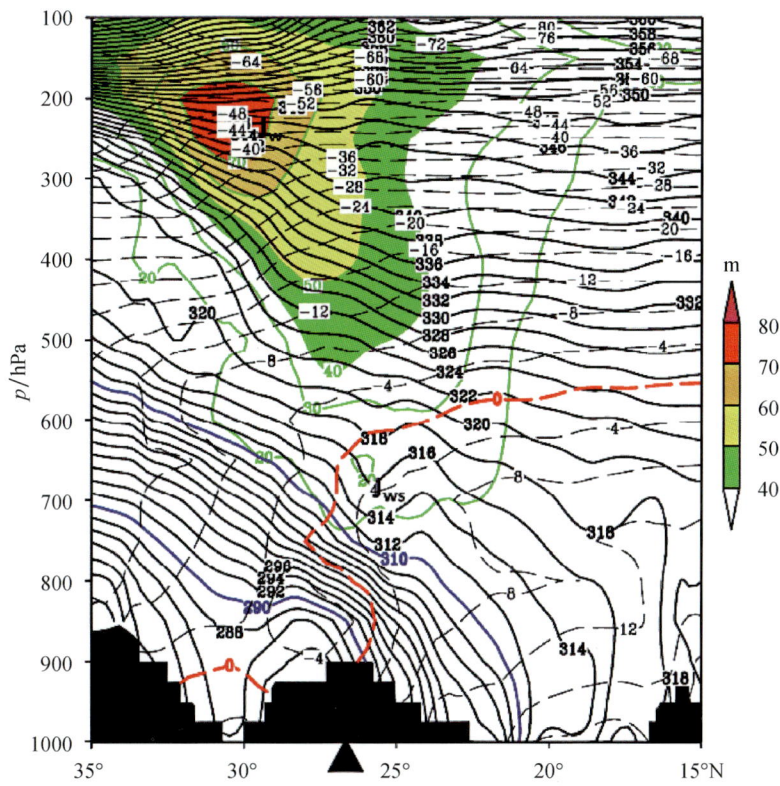

图 5.3 2011 年 1 月 1 日 20 时沿 107°E 的 NEEP/NCAR 再分析场垂直剖面

(相当位温 θ_e 用黑色实线表示,单位:K,其中 290 K 到 310 K 的等值线用蓝色线表示;高空西风急流用绿色线表示,单位:m·s^{-1},其中风速大于 40 m·s^{-1} 的部分用彩色阴影区表示;红色虚线代表 0 ℃ 等温线;三角区为 2011 年贵州冻雨发生地;黑色阴影为地形高度)